AF551704

EUL
VERLAG

Fakultät für Wirtschafts- und Organisationswissenschaften

Institut für die Entwicklung zukunftsfähiger Organisationen

Thema der Dissertation:
Die gesellschaftliche Konstruktion von Gleichförmigkeit - Der Primat der Wirtschaft als dominante kognitive Institution

Verfasser: Dipl.-Kffr. Edigna Kessel

Promotionsausschuss:

Vorsitzender:	Prof. Dr. Andreas Brieden
1. Berichterstatter:	Prof. Dr. Hans A. Wüthrich
2. Berichterstatter:	Prof. Dr. Axel Schaffer
3. Berichterstatter:	Prof. Dr. Friedrich L. Sell
4. Berichterstatter:	Prof. Dr. Helge Rossen-Stadtfeld

Mit der Promotion erlangter akademischer Grad:
Doktor der Wirtschafts- und Sozialwissenschaften (Dr. rer. pol.)

Tag der mündlichen Prüfung:
Neubiberg, 17. Februar 2016

Schriften des Instituts für Entwicklung zukunftsfähiger Organisationen · Band 7
Herausgegeben von Prof. Sonja A. Sackmann, Ph. D., Prof. Dr. Stephan Kaiser, Prof. Dr. Hans A. Wüthrich und Prof. Dr. Axel Schaffer, Universität der Bundeswehr München

Dr. Edigna Kessel

Die gesellschaftliche Konstruktion von Gleichförmigkeit

Der Primat der Wirtschaft als dominante kognitive Institution

Mit einem Geleitwort von
Prof. Dr. Hans A. Wüthrich, Universität der Bundeswehr München

Bibliografische Information der Deutschen Nationalbibliothek

Die Deutsche Nationalbibliothek verzeichnet diese Publikation in der Deutschen Nationalbibliografie; detaillierte bibliografische Daten sind im Internet über <http://dnb.d-nb.de> abrufbar.

Dissertation, Universität der Bundeswehr München, 2016

ISBN 978-3-8441-0477-6
1. Auflage September 2016

© JOSEF EUL VERLAG GmbH, Lohmar – Köln, 2016
Alle Rechte vorbehalten

JOSEF EUL VERLAG GmbH
Brandsberg 6
53797 Lohmar
Tel.: 0 22 05 / 90 10 6-6
Fax: 0 22 05 / 90 10 6-88
E-Mail: info@eul-verlag.de
http://www.eul-verlag.de

Bei der Herstellung unserer Bücher möchten wir die Umwelt schonen. Dieses Buch ist daher auf säurefreiem, 100% chlorfrei gebleichtem, alterungsbeständigem Papier nach DIN 6738 gedruckt.

Für meine Eltern

GELEITWORT

Das Wohl einer Gesellschaft folgt keinem »ökonomische Algorithmus«.

Das Bewusstsein, dass Vielfalt einen Mehrwert darstellt, nimmt erfreulicherweise in unserer Gesellschaft zu. Stellvertretend dafür die Forderungen nach mehr Diversity in Aufsichts- und Führungsgremien. Die vertiefte Auseinandersetzung mit der Frage, ob und in welchem Ausmaß jedoch gerade die Wirtschaft als kognitive Institution Gleichförmigkeit in unserer Gesellschaft prägt, findet bis anhin in der Literatur nur in Ansätzen statt. Hier setzt die Arbeit von Frau Kessel an, indem sie die vielfaltreduzierenden Implikationen der Wirtschaft, als einflussreiche kognitive Institution, analysiert und kommentiert. Für die Arbeit werden kognitive Institutionen als soziale Regeln und Regelsysteme definiert die für die Mitglieder einer Gesellschaft verbindlich sind und soziale Wirklichkeit definieren. Aufgrund einer interdisziplinären Betrachtung leitet Frau Kessel die Entstehung kognitiver Institutionen her und sie kommt zum Schluss, dass der moderne Rationalismus zu einer Ökonomisierung der Gesellschaft und des Denkens führt und damit zu Gleichförmigkeit beiträgt. Die Autorin fordert deshalb dezidiert das Ablegen der Scheuklappen eines Primats der Wirtschaft.

Mit ihrer interdisziplinären Arbeit betrachtet Frau Kessel wichtige Folgeeffekte des Primats der Wirtschaft und ich wünsche den dargestellten Erkenntnissen die verdiente Verbreitung und Beachtung in der Wissenschaft und Praxis.

München, im März 2016

Prof. Dr. Hans A. Wüthrich

VORWORT

Den Weg der Bearbeitung einer Dissertation einzuschlagen, ist kein leichter. Nicht nur, da er einem geistig und auch organisatorisch einiges abverlangt, sondern auch, weil ein solches Projekt nicht immer auf Entgegenkommen stößt. Dies gilt umso mehr, je weniger das jeweilige Thema einen offensichtlichen Mehrwert, ein Modell, eine Verwendung oder ähnliches als Ergebnis zu bieten hat. Die dominierende Vorstellung von der Motivation für das Verfassen eine Dissertation, vor allem im wirtschaftswissenschaftlichen Bereich, ist nach wie vor die des Erreichens eines persönlichen Ziels im Sinne von (wirtschaftlichem) Erfolg, der oftmals von der Anschlussfähigkeit des gewählten Themas abhängig ist. Diese Art der Motivation war für mich nicht der Antrieb für das Verfassen dieser Arbeit, sondern vielmehr die persönliche Überzeugung von der Bedeutung kognitiver Institutionen, unserer "Scheuklappen" die uns nicht über den eigenen Tellerrand blicken lassen. Einige persönliche Erfahrungen mit solchen "Scheuklappen", gerade im beruflichen Bereich, haben mich verwundert, manchmal auch verstört und damit den Grundstein für das Interesse an diesem Thema gelegt. Natürlich ist das Interesse an dem Thema der eigenen Disseration eine unabdingbare Voraussetzung für diesselbe, nichtsdestrotrotz bin ich davon überzeugt, dass ein echtes, absolutes Interesse notwendig ist, um die vielen Durststrecken, die die Bearbeitung eines solchen Projektes mit sich bringt, durchstehen zu können. Insofern war und bin ich froh im Lehrstuhl von Prof. Hans A. Wüthrich einen Ort gefunden zu haben, an dem ich dieses, mein Thema bearbeiten konnte, das für die BWL doch ungewöhnlich ist. Prof. Wüthrich selbst möchte ich vor allem für seine wertvollen Impulse danken, die mich und diese Arbeit immer wieder vorangebracht haben. Dasselbe gilt für Prof. Axel Schaffer, der freundlicherweise das Zweitgutachten übernommen und sich ebenfalls für ausführliche Gespräche mit mir Zeit genommen hat. Darüber hinaus möchte ich auch meinen weiteren Gesprächspartnern danken, die diese, stark interdisziplinär angelegte Arbeit, inhaltlich bereichert haben: Prof. Jürg Wassmann, Prof. Lutz von Rosenstiel, Prof. Anette Scheunpflug, Sabine Czerny, Prof. Rolf Vetter, Bernhard Krusche sowie Prof. Wolfgang Bonß. Meiner Freundin Cornelia Dutka möchte ich ganz herzlich für die Übernahme des Lektorates danken, das sie in mühsamer abendlicher Arbeit, zusätzlich zu ihren sonstigen Pflichten einer berufstätigen Mutter, auf sich genommen hat. Olga Köckert, die das Sekretariat von Prof. Wüthrich innehat, möchte ich ebenfalls sehr herzlich für ihre Unterstützung danken: Nicht nur für das Transkripieren der von mir geführten, und sehr langen, Interviews, sondern auch für ihren bedingungslosen moralischen Beistand. Nicht zuletzt schulde ich auch der Andrea-von-Braun-Stiftung Dank, die diese Arbeit mit einem großzügigen Promotionsstipendium gefördert hat.

Am Ende dieses langen Weges der Promotion steht als Ergebnis für mich eine Ahnung der eigenen Beschränkungen, allerdings ist diese, bzw. die Kenntnis derselben, die Voraussetzung zu ihrer Überwindung: Ich wünsche dem interessierten Leser daher nun eine erhellende Lektüre und vielfältige Erfahrungen beim Öffnen des eigenen Horizonts.

Wörthsee, im September 2016 Edigna Kessel

INHALTSÜBERSICHT

INHALTSVERZEICHNIS

ABBILDUNGSVERZEICHNIS

Kapitel 1

Kapitel 2

Kapitel 3

Kapitel 4

Kapitel 5

ABKÜRZUNGSVERZEICHNIS

Abb.	Abbildung
bspw.	Beispielsweise
bzw.	beziehungsweise
d.h.	das heißt
f.	fortfolgend
ff.	fortfolgende
FST	Forschungsprogramm Subjektive Theorien
i. Allg.	im Allgemeinen
i. d. R.	in der Regel
i. O.	im Original
i. S.	im Sinne
o. V.	ohne Verlag
m. E.	meines Erachtens
s. E.	seines Erachtens
sog.	sogenannt
u. ä.	und ähnliches
v. a.	vor allem
z.B.	zum Beispiel

PROLOG

„Ich möchte sie zur Reflexion anregen und dazu bringen, ihre normalen und routinemäßigen Vorgehensweisen zu überdenken.“ [1]

Am 09.04.2011 veröffentlichte der Managementexperte und Professor Fredmund Malik im SPIEGEL einen offenen Brief an junge Ökonomen und zukünftige Führungskräfte.

Fredmund Malik: Brief an junge Ökonomen vom 09.04.2011

Die Mission der Manager von morgen

„Wie keine andere Manager-Generation zuvor haben Sie die Chance auf die besten und interessantesten Karrieren, die es in der Geschichte bisher gab. Denn Ihre berufliche Aktivperiode fällt in eine Zeit des historisch größten Wandels und der komplexesten Herausforderungen für Management, Governance und Leadership.

Als Führungskräfte üben Sie den für die Gesellschaft wichtigsten und kritischsten Beruf aus. Fast nur von Ihnen hängt es ab, wie innovativ unsere Organisationen ihre Herausforderungen meistern und wie lebenswert daher unsere Gesellschaft sein wird. Daraus definieren sich Ihre Mission, Ihre Aufgaben, Ihr Wissen und Können und Ihre Verantwortung.

Wirtschaft und Gesellschaft gehen derzeit durch eine der revolutionärsten Umwandlungen, die es geschichtlich je gab. Ich nenne diese seit längerem "Die Große Transformation 21". [2] *Am besten kann man sie verstehen als den Übergang von einer alten Welt zu einer neuen*

---

[1] Kieser 2001, S. 116.

[2] Malik lehnt sich hier am Begriff der großen Transformation von Polanyi an, der damit den tiefgreifenden Wandel im 19. und 20. Jahrhundert, überwiegend am Beispiel Englands beschreibt, der zu Industrialisierung und damit einhergehend politischen, sozialen und wirtschaftlichen Veränderungen führte. Vgl. Polanyi 1977.

Welt, vergleichbar mit der Umwandlung der Agrargesellschaft in die Industriegesellschaft. Solche Transformationen gab es in der neueren Geschichte bisher etwa alle 250 Jahre. Waren früher zumeist Technologien die umwälzenden Kräfte, stehen wir diesmal in einer Revolution der Management-Systeme.

Was an der Oberfläche für viele wie eine Wirtschaftskrise aussieht, sind in Wahrheit die Geburtswehen der neuen Welt, in der fast alles anders sein wird als bisher. In dieser revolutionären Transformation steckt das Potential der Zerstörungskraft einer sozialen Kernschmelze, gleichzeitig aber auch die Chance für ein neues Wirtschaftswunder und für eine neue Gesellschaftsordnung des humanen Funktionierens. Wie es kommt, hängt fast ausschließlich davon ab, ob die Führungseliten die neuen Management- Lösungen für diese immensen Herausforderungen weltweit rasch und konsequent anwenden. Herkömmliche Denkweisen und Methoden werden dabei hoffnungslos versagen.

Der Wandel ist radikal, wie schon wenige Beispiele zeigen. 2007 fanden sich in der "Fortune"-Liste der 500 größten US-Firmen noch elf Bauunternehmen. Von ihnen existiert heute kein einziges mehr. Die meisten "Masters of the Universe", die über Jahrzehnte das Börsenleben weltweit bestimmten, sind über Nacht verschwunden. Microsoft wird sich von Grund auf verändern müssen, um seine globale Position zu erhalten und auch die Pharmaindustrie steht weltweit vor ihren bisher größten Strukturveränderungen. Kaum eine Branche wird vom Wandel ausgenommen sein. Schon in wenigen Jahren wird es wahrscheinlich die Hälfte und mehr der heutigen Global-Fortune-500-Unternehmen nicht mehr geben.

Noch größer sind die Change-Herausforderungen für die öffentlichen Organisationen, die mit ihren heutigen Strukturen und Entscheidungsprozessen die explodierende Komplexität immer weniger bewältigen können.

So gut wie alle Organisationen werden ihr Funktionieren mit tiefgreifenden Innovationen neu erfinden müssen. Die meisten werden in Zukunft mindestens doppelt so gut funktionieren müssen wie bisher, um ihre Zwecke zu erfüllen. Dafür werden sie aber bestenfalls noch die Hälfte ihrer Budgets haben. Dies definiert die Leistungsanforderung an grundlegend neue Management-Systeme und somit auch an neues Wissen und neue Fähigkeiten der

Führungselite. Herkömmliche Erfahrungen sind für die neuen Aufgaben immer weniger nützlich.

Pioniermanager trennen sich daher immer schneller von den veralteten Denkweisen des vorigen Jahrhunderts, wie etwa dem Shareholder-Value-Ansatz mit seiner Investitions- und Innovationsfeindlichkeit, und von der rasch veraltenden amerikanisierten Business-Ausbildung, die sie nur noch als Durchgangsstation betrachten.

Die große Transformation wird selbst maßgeblich getrieben von der neuen Management-Philosophie für das Meistern von Komplexität. Herkömmliche Strategien, Strukturen und Kulturen werden für die Bedingungen der neuen Welt grundlegend geändert. Die Kompetenzen der Führungskräfte selbst, die Corporate Policies und Missions, besonders auch die strategischen Navigations- und Kommunikationssysteme sowie die Entscheidungs- und Umsetzungsprozesse können mit den neuen Management-Methoden schnell und sicher angepasst werden. Mit konventionellen Methoden wäre das ebenso unmöglich wie mit einem Oldtimer ein Formel-1-Rennen zu gewinnen.

Als junge Führungskräfte haben Sie die Jahrhundert-Chance, mit den neuen Lösungen die große Transformation zu meistern. Große Karrieren werden in Zeiten des Umbruchs begründet. Change hat zwar auch seine Risiken, das weitaus größte Risiko wäre aber das Verharren im herkömmlichen Denken. Daher ist die Maxime: Neue Lösungen für eine neue Welt.

Dafür wünsche ich Ihnen Mut und das richtige Wissen.“[3]

Ist Vielfalt ein Weg zu richtigem Wissen und besseren Lösungen?

---

[3] Malik 2011.

1. VIELFALT IN ORGANISATIONEN – ERSTE ORIENTIERUNGEN

„Wie kommt es, dass wir als Originale geboren werden und als Kopien sterben?“[4]

Der vorangegangene Prolog von MALIK legt die Vermutung nahe, dass für das Meistern aktueller und kommender Herausforderungen das derzeitige Wissen um Führung und Management von Organisationen nicht ausreichen wird. Die Problematik liegt dabei nicht nur in der Halbwertszeit des in den verschiedenen Bildungsinstitutionen vermittelten Managementwissens sondern auch in der konventionellen Einheitsform der Entwicklung von Lösungen und Entscheidungen und letztlich der Lösungen und Entscheidungen selbst.[5]

Dieser Sachverhalt der Gleichförmigkeit ist Gegenstand dieser Arbeit.

Sie steht der Entwicklung von neuen, anderen Lösungen wie sie MALIK im Prolog zu dieser Arbeit fordert entgegen, vor allem in ihrer Ausprägung als kognitive Institution wie im Verlauf der Arbeit noch deutlich werden wird. Die Beschreibung MALIKs vom Verharren in herkömmlichen Denkmustern als größtes Risiko für Führungskräfte ist ein erster Hinweis darauf.[6] Vor diesem Hintergrund steht die Eingangsthese dieser Arbeit:

Gleichförmigkeit verhindert die Ausprägung kognitiver Vielfalt und damit die Entwicklung von Lösungen höherer Qualität.

Diese Annahme ist der Ursprung des Interesses dieser Arbeit. Der These ist dabei inhärent, dass Vielfalt als Gegenpol zu Gleichförmigkeit verstanden werden kann.[7] Insofern stellt

---

[4] Young 1977, S. 15.

[5] Problemlösen und Entscheidungsfindung sind dabei als Aufgaben des Managements zu verstehen. Vgl. hierzu den Prolog von Malik, S. 2 f. in dieser Arbeit.

[6] Vgl. weiter oben im Prolog , S. 3 in dieser Arbeit.

[7] Das Gegensatzpaar Vielfalt und Gleichförmigkeit markiert dabei die Paradoxie von Organisationen. Rüegg-Stürm konstatiert hierzu: „[...] *jede Organisation* [ist, Ergänzung EK] *mit der Grundparadoxie konfrontiert, dass sie gleichermassen für Stabilität sorgen muss, indem sie eine gewisse zeitüberdauernde Gültigkeit und Verlässlichkeit von Festlegungen verbürgt, aber auch Anpassung und Erneuerung ermöglicht, indem sie*

auch Vielfalt im gewissen Maße das Thema der Arbeit dar und soll als Ausgangspunkt dienen. Der Grund hierfür liegt in dem Umstand, dass Gleichförmigkeit im Gegensatz zu Vielfalt in der relevanten Literatur bislang wenig thematisiert wird. Darüber hinaus ist es m. E. notwendig, genauer zu betrachten, welche Art von Vielfalt Gegenstand der Diskussion ist. So ist die Frage, ob die in der Theorie und Praxis thematisierte Vielfalt für die Vermeidung von Gleichförmigkeit und damit für die Entwicklung von Lösungen höherer Qualität von Bedeutung ist.

Das Thema der Arbeit ist also auch Vielfalt.[8]

Es ist ein Thema, welchem sich auf den ersten Blick schon zahlreiche Arbeiten im Kontext der Wirtschaftswissenschaften gewidmet haben, lässt sich doch eine Vielzahl von Veröffentlichungen zum Thema Diversity und Diversity Management[9] finden.[10] Und doch widme auch ich mich dieser Thematik. Aber warum wieder Vielfalt? Ist dieses Thema nicht schon hinreichend beleuchtet? Ich glaube, an dieser Stelle gilt es eine andere Art von Frage zu stellen, eine die das Fragezeichen tiefer setzt, nämlich:

Wie lautet eigentlich die Frage, auf die Vielfalt eine Antwort geben soll?

---

gleichzeitig immer auch dafür sorgen muss, dass genau diese Festlegungen veränderbar und entwicklungsfähig bleiben." Rüegg-Stürm 2003, S. 2.

[8] Die Begrifflichkeiten Vielfalt sowie die im Titel meiner Arbeit erwähnte Gleichförmigkeit bilden gewissermaßen ein Gegensatzpaar, da, wie sich im Verlauf der Arbeit zeigen wird, kognitive Institutionen als Manifestation der Gleichförmigkeit der kognitiven Vielfalt entgegenstehen. Insofern stellen selbstverständlich auch kognitive Institutionen und Gleichförmigkeit in nicht minderem Maße das Thema meiner Arbeit dar. Allerdings ist das Phänomen der Vielfalt als Ausgangspunkt meines Interesses zu betrachten. Zur Bedeutung eines Primats der Wirtschaft, der als weiteres Element im Titel dieser Arbeit zu finden ist, siehe weiter unten, S. 9 f. Ausführlicher zu kognitiven Institutionen als Manifestation von Gleichförmigkeit siehe Kap. 2.2.

[9] Die Begriffe „Diversity" und „Managing Diversity"/„Diversity Management" differenziert Sepehri in zum einen Verschiedenartigkeit bzw. Vielfalt und zum anderen in ein Konzept der Unternehmensführung welches sich mit Verschiedenartigkeit von Mitarbeitern beschäftigt, vgl. Sepehri 2002, S. 77. Ausführlicher zu den möglichen Kriterien und Merkmalen von Verschiedenartigkeit weiter unten in diesem Abschnitt.

[10] Eine gute Übersicht über die Literatur zum Thema „Diversity Management",oder „Managing Diversity" gibt z.B. Knoth 2006.

1.1 Plausibilisierung des Forschungsgegenstandes: Forschungsmotivation

Vielfalt ist für Organisationen und ihr Management[11] bereits seit längerem Gegenstand von Interesse. Dies schlug und schlägt sich, wie eben erwähnt, in einer Vielzahl von Veröffentlichungen, Diskussionen und Maßnahmen nieder. Die Relevanz für die Wirtschaft in Theorie und Praxis scheint damit bereits ausreichend belegt.

Allerdings sind nicht nur diese Phänomene vielgestaltig und zahlreich, auch *Vielfalt* selbst ist ein vielfältiger Begriff und es gilt zu hinterfragen, was genau mit Vielfalt in Organisationen gemeint ist, respektive mit welchem Verständnis derselben die wirtschaftswissenschaftliche Theorie und Praxis sich bislang beschäftigt hat und aktuell beschäftigt. Denn erst durch das Abstecken einer Landkarte des bisherigen Verständnisses von Vielfalt und deren Zielsetzung wird es möglich zu sehen, welche anderen denkbaren Bereiche noch wenig betrachtet wurden und werden.[12] Auf diese Weise möchte ich, wie oben formuliert, zu der Frage gelangen, auf die Vielfalt der Wirtschaft[13] eine Antwort geben soll, aber auch zu den Fragen auf die sie der Wirtschaft Antwort geben *könnte*, würde sie denn diese stellen. Denn ich glaube, dass die momentan dominierende Sichtweise auf Vielfalt durchaus erweitert werden kann und auch erweitert werden muss, wollen wir, Bezug nehmend auf den Prolog dieser Arbeit, die in der Wirtschaft und Gesellschaft anstehenden Herausforderungen angehen. LOTTER bringt dies folgendermaßen auf den Punkt:

„*Verschiedenartigkeit, soziale Intelligenz und die Fähigkeit zur Improvisation sind* […] *die Grundbestandteile des Werkzeuges, mit dem man aus der Komplexität das Bestmögliche herausholen kann: die Vielfalt.*“[14]

Thema der Arbeit ist darüber hinaus auch der Primat[15] der Wirtschaft.[16]

---

[11] Ausführlicher zur Bedeutung von Management für Organisationen vgl. im Abschnitt 1.6.3.2.

[12] Man könnte an dieser Stelle auch formulieren, dass wir ohne das Abstecken einer solchen Landkarte nicht sehen können, dass wir nicht sehen, was wir nicht sehen. Erst durch das Bewusstmachen der bisher betrachteten Dimensionen wird es möglich zu erkennen, was vorher unsichtbar war. Vgl. hierzu das Phänomen des blinden Flecks bei Foerster 1993, S. 236 f.

[13] Der Duden definiert Wirtschaft wie folgt: Gesamtheit der Einrichtungen, Maßnahmen und Vorgänge, die mit der Produktion, dem Handel und dem Konsum von Waren, Gütern in Zusammenhang stehen. Vgl. Duden 2002, S. 1054. Vgl. zum Verständnis von Wirtschaft auch weiter hinten im Abschnitt 4.1

[14] Lotter 2006, S. 53 f. Zum Zusammenhang der erwähnten Herausforderungen und Komplexität siehe ausführlicher das Kapitel 1.6.3 in dieser Arbeit.

Auf den ersten Blick mag sich die Verknüpfung zwischen Vielfalt und eines gesellschaftlichen Primats der Wirtschaft nicht unbedingt erschließen. Daher möchte ich den Zugang zu dieser Beziehung mittels zweier Symptome[17] eröffnen, die ich in diesem Zusammenhang beobachte.

Das Thema Vielfalt betreffend beobachte ich zwei relevante Symptome eines gesellschaftlichen Primats der Wirtschaft die sich entgegenstehen.

Symptom I: *„Die große Transformation 21"*[18]

Wirtschaft und Gesellschaft unterliegen einem Wandel, der mit einer zunehmenden Globalisierung, Internationalisierung, Technologisierung und damit einer steigenden Komplexität einhergeht.[19] Auch SCHULZ sieht die Gründe für eine zunehmende Bedeutung komplexer Diversität[20] in den rasanten Veränderungen der wirtschaftlichen, politischen sowie soziokulturellen Rahmenbedingungen in Verbindung mit einem zunehmend beschleunigten technischen Fortschritt.[21] Damit wird ein Mehr an Vielfalt auch innerhalb Organisationen selbst notwendig.[22] Diese Rahmenbedingungen sind maßgeblich geprägt von (post-)industriellen und technischen Umbrüchen die ihren Ursprung im gesellschaftlichen Teilsystem der Wirtschaft finden.[23]

---

[15] Der Begriff Primat leitet sich vom lateinischen Primus = der Erste ab. Vgl. Duden 2007, S. 629.

[16] Der Primat der Wirtschaft bezeichnet die postulierte Vorrangstellung der Wirtschaft vor den anderen Teilsystemen der Gesellschaft. Ausführlicher zum Primat der Wirtschaft siehe Abschnitt 4.1.

[17] Ein Symptom, abgeleitet vom griechischen Sýmptōma ist in der Medizin ein subjektiv wahrgenommenes Anzeichen einer Störung oder Befindlichkeit bzw. objektiv feststellbare oder organische Veränderungen. Vgl. Brockhaus 1997, 21. Band STAM-THEL, S. 448.

[18] Die Bezeichnung des ersten Symptoms ist dem Prolog Maliks entlehnt, der die Wandlung der Gesellschaft von einer Industrie- zu einer Wissensgesellschaft mit hoher Komplexität als *große Transformation 21* bezeichnet. Vgl. Malik 2011.

[19] Vgl. hierzu auch Malik 2011 in dieser Arbeit, S. 2.

[20] Ich verwende den Begriff Diversität synonym für Vielfalt.

[21] Vgl. Schulz 2009, S. 2.

[22] Vgl. hierzu ausführlich den Abschnitt 1.6.4 in dieser Arbeit zum Gesetz der erforderlichen Vielfalt von Ashby. Dieses besagt: *„Ein System kann sich in einem komplexen Umfeld nur dann erfolgreich auf ein Ziel ausrichten, wenn es der Umfeld- bzw. Außenkomplexität mit einer entsprechenden System- bzw. Binnenkomplexität begegnet."* Ashby 1974, S. 298 ff. Vgl. hierzu außerdem den Prolog in dieser Arbeit sowie das obige Zitat von Lotter.

[23] Vgl. hierzu auch den Abschnitt 1.6.3 in dieser Arbeit.

Das erste beobachtete Symptom im Zusammenhang von Vielfalt und eines Primats der Wirtschaft lässt sich insofern als Motor für mehr Vielfalt verstehen. Dies steht nun im direkten Gegensatz zu der des Themas dieser Arbeit inhärenten These nämlich, dass ein Primat der Wirtschaft zu Gleichförmigkeit führt.

Symptom II: Gleichförmigkeit

Ein gesellschaftlicher Primat der Wirtschaft[24] bedingt Gleichförmigkeit.[25] Bezogen auf diese, meine Vermutung resümiert HALLER:

„*Monotonie, so sagt uns der Spurensucher, ist das Kennzeichen unserer Gegenwart: Die gnadenlose Ausbreitung westlicher Technologie und der ihr zugrundeliegenden Ideen ist das Grundthema unserer Zeit.* [...] *Die verschiedenen* ***industriellen und postindustriellen Revolutionen****, die mediale Durchdringung und* ***die Vorbildfunktion des Marktes*** *der dominierenden Gesellschaften hat neue und uniforme Leitbilder wirksam werden lassen, und ihr Ergebnis ist – übertrieben gesagt – Monotonie* [Hervorhebung EK].“[26]

Diese im Zitat genannten Leitbilder, deren Ursachen in einer Ökonomisierung[27] der Gesellschaft zu suchen sind, manifestieren sich m. E. im Effektivitäts- und Effizienzbestreben[28]

---

[24] Ausführlicher zum Primat der Wirtschaft siehe Kapitel 4 und Kapitel 5.

[25] Dieses Symptom ist das themenkonstituierende Phänomen für diese Arbeit und soll im Folgenden im Fokus stehen.

[26] Haller 1997, S. 99 f.

[27] Schimank und Volkmann bezeichnen Ökonomisierung als einen Vorgang, durch den Strukturen, Prozesse, Orientierungen und Effekte, die man gemeinhin mit einer modernen kapitalistischen Wirtschaft verbindet, gesellschaftlich wirkmächtiger werden. Vgl. Schimank/ Volkmann 2008, S. 382. Dabei differenzieren die Autoren in die gesellschaftlichen Teilbereiche der Ökonomie selbst sowie in die nicht-ökonomischen Teilbereiche. Eine Ökonomisierung der Ökonomie stellt sich dabei als eine immer weitergehende Alleinstellung des Gewinnmotivs dar. Vgl. zur Maxime des Gewinnmaximierungsprinzips in diesem Zusammenhang auch Fußnote 31.

[28] Die Begrifflichkeiten effektiv und effizient weisen unterschiedliche Bedeutungen auf. Unter effektiv ist etwas zu verstehen, dass grundsätzlich wirksam ist. Effizient ist hingegen etwas dass, gemessen am Aufwand eine hohe Wirksamkeit hat und dementsprechend auch als ökonomisch bezeichnet werden kann. Vgl. Duden 2002, S. 287.

und damit einhergehend in einer allgegenwärtigen Normierungs- und Standardisierungswut sowie Zahlengläubigkeit unserer Gesellschaft.[29] HEINZLMAIER schreibt hierzu:

Die Ökonomisierung des Sozialen ist die Folge einer Verallgemeinerung der Marktwirtschaft, d.h. ökonomische Imperative ufern aus, verlassen ihren angestammten Bereich, die Sphäre der Ökonomie, und greifen auf nahezu alle anderen Sphären der Gesellschaft über [...]. *Die Ökonomisierung des Sozialen zieht die Ökonomisierung des Denkens nach sich.*"[30]

Der Beschreibung HEINZLMAIERs folgend, besteht eine Kette der Ökonomisierung[31] der Gesellschaft, die sich folgendermaßen darstellt:

KETTE DER ÖKONOMISIERUNG

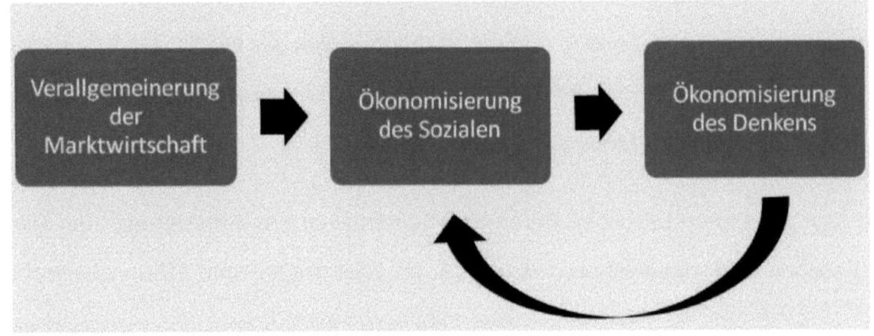

Abb. 1-1[32]

[29] Die Grundlagen für diese Manifestationen einer ökonomisierten Gesellschaft liegen m. E. nach in den Leitbildern des ökonomischen Rationalismus. Ausführlicher hierzu im Kapitel 4 und Kapitel 5.

[30] Heinzlmaier 2013, S. 10.

[31] Nach Heinzlmaier bedeutet Ökonomisierung in dem diskutierten Zusammenhang eine Verallgemeinerung der Marktwirtschaft. Vgl. das obige Zitat. Dem ökonomischen Handeln in einer freien Marktwirtschaft liegt dabei das erwerbswirtschaftliche Prinzip zugrunde, d.h. das Bestreben, bei der Leistungserstellung und –verwertung das Gewinnmaximum zu erreichen. Vgl. Wöhe 1990, S. 6 und S. 42. Das erwerbswirtschaftliche Prinzip lässt sich auch als Rationalprinzip beschreiben. Vgl. ebenda, S. 1. Allerdings erfährt das Gewinnmaximierungsprinzip innerhalb der Betriebswirtschaftslehre nicht ausschließlich Zustimmung. Vgl. hierzu die von Wöhe zusammengestellten Einwände, ebenda, S. 43 ff.

[32] Eigene Darstellung, angelehnt an Heinzlmaier 2013, S. 10.

Der Ökonomisierung des Denkens kommt dabei eine Schlüsselrolle zu, da mit ihr die Ökonomisierung des Sozialen gewissermaßen reproduziert wird. Sie offenbart sich dabei naturgemäß vor allem in den Bildungsinstitutionen. HEINZLMAIER konkretisiert:

„Der freie Geist wird unter einer Lawine von Regulativen, Normen und Richtlinien erstickt.“[33]

Auch LIESSMANN diagnostiziert diese *„ökonomistische Verkürzung und Verzweckung des Bildungsbegriffes“*[34] und konstatiert:

„Es steht für Maschinendenken, für die Vorstellung, dass das, was mit einer Maschine geht, auch im Kopf klappen muss. ***Das ist die große letzte Schlacht des Industrialismus****: Bildung wird als Ganzes industrialisiert, genormt, standardisiert. Da haben wir die ‚Modularisierung von Studien‘, die dem Muster funktional differenzierter Fertigungshallen gehorchen. Die Einführung der sogenannten ECTS-Punkte* [...]*, die die Leistung eines Studierenden messen sollen. Eine Norm, die bis ins Detail von Industrienormen abgeleitet wird. Nichts stört so sehr wie die individuelle Abweichung.* ***Das ist klassisches Maschinendenken.***[35] *Wer einen eigenen Kopf hat, hat dabei nichts verloren* [Hervorhebung EK].“[36]

---

[33] Heinzlmaier 2013, S. 12. Er resümiert weiters: *„Am Ende verlässt schön verpacktes und gut portioniertes Humankapital die bildungsökonomisch hoch effizienten Ausbildungsfabriken.“* Ebenda. Damit betont er nochmals die ökonomistische Ausrichtung der (Aus-)Bildungsinstitutionen und damit die Ökonomisierung des Denkens.

[34] Heinzlmaier 2013, S. 10.

[35] Vgl. zu der hier von Liessmann gemachten Metapher des Maschinendenkens die Maschinenmetapher von Heinz von Foerster. Vgl. Schmidt S. 1994, S.245 und 248 sowie Abschnitt 1.6.3.1 in dieser Arbeit.

[36] Liessmann zitiert nach Lotter 2008, S. 66. Dies wird bereits, wie Haffelder darstellt, in Einschulungstest praktiziert:*„Wenn sich Eltern, Lehrer und Erzieherinnen nicht sicher sind, ob ein Kind schulfähig ist, wird nach Beurteilungskriterien der kognitiven Schulreife gesucht. Im Bereich der Formerfassung und Formwiedergabe soll das Kind unter anderem diese Figur wiedergeben:*

Die folgenden Lösungen dreier Kinder lassen erkennen, wer diese Aufgabe richtig gelöst hat und damit schulfähig ist.

Fragt man die Kinder jedoch nach den Gründen für ihre Lösungen, erklärt uns Kind 1, ...das ein E doch kein so komisches Schwänzchen da hinten hat, und Kind 3 `....dass der Besen doch viel besser kehrt, wenn er mehr Borsten hat.`“ Bei dieser Art der Aufgabenstellung führen weder die analytisch-präzise Denkweise eines Kindes noch die kreativ-schöpferische eines anderen zum Erfolg. ... Haffelder zitiert nach Czerny 2010, S. 348. Czerny resümiert hierzu: *„Wir trainieren so also den Kindern ihre Offenheit ab, viele verschiedene*

LOTTER bedient sich ebenfalls der Maschinenmetapher, indem er auf HUMBOLDT zurückgreift:

„`Gleichförmige Ursachen haben gleichförmige Wirkungen. Je mehr also der Staat mitwirkt, desto ähnlicher ist nicht bloß alles Wirkende, sondern auch alles Gewirkte.´ Und wer das unterstütze, schreibt Humboldt, `den hat man, und nicht mit Unrecht, in Verdacht, dass er die Menschheit miskennt, und ***aus Menschen Maschinen machen will****.* [...]. *Zu* [...] *Bildung ist Freiheit die erste und unerlässliche Bedingung.´ Nur das, schreibt Humboldt weiter, sichere die `Mannigfaltigkeit´, die wir heute Vielfalt nennen würden und die dem Bildungsvater das `höchste Gut´ ist, `welches die Gesellschaft giebt* [...]´.“[37]

Bildung soll damit primär der Entwicklung und der Freiheit des Menschen und nicht der Anpassung des Einzelnen an die Anforderungen zukünftiger Arbeitsgeber dienen.[38] Interessant ist dabei die Tatsache, dass HUMBOLDT selbst an der Schwelle jener industriellen Gesellschaft lebte, die „*aus den Menschen Maschinen machen will*“[39]. Die Diskussion ist allerdings heute aktueller denn je, denn wir sind über die Zeiten der Industrialisierung längst hinaus und befinden uns in der Epoche einer Wissensgesellschaft.[40] Hierfür benötigen wir Vielfalt und freie Geister im Gegensatz zu Normierung und Standardisierung.[41] Ich halte an dieser Stelle fest:

Die Ökonomisierung der Gesellschaft führt über die (Aus-)Bildungsinstitutionen zu einer Ökonomisierung des Denkens und damit zu Gleichförmigkeit.

Informationen gleichzeitig aufzunehmen, eigene Wege zu gehen und Kreativität auszubilden. So bleiben sie auf ausgetrampelten Pfaden.“ Ebenda. Vgl. darüber hinaus auch Saul 1997, S. 21 und 76 f.

[37] Lotter 2008, S. 65.

[38] Vgl. Ebenda.

[39] Ebenda.

[40] Vgl. Heinzlmaier 2010, Lotter 2008 sowie Malik 2011 im Prolog dieser Arbeit. Vgl. zum Begriff und zur Entwicklung von Wissensgesellschaften Stehr 2001, S 117 ff.

[41] Vgl. Lotter 2008, S. 63.

Synthese

Die beobachteten Symptome eines Primats der Wirtschaft stehen sich also diametral entgegen: Zum einen erfordern die anstehenden wirtschaftlichen sowie gesellschaftlichen Herausforderungen ein Mehr an Vielfalt, zum anderen führt die Ökonomisierung der Gesellschaft zu Gleichförmigkeit.[42] Die nachfolgende Abbildung zeigt vereinfacht die postulierten Zusammenhänge auf. Der Fokus der Arbeit liegt dabei auf dem rechten Strang der Abbildung, die auch den Titel dieser Arbeit widerspiegelt:

SYMPTOME EINES PRIMATS DER WIRTSCHAFT

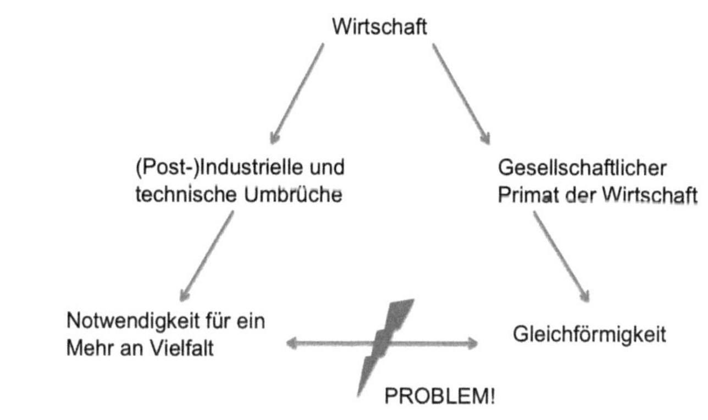

Abb. 1-2[43]

Die Wirtschaft selbst scheint also (Mit-)Verursacher der Fragestellungen zu sein, für deren Beantwortung Vielfalt bemüht werden soll. Dieser Aspekt ist als wesentlich und themenkonstituierend[44] für diese Arbeit zu betrachten und lässt eine gewisse Komplexität und Nicht-Linearkausalität bzgl. der Vielfalts- bzw. Gleichförmigkeitsthematik vermuten. Aller-

[42] Vgl. zum erstgenannten Aspekt Malik 2011.
[43] Eigene Darstellung.
[44] An dieser Stelle möchte ich an den Titel der Arbeit erinnern: *Die gesellschaftliche Konstruktion von Gleichförmigkeit – Der Primat der Wirtschaft als kognitive Institution*. Zur Einführung des Begriffs der kognitiven Institution siehe Kap. 2 in dieser Arbeit, insbesondere den Abschnitt 2.3.

dings verlangt wiederum die Linearität des Mediums Buch an dieser Stelle das Setzen eines Anfangs, von dem aus das Thema angegangen werden soll. Ich hoffe, dass es gelingt, trotz des linearen Vorgehens die vermuteten interdependenten nicht-linearen Zusammenhänge der Thematik aufzeigen zu können. Zu diesem Zweck möchte ich im Folgenden kurz das Forschungsziel und die diesem zugrundeliegenden Forschungsfragen sowie meine wissenschafts- und erkenntnistheoretische Grundposition darlegen, um daraus abgeleitet die Methodik sowie den Aufbau der Arbeit zu begründen.

1.2 Fragen, Zielsetzungen und weiteres Vorgehen

Das Ziel der Arbeit mit ihrer fächerübergreifenden Ausrichtung ist hermeneutischer Natur.[45] Es soll versucht werden die Bedeutung von Gleichförmigkeit[46], manifestiert in kognitiven Institutionen, im Denken und Handeln der Gesellschaftsmitglieder, insbesondere in Organisationen, nachzuzeichnen. Die Grundlage für die Formulierung dieses Ziels ist die Annahme, dass eine Kette der Ökonomisierung besteht wie sie von HEINZLMAIER beschrieben wird.[47] Insofern scheint es, dass der Versuch der Wirtschaftswissenschaft, erst *in* der Organisation Stellhebel für die (Re-)Installation von Vielfalt zu betätigen, zu spät ist.[48] Vielmehr scheint es notwendig zu sein viel früher anzusetzen und sämtliche relevante Bereiche, die einen Erklärungsbeitrag zur Ausbildung von Gleichförmigkeit und zum Verständnis von kognitiven Institutionen beitragen können, einzubeziehen. Die Untersuchung des Menschen als ein ganzheitliches Wesen und seiner kognitiven Bandbreiten macht, m. E. eine

---

[45] Ausführlicher zum interdisziplinären Ansatz und zur angewandten Methodik im weiteren Verlauf, insbesondere in den Abschnitten 1.4 und 4.1.

[46] In dieser Arbeit stehen sich die Begrifflichkeiten Vielfalt und Gleichförmigkeit diametral gegenüber. Damit wird möglicherweise eine Bewertung im Sinne von gut – schlecht assoziiert. Dies ist allerdings nicht intendiert. Es geht eher um eine kritische Auseinandersetzung mit den Grundannahmen auf denen Gleichförmigkeit wie auch Vielfalt basieren. Denn nur mittels einer reflektierten Betrachtung derselben besteht die Möglichkeit diese zu verstehen und auch verändern zu können. Giddens resümiert hierzu: *„‚Tradition', die als solche erkannt ist, gilt nicht mehr länger als ehrwürdige Basis von Gewohnheiten, sondern wird zum diskursiven Phänomen, das der Problematisierung offensteht."* Giddens 1995, S. 257. Vgl. zum Zusammenhang von kognitiven Institutionen und Traditionen das Kapitel 2.
Die Ermöglichung des Erkennens der Traditionen und kognitiven Institutionen als solcher, speziell im Kontext der heutigen Herausforderungen für das Management bilden damit das Ziel.

[47] Vgl. zur Kette der Ökonomisierung weiter oben, S. 9 bzw. Heinzlmaier 2013, S. 10.

[48] Dieses Bestreben der Wirtschaft in Theorie und Praxis lässt sich an der Vielzahl der Publikationen die das Thema Vielfalt behandeln ablesen. Vgl. die weiteren Ausführungen hierzu im Abschnitt 1.6.

solche ganzheitliche Betrachtungsweise notwendig. Insbesondere Fachgebiete, die den Kognitionswissenschaften[49] zuzuordnen sind, sollen dabei, neben der Disziplin der Wirtschaftswissenschaften untersucht werden.

Mit dem Fokus auf Pfadabhängigkeiten bzw. kognitiven Institutionen, deren Entstehung eines Primats der Wirtschaft zuzuschreiben ist, wird damit ein neues Verständnis für die Einbettung der Wirtschaftswissenschaften in die Gesellschaft und auch für die Verantwortung der Wirtschaft für die Herausbildung von Gleichförmigkeit angestrebt. Insofern liegen der Arbeit zwei Anliegen zugrunde: Zum einen die Erklärung der Bedeutung von kognitiven Institutionen für die Entstehung von Gleichförmigkeit im Allgemeinen. Zum anderen die Auseinandersetzung mit der Rolle eines vermuteten Primats der Wirtschaft in diesem Zusammenhang. Die so gewonnenen Erkenntnisse sollen für die Betriebswirtschaftslehre interpretiert und zugänglich gemacht werden.

Die Forschungsfragen können wie folgt festgehalten werden:

Wie entstehen Pfadabhängigkeiten, manifestiert als kognitive Institutionen?

Welchen Beitrag leistet die gesellschaftliche Sphäre der Wirtschaft zur Ausbildung gesamtgesellschaftlich relevanter kognitiver Institutionen?

Inwiefern nehmen kognitive Institutionen aus der Wirtschaft Einfluss auf die Gesamtgesellschaft?

Wie kann auf Basis der erarbeiteten Erkenntnisse die Sphäre der Wirtschaft der Entstehung von kognitiven Institutionen entgegenwirken bzw. die bestehenden Pfadabhängigkeiten aufweichen?

---

[49] Die Kognitionswissenschaften sind ein loser Verbund von Disziplinen die sich im weitesten Sinne mit Kognitionen beschäftigen. Vgl. Varela 1990, S. 19. Ausführlicher zu den Kognitionswissenschaften siehe Kapitel 3.3 in dieser Arbeit.

1.3 Wissenschafts- und erkenntnistheoretische Grundposition

Mit der Thematisierung von kognitiven Pfadabhängigkeiten und damit Traditionen[50] rücken individuelle und kulturell geprägte Perspektiven in den Mittelpunkt und machen damit eine Vorschaltung der erkenntnistheoretischen Ausrichtung der Arbeit notwendig.[51] Der Grund hierfür liegt darin, dass derartig geprägte Perspektiven im Gegensatz zu der vorherrschenden wissenschafts- und erkenntnistheoretischen Grundposition in den Wirtschaftswissenschaften stehen, die sich, wie folgt, prägnant von HAMMER darstellen lässt:[52]

„Die Grundposition des Rationalismus (klassisch wie kritisch) ist die Annahme, dass ***eine objektive****, d. h. vom Beobachter unabhängige* ***Wahrheit*** *existiert und unser Erkenntnisstreben stets ein unablässiges Suchen nach dieser Wahrheit sein muss* [Hervorhebung EK].“[53]

Die darin proklamierte *Souveränität der Vernunft*[54] führt zu einer Mechanisierung des Weltbildes und damit einhergehend zu einer reduzierenden Perspektive auf die Vielfalt des Erkenntnisobjektes. Die Prämisse der Existenz nur *einer* Wahrheit schließt die Relevanz von unterschiedlichen, kulturell geprägten Perspektiven bzw. Wahrheiten kategorisch aus.[55] Das Thema dieser Arbeit stellt nun aber Vielfalt bzw. Gleichförmigkeit in den Fokus des Interesses und bringt sie in Beziehung mit der Entwicklung von neuen Lösungsansätzen für

---

[50] Vgl. Fußnote 46. Ausführlicher zu diesem Zusammenhang im weiteren Verlauf, insbesondere im Kapitel 2.

[51] Eine Vorschaltung von erkenntnistheoretischer Aufarbeitung ist insbesondere bei der Beschäftigung mit Interessensgebieten die die Kognitionswissenschaft berühren notwendig. Dies deswegen, da jeder in seiner eigenen bestimmten Denktradition verhaftet ist (z.B. abendländische Denktradition). Wie kann es mit dieser Beschränkung möglich sein andere Denksysteme verstehen zu können? Vgl. Wassmann 2003, S. 325. Wassmann beschreibt diesen Sachverhalt als grundlegende methodologische Schwierigkeit der Kognitiven Ethnologie. Denn jede Kultur gehorcht in ihrem Umgang mit ihrer Umwelt einer anderen Logik, die es wiederum erschwert andere Kulturen diesbezüglich verstehen zu können, bzw. überhaupt das Vorhandensein von bestimmten Mustern erkennen zu können.

[52] Der kritische Rationalismus lässt sich als das dominierende Leitprinzip der Wirtschaftswissenschaften beschreiben. Der klassische Rationalismus wurde von Descartes geprägt und stellt im Wesentlichen die erkenntnistheoretische Basis der Naturwissenschaften dar. Der kritische Rationalismus, zurückgehend auf Popper, stellt eine Weiterentwicklung desselben dar. Vgl. Hammer 2009, S. 45. Die Betriebswirtschaftslehre bedient sich im Allgemeinen des kritischen Rationalismus als erkenntnistheoretische Basis für ihre Theoriebildung und empirische Forschung. Vgl. hierzu Winter 1999, S. 33.

[53] Hammer 2008, S. 44 f.

[54] Die *Souveränität der Vernunft* gilt dabei als Ableitung und Ergebnis des erkenntnistheoretischen klassischen Realismus von Descartes. Es ging ihm dabei um die Spaltung von Subjekt und Objekt sowie die Entscheidung zwischen wahr und falsch. Die Folge dieses extremen Dualismus´ sind in der nach wie vor gültigen Hoheit von Objektivität und Wahrheit innerhalb der Wissenschaften zu sehen. Vgl. Winter 1999, S. 30 f.

[55] Diese Formulierung impliziert dabei nicht, dass auch die eine objektive Wahrheit des Rationalismus kulturell geprägt ist.

anstehende Herausforderungen in komplexen Umwelten.[56] In diesem Zusammenhang spielt Viabilität, d.h. Überlebensfähigkeit in komplexen Umwelten eine prägnante Rolle.[57] Dieses Konzept beinhaltet, dass mehrere Vorgehensweisen, bzw. Wahrheiten[58], zielführend sein können, nicht nur die *eine objektive Wahrheit.*[59] Von GLASERSFELD stellt hierzu fest:

„***Brauchbar*** *oder* ***viabel*** *aber nennen wir in diesem Zusammenhang eine Handlungs- und Denkweise, die an allen Hindernissen vorbei* [...] *zum erwünschten Ziel führt* [Hervorhebung im Original].“[60]

Viabilität scheint somit für die Erreichung von passenden und nützlichen Lösungen für die kommenden und bestehenden Herausforderungen in Wirtschaft und Gesellschaft hilfreich zu sein.[61] Gerade auch im Kontext des Kognitiven, zu dem auch Wissensstrukturen und Lösungsansätze zu zählen sind, erklärte PIAGET bereits in den dreißiger Jahren, dass die kognitiven Strukturen, die wir als Wissen bezeichnen, nicht als Kopie der Wirklichkeit verstanden werden dürfen, sondern vielmehr als Ergebnis der Anpassung, im Sinne von Viabilität.[62] FRINDTE schließt sich dem an:

„*An die Stelle von Wahrheitskriterien treten die Nützlichkeit und Paßfähigkeit* ***individueller Konstruktionen*** *im Hinblick auf die von uns je angestrebten Ziele* [Hervorhebung EK].“[63]

Mit der Verwendung des Begriffs individueller Konstruktionen verweist FRINDTE auf die dieser Arbeit zugrundeliegende erkenntnistheoretische Position: den Konstruktivismus.[64]

---

[56] Vgl. hierzu die Eingangsthese auf S. 5.
[57] Vgl. hierzu die Ausführungen von Malik im Prolog zu dieser Arbeit.
[58] Vgl. das obige Zitat von Hammer.
[59] Vgl. Glasersfeld 1992, S.18 f.
[60] Glasersfeld 1992, S. 30.
[61] Von Glasersfeld betont dabei, dass Viabilität sich immer und ausschließlich auf die Fähigkeit bezieht innerhalb der Bedingungen der gegebenen Umwelt zu überleben. Der Begriff der Viabilität bedingt dabei nie eine im Vorhinein bestimmte Art und Weise wie dieses Überleben erreicht werden soll. Vgl. Glasersfeld, 1992, S. 25.
[62] Vgl. Ebenda, S. 29.
[63] Frindte 1998, S. 43.
[64] Gergen/ Gergen weisen auf die oftmals synonyme Verwendung der Begriffe Konstruktivismus und Konstruktionismus hin. Allerdings besteht ein signifikanter Unterschied der im Ursprung der Wirklichkeitserzeugung liegt. Dieser liegt im Konstruktivismus im individuellen Geist des Einzelnen. Im Sozialen Konstruktionismus hingegen liegt er im sozialen Bereich, wie der Name bereits vermuten lässt, und damit in den Beziehungen als Orte der Wirklichkeitserzeugung. Vgl. Gergen/ Gergen 2009, S. 8.

Ihm entstammt der Begriff der Viabilität der auf von GLASERSFELD zurückgeht.[65] SCHMIDT formuliert die Verbindung von Viabilität und Konstruktivismus folgendermaßen:

„Wir konstruieren durch unsere vielfältigen Tätigkeiten (Wahrnehmen, Denken, Handeln, Kommunizieren) eine Erfahrungswirklichkeit, die wir bestenfalls auf ihre Gangbarkeit oder Lebbarkeit (viability) hin erproben können, nicht aber auf ihre Übereinstimmung mit einer wahrnehmungsunabhängigen Realität."[66]

Der Konstruktivismus als eine Strömung der Erkenntnistheorie stellt damit auf breiterer Ebene das erkenntnistheoretische Fundament dieser Arbeit dar.[67] Er steht für eine Ansammlung von psychologisch-philosophisch-erkenntnistheoretischen Ansätzen:

„[...] *die davon ausgehen, dass individuelle Weltbilder durch eine Geschichte von Interaktionen, die ein Individuum mit seiner physischen und sozialen Umwelt erfährt, geformt und aktiv ‚konstruiert' werden."*[68]

Dabei ist die Konstruktion in diesem Zusammenhang nicht als planvolle Handlung zu verstehen, sondern vielmehr als unbewusster Prozess, bei dem Erfahrungen geordnet und zueinander mehr oder weniger konsistent in Beziehung gesetzt werden.[69] Fundamental ist an dieser Stelle die Annahme, dass die Welt die erlebt wird unwillkürlich konstruiert wird und

---

[65] Von Glasersfeld, der den Begriff in den Konstruktivismus einführte, schreibt hierzu:" *Die konstruktivistische Denkweise, mit deren Ausarbeitung ich mich in den letzten fünfzehn Jahren befaßt habe, setzt sich vor allem darin von der philosophischen Tradition ab, daß sie das herkömmliche Verhältnis zwischen der Welt der faßbaren Erlebnisse und der ontologischen Wirklichkeit durch ein anderes begriffliches Verhältnis ersetzt. Wo die Überlieferung, trotz Kant, zwischen Erlebnis und ‚Wirklichkeit' stets Gleichförmigkeit, Übereinstimmung oder zumindest Korrespondenz als natürliche und unerläßliche Voraussetzung betrachtete, postuliert der radikale Konstruktivismus die grundsätzlich andersartige Beziehung der Kompatibilität oder, wie ich sie in Anlehnung an den englischen Ausdruck nennen möchte, der Viabilität."* Glasersfeld 1992, S. 18.

[66] Schmidt S. 1994, S. 13 f. Er bezieht sich dabei auf das Grundprinzip des Konstruktivismus: *„Erfahrung ist Ursache, die Welt die Folge."* Ebenda.

[67] Es gibt nicht *den* Konstruktivismus. Für eine Aufzählung der verschiedenen Spielarten vgl. Steinke 1999 S. 81.

[68] Simon 2007, S. 68. Vgl. hierzu auch Frindte 1998, S. 48.

[69] Vgl. ebenda. Schmidt schließt sich dieser Auffassung an und bezeichnet den Begriff des Konstruktivismus als missverständlich: *„Umgangssprachlich bezeichnet man planvolle, intentionale Tätigkeiten willkürlicher Herstellung als Konstruktion. Ganz im Gegenteil dazu benutzen viele Konstruktivisten – leider meist ohne expliziten Hinweis – dieses Wort, um Prozesse zu bezeichnen, in deren Verlauf Wirklichkeitsentwürfe sich herausbilden, und zwar keineswegs willkürlich, sondern gemäß den biologischen, kognitiven, sozialen und kulturellen Bedingungen, denen sozialisiere Individuen in ihrer sozialen und natürlichen Umwelt unterworfen sind. Über viele dieser Bedingungen kann ein Individuum überhaupt nicht verfügen."* Schmidt S. 1994, S. 16.

aus diesem Grund nicht bekannt ist, wie die Konstruktion vonstatten geht. Von GLASERSFELD konstatiert hierzu:

„Diese Unwissenheit ist alles andere als notwendig. Der radikale Konstruktivismus behauptet [...], *daß wir die Operationen, mit denen wir unsere Erlebenswelt zusammenstellen, weitgehend erschließen können, und dass uns dann die Bewußtheit des Operierens,* [...], *helfen kann, es anders und vielleicht besser zu machen."*[70]

Die in dieser Arbeit im Fokus stehenden kognitiven Institutionen können nun als solche Konstruktionen der Erlebenswelt betrachtet werden.[71] Insofern ist das Ziel ein umfassenderes Verständnis für ihr Entstehen und Wirken zu erhalten und darauf aufbauend einen geeigneten Umgang mit ihnen finden zu können, mit dem Ansatz des Konstruktivismus gut vereinbar.

Das Konstrukt der Viabilität scheint für die Herausforderungen in Wirtschaft und Gesellschaft fruchtbarer zu sein als Ansätze des Rationalismus.

Das Verstandnis der individuellen Konstruktion von Weltbildern durch die Interaktion zwischen Individuum und seiner Umwelt liefert ein erkenntnistheoretisches Fundament für die Betrachtung von kognitiven Institutionen.

Wenn wir nun davon ausgehen, in einer Welt zu leben die durch unsere kognitiven und sozialen Aktivitäten konstituiert wird, dann greifen allerdings Fragen nach der reinen Beschaffenheit einer Welt im Zusammenhang einer epistemologischen Reflexion zu kurz. Eher müssen Fragen nach dem *Wie* der Erkenntnisgewinnung formuliert werden und dementsprechend das Forschungsdesign dieser Arbeit ausgestaltet werden.

Ich bin mir durchaus darüber im Klaren dass mein Vorgehen und meine daraus hervorgehenden *Erkenntnisse* nicht unbedingt den Erwartungen an diese Arbeit entsprechen müssen. Denn um die Subjektivität der Erkenntnisgewinnung mit Ernst von GLASERSFELD kurz anzureißen:

---

[70] Glasersfeld 2008, S. 17.
[71] Vgl. hierzu die weiteren Ausführungen zum Begriff der kognitiven Institution im Kap. 2.

„Und da man immer nur mit dem eigenen Erkenntnisapparat wahrnehmen, Begriffe bilden und intuieren kann, ist man nie in der Lage, das Bild, das man sich von der Welt macht, mit einer vom eigenen Erleben unabhängigen Realität zu vergleichen."[72]

Diese Arbeit ist motiviert und entstanden aus der Perspektive meines Erkenntnisapparates und geprägt durch die Ereignisse und Wahrnehmungen, die ich durch ihn erfahren habe. So bin ich alleine verantwortlich für das, was in dieser Arbeit gesagt wird.[73]

1.4 Methodologie und Forschungsdesign

Dem erkenntnistheoretischem Fundament folgend stehen soziale Konstruktionen von Wirklichkeit im Zentrum des Interesses.[74] Insofern gilt es daher, zur Beantwortung der Forschungsfragen[75], mittels einer geeigneten Methodik diese Konstruktionen zu *de*konstruieren. Es soll also die Entstehung sozialer Wirklichkeiten und daraus hervorgehender Pfadabhängigkeiten, manifestiert als kognitive Institutionen, nachgezeichnet werden.

Unterzieht man nun die beherrschende quantitative Forschungsmethodik[76] in den Wirtschaftswissenschaften einer Betrachtung in Bezug auf ihre Zweckmäßigkeit zur Erreichung dieses Ziels, so lässt sich hierzu folgendes festhalten: Die Dominanz der quantitativen Methoden liegt vor allem in den klassisch geprägten erkenntnistheoretischen Positionen der Wissenschaftler begründet, die ihrerseits mit den entsprechenden klassischen For-

---

[72] Glasersfeld 1988, S. 36.

[73] Vgl. Glasersfeld 2008, S. 17. Heinz von Foerster stellt diesbezüglich fest, dass im Zuge der naturwissenschaftlichen Tradition der Forschung das Hochhalten der Objektivität eine Ächtung des Beobachtersubjekts zur Folge hat. Die Objektivität verlangt, dass die Eigenschaften des Beobachters nicht in die Beschreibung seiner Beobachtungen eingehen dürfen. Die damit oft einhergehende Umformulierung von: *„Ich beobachte..."* hin zu: *„ Man kann beobachten...."*, interpretiert von Foerster als eine Verantwortungsvermeidung. Vgl. Foerster 1993, S. 146. Ich möchte mich ausdrücklich dieser Verantwortung für meine Arbeit und die darin festgehaltenen Beobachtungen stellen und formuliere daher bewusst in der ersten Person.

[74] Konkret stehen die kognitiven Institutionen manifestiert als Pfadabhängigkeiten im Denken und Handeln im Fokus.

[75] Vgl. hierzu S. 15.

[76] Die quantitative Forschungsmethodik basiert auf den Methoden der Naturwissenschaften. Leitgedanken der Forschung sind dabei die eindeutige Bestimmung von Ursache und Wirkung, eine klare Operationalisierung von theoretischen Zusammenhängen, die Messbarkeit und Quantifizierung von Phänomenen sowie die Formulierung von Untersuchungsanordnungen, die es erlauben, ihre Ergebnisse zu verallgemeinern und daraus allgemeingültige Gesetze abzuleiten. Vgl. Flick 2002, S. 13 sowie Lamnek 2010, S. 6. Zur Notwendigkeit eigener Verfahren in den Wissenschaften vom Menschen siehe Schütz 1971, S. 67 f.

schungsmethoden einhergehen.[77] Allerdings stoßen die quantitativen Forschungsmethoden vermehrt an ihre Grenzen, insbesondere in Bezug auf die Erfassung und Erklärung von sozialen Phänomenen.[78]

„Gegen die Verwendung sog. quantitativer Verfahren spricht, dass durch standardisierte Fragebogen, Beobachtungsschemata usw. das soziale Feld in seiner Vielfalt eingeschränkt, nur sehr ausschnittsweise erfasst und komplexe Strukturen zu sehr vereinfacht und zu reduziert dargestellt werden."[79]

Insofern soll in dieser Arbeit mit ihrem konstruktivistisch geprägten erkenntnistheoretischen Fundament ein anderer Weg eingeschlagen werden. Die qualitative Sozialforschung[80] bietet an dieser Stelle einen solchen Ausweg sowie eine adäquate Möglichkeit für eine sinnvolle Beforschung von sozialen Wirklichkeiten.[81]

---

[77] Vgl. Hammer 2009, S. 44 ff. und S. 173. Zu den erkenntnistheoretischen Positionen siehe das vorausgegangene Kapitel 1.3. Steinke zufolge ist der kritische Rationalismus als gängige wissenschafts- und erkenntnistheoretische Basis zu sehen. Dieser Ansatz ist ihrer Meinung nach aber nicht für qualitative Forschung angemessen. Ausführlicher siehe Steinke 1999, S. 82 und nachfolgende Fußnote 78.

[78] Girtler fasst diese Kritikpunkte in folgenden vier Hauptargumenten zusammen: *„1. Die sozialen Phänomene (Tatsachen) existieren nicht außerhalb des Individuums, sondern sie beruhen auf den Interpretationen der Indiviuuen einer sozialen Gruppe. 2. Soziale Phänomene sind nicht so ohne weiteres „objektiv" zu identifizieren. Viel eher sind sie als soziale Handlungen von ihrem Bedeutungsgehalt her bzw. je nach Situation anders zu interpretieren. 3. Quantitative Messungen u. ä. Techniken können soziales Handeln nicht „wirklich" festhalten, sie beschönigen höchstens die diversen Fragestellungen. Tatsächlich führen sie häufig dazu, daß dem Handelnden unterschoben wird, seine Handlung hätte eine bestimmte Bedeutung, die jedoch viel eher die des Soziologen ist als die des Handelnden. 4. Es ist problematisch, wie es allgemein in den Naturwissenschaften gefordert wird, vor der Untersuchung Hypothesen aufzustellen, um diese dann zu testen. Denn dies würde bedeuten, den Handelnden etwas aufzuzwingen, was sie vielleicht gar nicht ihrem Handeln zugrundegelegt haben.* Girtler 1984, S. 26. Vgl. hierzu auch Bohnsack 1999, S. 23. Zur ausführlichen Darstellung der Kritikpunkte an der quantitativen Forschungsmethodik siehe bspw. Lamnek 2010, S. 7 ff.

[79] Lamnek 2010, S. 4. Kromrey merkt an, dass gesicherte Erkenntnisse im Rahmen der quantitativen Forschung nur erreichbar sind ,wenn die Fragestellung sowie die Rahmenbedingung der Untersuchungen stark eingeschränkt und vereinfacht werden. Damit ist eine externe Validität, also die Übertragbarkeit der Forschungsergebnisse auf natürliche soziale Situationen kaum mehr möglich. Vgl. Kromrey 1998, S. 504.

[80] Die qualitative Forschungsmethodik ist vorwiegend in den Sozialwissenschaften etabliert und anerkannt. Dabei ist unter qualitativer Sozialforschung ein Sammelbegriff für die zum Teil sehr verschiedenartigen methodologischen Ansätze in Psychologie, Soziologie und Pädagogik zu verstehen. Vgl. Kleining 1995, S. 11. Die Anwendung der Methoden der sogenannten Sozialforschung innerhalb der Wirtschaftswissenschaften scheint durchaus legitim, lassen sich die Wirtschaftswissenschaften selbst doch auch als Teil der Sozialwissenschaften betrachten. Vgl. Wöhe 2010, S. 8 f. Wöhe führt weiter aus, dass das Erkenntnisobjekt der Wirtschaftswissenschaften aufgrund der hohen Komplexität eine Aufteilung auf mehrere Fachdisziplinen erfordert. Insofern stellt eine interdisziplinäre Zusammenarbeit eine gewisse Notwendigkeit dar, will man sich dem Interessensobjekt innerhalb der Wirtschaftswissenschaften umfassend nähern. Vgl. ebenda.

[81] Die qualitative Sozialforschung interessiert sich im Vergleich zur quantitativen Forschung mehr für das Wie von sozialen Zusammenhängen als für quantitative Merkmale dieser Zusammenhänge. Insofern betrachtet

1.4.1 Qualitative Sozialforschung

Die soziale Wirklichkeit wird dabei als durch Interpretationshandlungen konstituierte Realität verstanden.[82] Es bilden sich in dem aufeinander bezogenen Handeln implizite Interpretationsmuster des Alltags der sozialen Wirklichkeiten, die sogenannten Konstruktionen ersten Grades.[83] An dieser Stelle ist wesentlich, dass bereits das Routinehandeln, das vortheoretische und unreflektierte Handeln und damit auch kognitive Institutionen auf diesen Konstruktionen basieren.[84]

---

die qualitative Sozialforschung Menschen als eigenständige Individuen, die Teil eines Ganzen sind, und nicht als isolierte Variablen, wie dies im quantitativen Paradigma meist der Fall ist. Vgl. Lamnek 2010, S. 4 sowie Girtler 1984, S. 10. Dabei ist das Sinnverstehen sowohl Gegenstand als auch Methode der qualitativen Forschung. Vgl. Graumann/ Métraux/ Schneider 1995, S. 67. Ihr Ausgangspunkt lässt sich demnach im Versuch eines vornehmlich deutenden und sinnverstehenden Zugangs zu einer gedachten sozialen Wirklichkeit beschreiben mit dem Ziel, das Interessensobjekt möglichst umfassend zu erfassen. Vgl. Kardoff 1995, S. 4. Zum sinnverstehenden Zugang der qualitativen Sozialforschung siehe auch weiter hinten in diesem Teilkapitel.

[82] Vgl. Lamnek 2010, S. 32. Den theoretischen Hintergrund zur qualitativen Sozialforschung bildet das interpretative Paradigma. Lamnek formuliert die Bedeutung dieses Begriffs als: „[...] *umfassendste und verbreiteste Kennzeichnung des theoretischen Hintergrunds qualitativer Sozialforschung* [...]."Ebenda. Die Formulierung des Paradigmas geht auf Wilson zurück. Er stützt sich dabei auf die Theorie des Symbolischen Interaktionismus von Blumer und Mead und der Ethnomethodologie nach Garfinkel und Cicourel. Vgl. zum Interpretativen Paradigma Wilson 1973, zum symbolischen Interaktionismus Blumer 1973 und Mead 1978, und zur Ethnomethodologie Garfinkel 1986 sowie Cicourel 1974.

[83] Vgl. Flick 2002, S. 57 und Bohnsack 1999, S. 25. Die Formulierung der Wirklichkeitsherstellung als Konstruktion lässt einen Gegenstandsbezug zwischen Konstruktivismus und qualitativer Forschung erkennen. Vgl. hierzu bspw. Steinke 1999, S. 82.

[84] Vgl. Bohnsack 1999, S. 25.

KONSTRUKTIONEN ERSTEN GRADES[85]

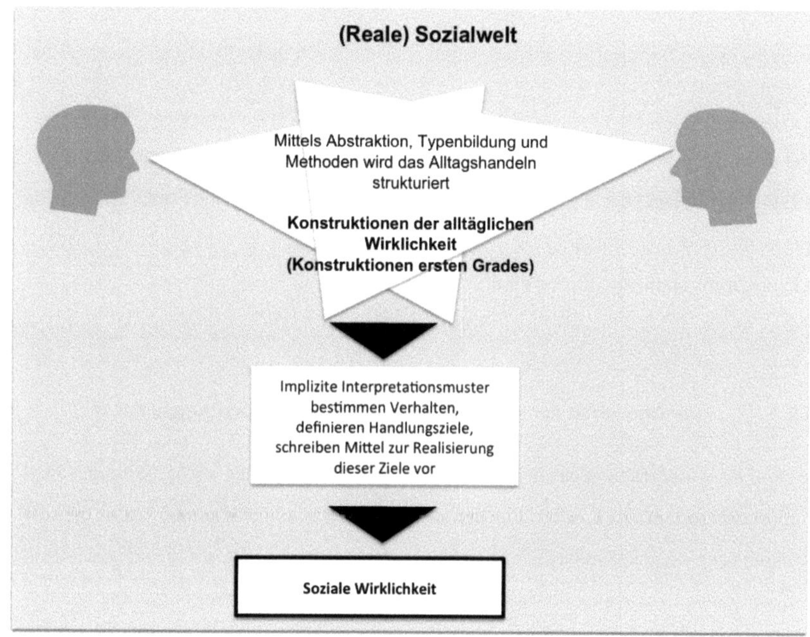

Abb. 1-3[86]

LAMNEK stellt außerdem hierzu fest, dass common-sense und lebensweltlicher Erfahrungsschatz als Quelle, Gegenstand und Verifikationskriterium wissenschaftlicher Erkenntnis der untersuchten Gesellschaftsmitglieder innerhalb der quantitativen Forschung ausgeschlossen bleiben.[87] Da das Thema meiner Arbeit letztlich selbst als Untersuchung von commonsense, nämlich der gesellschaftlich tradierten kognitiven Institutionen, betrachtet werden kann, schließt sich eine Herangehensweise mittels quantitativer Methoden quasi per se aus. Auch GIRTLER konstatiert:

---

85 Vgl. zum Inhalt der Abbildung Bohnsack 1999, S. 24 ff. und Flick 2002, S. 55 ff.
86 Eigene Darstellung.
87 Vgl. Lamnnek 2010, S. 8 sowie Dahrendorf 1967, S. 7. Ausführlicher zur Kritik der qualitativen Sozialforschung vgl. Lamnek 2010, S. 6 ff.

„[...] *um den Regeln des ‚typischen' sozialen bzw. kulturellen Handelns auf die Spur zu kommen, bedarf es der* [qualitativen, Anmerkung E.K.] *Methoden."*[88]

Ich leite darauf aufbauend folgende Konsequenz für mich und das Thema dieser Arbeit ab:

Für die adäquate Beforschung des Interessensobjekts ist ein qualitatives Forschungsdesign notwendig.

Dabei liegt der Fokus des Interesses auf den Routinen der Alltagshandlungen sowie der Kontexte in denen diese vollzogen werden.[89] Damit findet eine Aufwertung von alltagsweltlichem Laienwissen statt und rückt in den Mittelpunkt, was im positivistischen Forschungsprogramm als störend empfunden wurde.[90]

1.4.2 Die Zirkularität der Konstruktion im qualitativen Forschungsprozess

Die konkrete Ausgestaltung des in dieser Arbeit zugrunde gelegten Forschungsdesigns folgt nun der grundlagentheoretischen Position des interpretativen Paradigmas.[91] Es ist dies ein zirkuläres Vorgehen, das im Gegensatz zu einem klassisch linearen Vorgehen steht wie es in der quantitativen Forschung überwiegend anzutreffen ist.[92] Qualitative Forschung beinhal-

---

[88] Girtler 1984, S. 12 f.

[89] An dieser Stelle wird die Relevanz des interpretativen Paradigmas für das Thema dieser Arbeit offensichtlich. Die hier angesprochenen Routinen der Alltagshandlungen werden durch kognitive Institutionen mental konstituiert. So erscheint vor allen Dingen die Ethnomethodologie ein geeigneter Rahmen für die Beforschung dieses Interessensgegenstandes zu sein. Vgl. hierzu auch Mayring 2008, S. 30.

[90] Vgl. Kaduk 2002, S. 67.

[91] Das interpretative Paradigma wird nicht als wissenschaftstheoretische Position im engeren Sinne verstanden. Nach Matthes ließe es sich: „[...] *am ehesten als eine grundlagentheoretische Position bezeichnen, die davon ausgeht, dass alle Interaktion ein interpretativer Prozess ist, in dem die Handelnden sich aufeinander beziehen* [...]." Matthes 1989, S. 201.

[92] Das klassisch lineare Modell der Forschung gestaltet sich nach Flick folgendermaßen: Theorie – Hypothesen – Operationalisierung – Stichprobenziehung – Datenerhebung – Datenanalyse – Überprüfung. Vgl. Flick 2002, S. 71. Ein zirkuläres Vorgehen ermöglicht es, wesentliche Aspekte der qualitativen Forschung zu berücksichtigen, die ein lineares Vorgehen verbieten. Diese sind die Charakterisierung von Forschung als Kommunikation, die Interaktion innerhalb des Forschungsprozesses, sowie die Reflexivität desselben. Vgl. hierzu Hammer 2008, S. 178, Bohnsack 1999, S. 32. Scherer stellt außerdem hierzu fest: „*Der Forschungsgegenstand der Sozialwissenschaften [...] konstituiert sich aus Akteuren, die selbst reden und handeln. Er ist kommunikativ vorstrukturiert und entsteht und verändert sich im Verlauf des Forschungsprozesses, ohne dass dies durch den Forscher vollständig kontrolliert werden kann."* Scherer 2006, S. 31.

tet insofern ein spezifisches prozessuales Verständnis bzgl. der Methodik.[93] Diese zirkuläre Methode basiert auf der Charakteristik der bereits interpretierten Realitäten, die den Gegenstand der qualitativen Forschung ausmachen. Dabei werden Realitäten untersucht die durch bereits diejenigen interpretiert sind die als handelnde Personen selbst Teil der untersuchten Realität sind.[94] Zentral ist an dieser Stelle die Unterscheidung, die SCHÜTZ in diesem Zusammenhang trifft:

„Die gedanklichen Gegenstände, die von Sozialwissenschaftlern gebildet werden, beziehen und gründen sich auf gedankliche Gegenstände, die im Verständnis des im Alltag unter seinen Mitmenschen lebenden Menschen gebildet werden. Die Konstruktionen, die der Sozialwissenschaftler benutzt, sind daher sozusagen ***Konstruktionen zweiten Grades****: es sind Konstruktionen jener* ***Konstruktionen*** [**ersten Grades**, Anmerkung und Hervorhebung EK], *die im Sozialfeld von den Handelnden gebildet werden, deren Verhalten der Wissenschaftler beobachtet und in Übereinstimmung mit den Verfahrensregeln seiner Wissenschaft zu erklären versucht* [Hervorhebung EK].*“*[95]

Die Besonderheit sozialwissenschaftlichen Denkens besteht also darin, dass sich nicht nur dieses Denken selbst aus Interpretationen, Typenbildungen, Konstruktionen sowie Methoden zusammensetzt, sondern dass auch bereits der Gegenstand des Interesses dieses Denkens, das Alltagshandeln, durch dieselben vorstrukturiert ist.[96] Das Alltagshandeln selbst ist damit der Beobachtung allein nicht zugänglich, für ein Sinnverstehen wird eine Rekonstruktion der Handlungen und ihrer Kontexte[97] notwendig. HABERMAS schreibt dazu:

---

[93] Flick formuliert dies folgendermaßen: *„Qualitative Forschung beinhaltet ein spezifisches Verständnis des Verhältnisses von Gegenstand und Methode. Weiterhin ist sie nur sehr begrenzt mit der aus der quantitativen oder experimentellen Forschung vertrauten Logik der Forschung vereinbar. Dort kann der Ablauf in einer linearen Abfolge konzeptioneller, methodischer und empirischer Schritte aufgefächert werden. Die einzelnen Schritte können nacheinander und unabhängig voneinander durchgeführt und behandelt werden. Bei qualitativer Forschung ist dagegen die wechselseitige Abhängigkeit der einzelnen Bestandteile des Forschungsprozesses in stärkerem Maße gegeben bzw. zu berücksichtigen.“* Flick 2002, S. 67 f.

[94] Vgl. Hopf 1979, S. 21.

[95] Schütz 1971, S. 6 f.

[96] Vgl. Bohnsack 1999, S. 25. Bohnsack illustriert dies am Beispiel einer Autofahrt. Diese stellt an sich eine Routinehandlung dar. Allerdings beruht diese Handlung auf einem Entwurf, die Kenntnis von diesem Entwurf ist notwendig, um die Handlung Autofahrt verstehen zu können. Vgl. ebenda.

[97] Zur Bedeutung der Kontexte von Handlungen siehe bspw. Groeben et. al. 1988, S. 13 f.

„Die Alltagserfahrung, die im Lichte von theoretischen Begriffen und mit Hilfe von Meßoperationen in wissenschaftliche Daten umgeformt werden kann, ist ihrerseits symbolisch strukturiert und bloßer Beobachtung unzugänglich."[98]

Betrachtet man diese letztgemachte Aussage im Zitat als Tatsache, so kann man festhalten, dass auch das Alltagshandeln des Forschers durch Konstruktionen bestimmt ist. Wenn nun diese Konstruktionen individuell bzw. teilweise kollektiv induziert sind, so hat dies auch Auswirkungen auf die Forschung: Sie ist ebenfalls konstruiert durch den Forscher und seine Wirklichkeit.[99] An dieser Stelle wird die Verbindung zum erkenntnistheoretischen Fundament dieser Arbeit deutlich.[100] Im Folgenden möchte ich auf die Vorgehensweise meines Forschungsprozesses näher eingehen, um ein genaueres Bild meiner Konstruktionen zu schaffen und darauf aufbauend womöglich eigene (Re-)Konstruktionen für ein Sinnverstehen meiner Arbeit zu ermöglichen.

1.4.3 Hermeneutik[101] als Rekonstruktion von Sinn

Da im Fokus des Interesses sozial hervorgebrachte Wirklichkeiten, konstituiert durch kognitive Institutionen, stehen, möchte ich nachfolgend ESSER zur Begründung meines weiteren Vorgehens bemühen, der feststellt, dass, erstens:

„[...] *Soziales nur über Sinn konstitutiert sei und so auch nur Sinn-Rekonstruktion das adäquat sozialwissenschaftliche Verfahren sei und zweitens, daß es einer vorgängigen Ermittlung der (selbstverständlich gewordenen bzw. verschütteten) Hintergründe und Enstehungskontexte von Wissenschaft (wie der gesamten „Welt") bedürfe, die den Schein des*

---

[98] Habermas 1981, S. 162, zitiert in Bohnsack 1999, S. 25.
[99] Vgl. Hammer 2009, S. 179.
[100] Zum Zusammenhang von Konstruktivismus sowie qualitativer Forschung siehe Steinke 1999, S. 82 f.
[101] Zur Kritik an der Hermeneutik siehe bspw. Holweg 2005. Zur Historizität der Hermeneutik siehe Dilthey 1909, S. 46 f.

Realen transzendieren könnte, um überhaupt – und speziell in den Sozialwissenschaften – Aussagen machen zu können". [102]

Sinn-Rekonstruktion kann dabei wiederum selbst nur mittels interpretativer Methoden stattfinden, und so ein verstehender Zugang für die Sozialwissenschaften gesucht werden.[103] Diese Methoden schließen im Wesentlichen an die Tradition der Hermeneutik an.[104] Damit stellt die Hermeneutik zur Rekonstruktion von Sinn eine geeignete Vorgehensweise dar. Mit Hermeneutik ist die Kunstlehre des Verstehens gemeint, die sich mit Textauslegung beschäftigt,[105] das Verstehen wird dabei zum Untersuchungsgegenstand der Forschung.[106] Dem (Fremd-)Verstehen in der Methodologie des interpretativen Paradigmas kommt dabei eine grundsätzliche Rolle zu.[107]

Die Zirkularität des Forschungsprozesses, die im vorangegangenen Kapitel bereits dargestellt wurde, tritt im hermeneutischen Zirkel deutlich hervor.[108] Die hermeneutische Erschließung von Sinnzusammenhängen findet darin durch ein stetiges zirkuläres Durchlaufen der Rekonstruktionen statt.

---

[102] Esser et. al. 1977, S. 84 f. An dieser Stelle wird der Bezug der diskutierten Methodik zur Thematik meiner Arbeit deutlich. So konstituieren sich kognitive Institutionen ebenso durch selbstverständlich gewordene bzw. verschüttete Hintergründe und Enstehungskontexte die es zu verfolgen gilt, will man ein umfassenderes Verständnis bzw. Verstehen, wie es im Kontext der Hermeneutik lautet, schaffen.

[103] Vgl. Mayring 2002, S. 12 f.

[104] Vgl. Scherer 2006, S. 31.

[105] Zur Enstehung der Hermeneutik siehe Dilthey 1968, S. 317 ff. sowie Dilthey 1909, S.46 f.

[106] Zu den Bedingungen des Verstehens in den Sozialwissenschaften siehe Lamnek 2010, S. 56.

[107] Vgl. Mayring 2008, S. 29. Mayring führt an dieser Stelle aus, dass nach dem Konzept des methodisch kontrollierten Fremdverstehens, das Begreifen alltäglichen Handelns grundsätzlich immer Fremdverstehen bedeutet, da die eigenen alltagsweltlichen Wissensbestände alleine dafür nicht ausreichen. Dilthey bezeichnet das methodisch kontrollierte Fremdverstehen als eine gängige Untersuchungsmethode in den Humanwissenschaften. Vgl. Dilthey, zitiert in Lamnek 2010, S. 56 f.

[108] Als Begründer der allgemeinen Hermeneutik gilt der Philosoph Friedrich Schleiermacher. Vgl. Dilthey 1968, S. 329.

DER HERMENEUTISCHE ZIRKEL

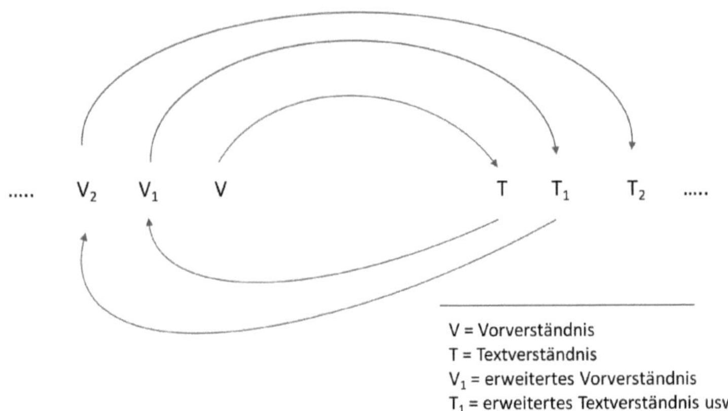

Abb. 1-4[109]

Er veranschaulicht zum einen, dass der Forscher immer mit einem gewissen Vorverständnis in den Forschungsprozess eintritt, und zum anderen, dass diese Vorverständnisse jedes Mal ausschlaggebend für das Verständnis der Texte sind.[110]

Beim Sinnverstehen, um welches es im Rahmen der Hermeneutik vorrangig geht,[111] kommt außerdem dem jeweiligen Kontext und auch der Geschichtlichkeit der Erkenntnis eine wesentliche Rolle zu.[112] Das bedeutet folglich für die Forschung, dass losgelöst vom Forschungsgegenstand und seines Kontextes ein hermeneutisches Sinnverstehen unmöglich ist. Insofern darf man, speziell von einer hermeneutischen Vorgehensweise und allge-

---

[109] In Anlehnung an Danner 1979, S. 53, abgebildet in Lamnek 2010, S. 57.

[110] Es gibt noch einen weiteren hermeneutischen Zirkel der den Zusammenhang zwischen den einzelnen Textverständnissen sowie des Ganzen darstellt. Ich habe an dieser Stelle bewusst auf eine Darstellung verzichtet, da dieser Zirkel prinzipiell identisch ist mit dem oben abgebildeten. Er unterscheidet sich lediglich in der Bezeichnung der Schlaufen des Zirkels: Für die V´s werden dort T´s gesetzt sowie für die T´s G´s als Kürzel für das Ganze.

[111] Prinzipiell werden in der Literatur verschiedene Formen des Verstehens unterschieden: psychologisches Verstehen und Sinnverstehen, sowie elementares und höheres Verstehen. Vgl. Lamnek 1995, S.80.

[112] Vgl. ebenda, S. 83 f.

mein von qualitativen Forschungsmethoden, keine Allgemeingültigkeit erwarten. SCHERER formuliert dies folgendermaßen:

„Der Allgemeinheitsanspruch sozialwissenschaftlicher Theorien ist unter einer solcher verstehenden bzw. interpretativen Perspektive eingeschränkt, weil er von den Handlungen anderer Akteure abhängt."[113]

Nichtsdestotrotz möchte ich eben eine solche Perspektive für diese Arbeit einnehmen, da ich der Überzeugung bin, dass trotz der erwähnten Einschränkungen wertvolle Impulse für ein Verständnis von kognitiven Institutionen zu erwarten sind.[114] Eine solche Perspektivenverschiebung stellt m. E. nach einen Mehrwert für die Betriebswirtschaftslehre und auch für die Wissenschaft an sich dar:[115]

„Methodologisch bedeutet der ‚cultural turn' eine Verstärkung qualitativer Forschungsmethoden, denen eher als standardisierten quantitativen Forschungsmethoden zugetraut wird, die symbolische Strukturierung der sozialen Wirklichkeit, ihre Bedeutungsdimension zu erfassen. [...]. *Und was schließlich die wissenschaftstheoretischen Konsequenzen angeht, so lässt sich eine erkenntniskritische Rückwendung der Wissenschaften auf sich selbst, auf ihre eigenen kulturellen und sozialen Erkenntnisvoraussetzungen beobachten, die nichts anders als folgerichtig sind, wenn denn die Einsicht in die soziale Konstruiertheit der Wirklichkeit vor den Operationen der Wissenschaft nicht Halt macht."*[116]

---

[113] Scherer 2006, S. 31. Die Subjekthaftigkeit des Forschers wird dabei auch im Bestehen der hermeneutischen Differenz deutlich. Die mangelnde Kongruenz zwischen dem von dem Produzenten einer Handlung gemeinten Sinn und dem von dem Verstehenden interpretierten Sinn ist geradezu strukturell angelegt und wirft die Frage nach der Möglichkeit eines objektiven Sinnverstehens auf. Vgl. dazu Lamnek 1995, S. 82 f.

[114] Höheres Verstehen bedeutet Erhöhung des Erkenntnisniveaus, gerade auch durch die Anwendung des hermeneutischen Zirkels. Lamnek 1995, S. 81.

[115] Weg vom positivistischen Erkenntnisideal hin zu einer interpretativen Herangehensweise an die soziale Wirklichkeit. Vgl. Aleksandrowicz et. al. 2004, S. 18 f.

[116] Aleksandrowicz et. al. 2004, S. 18 f.

1.5 Weiteres Vorgehen und Aufbau der Arbeit

Um für das hermeneutische Ziel dieser Arbeit ein umfassendes Verständnis von kognitiven Institutionen und deren Relevanz für Gleichförmigkeit zu schaffen, werden im weiteren Verlauf mehrere kontextuelle Schlaufen durchlaufen. Zu diesem Zweck möchte ich den Ausgangspunkt dieser Arbeit mit Vielfalt, verstanden als Gegenpol zu Gleichförmigkeit, setzen und im Weiteren das bestehende Verständnis von Vielfalt in der Managementtheorie und –praxis betrachten. Wie oben bemerkt, ist Vielfalt bereits Thema in der Wirtschaft. Allerdings stellt sich die Frage, ob diese Diskussion für die Entwicklung von Lösungen höherer Qualität von Bedeutung ist. Nachfolgend möchte ich daher beleuchten, welches Verständnis von Vielfalt in der Managementtheorie und –praxis dominiert und inwieweit Gleichförmigkeit, in Form von kognitiven Institutionen, tatsächlich Relevanz besitzt.

Anschließend wird das Konstrukt der kognitiven Institutionen selbst näher betrachtet. Auf Basis des so generierten umfassenderen Verständnisses soll die Entstehung derselben sowie ihre Bedeutung für die Gesellschaft im Allgemeinen und für den Einzelnen nachgezeichnet werden. Desweiteren soll der Begriff im Kontext der Organisationstheorie, welcher er entstammt, besehen und so seine Relevanz für die Wirtschaftswissenschaften untermauert werden.

In Kapitel 3 wird, als nächste kontextuelle Schlaufe, ein interdisziplinärer Bezugsrahmen für die Betrachtung der kognitiven Institutionen eröffnet. Mittels einer Einbettung der Thematik in den Rahmen der Kognitionswissenschaften und Analysen aus den Bereichen der Neurowissenschaften, der kognitiven Ethnologie sowie der Psychologie bzw. Pädagogik soll die Betrachtung auf eine nächsthöhere Stufe gehoben werden. Die Erklärungsbeiträge der genannten Disziplinen sollen zu einem besseren Verständnis der Ermöglichungsbedingungen bzw. der Veränderungsmöglichkeiten von kognitiven Institutionen beitragen.

Kapitel 4 stellt anschließend den Zusammenhang zwischen kognitiven Institutionen und eines Primats der Wirtschaft her. Die Maßgabe von Pfadabhängigkeiten aus der Wirtschaft für die gesamte Gesellschaft soll hier herausgearbeitet werden. Zu diesem Zweck wird die Rationalisierungsthese von Max WEBER näher beleuchtet.

Kapitel 5 bietet eine Reflexionshilfe bzw. Vorschläge für einen geeigneten Umgang von Führung und Management von Organisationen mit kognitiven Institutionen.

1.6 Vielfalt in Managementtheorie und –praxis

Um das Verständnis von Vielfalt in der maßgebenden Managementtheorie- und praxis[117] zu skizzieren und daran anknüpfend meine Perspektive für diese Arbeit zu erarbeiten, halte ich es an dieser Stelle für sinnvoll einen kurzen Einblick in die entsprechende Literatur zu geben. Es fällt dabei recht schnell auf, dass es trotz der Etikettierung[118] des Themas in den Wirtschafts- und Sozialwissenschaften[119] kein eindeutiges Verständnis des Wortgebrauchs von Vielfalt bzw. Diversity[120] gibt und auch nur schwerlich geben kann.[121] So stellt bspw. SEPEHRI fest:

[117] Unter Management ist im klassischen betriebswirtschaftlichen Sinne ein dispositiver Faktor des Umsatzprozesses von Unternehmen mit der Funktion des Gestaltens, Steuerns und Entscheidens zu verstehen. Vgl. Thommen 2008, S. 45 f. und S. 723 und Ulrich 2001, S. 66, Beyes 2003, S. 86, Malik 2002, S. 3.

[118] Karl E. Weick beschreibt Etikettierungen selbst als kognitive Prozesse, nämlich als Sinnzuschreibungen. Damit stellen für ihn Etikettierungen ein bewusstes Wahrnehmen eines bestimmten Phänomens und der Verknüpfung einer bestimmten Sinnvorstellung dazu dar. Bspw. ist es demnach fraglich, ob ein Wettbewerbsvorteil, der als solcher gesehen, also etikettiert ist, tatsächlich einer ist, oder ob er sich nicht über die Zeit zu einem Nachteil entwickelt hat. Demzufolge kann man trotz der Verbreitung des Begriffs in den Wirtschaftswissenschaften nicht von einem einheitlichen Verständnis und Wortgebrauch ausgehen. Die jeweilige Definition des Begriffs ist unmittelbar abhängig von dem Sinn oder der Bedeutung die ihm zugeschrieben wird und genau diese variiert kontextabhängig. Vgl. hierzu Weick 2001, S. 133 f. und auch ausführlicher Kap. 2 1.1. Im übertragenen Sinn wird der Begriff Etikett für eine Belegung bestimmter Begriffe, Gruppen oder Sachverhalte mit einer geläufigen Kurzbezeichnung verwendet, die mit positiven oder negativen Assoziationen verbunden wird. Ein Beispiel ist die Etikettierung einzelner Personen, Parteien oder Organisationen in der Politik als „links" oder „rechts". Eine Etikettierung in diesem Sinn führt leicht zu einer Vereinfachung von komplexeren Hintergründen und zur Vorurteilsbildung.

[119] Die Wirtschaftswissenschaften werden als Realwissenschaft im Rahmen der Kulturwissenschaften meist den Sozialwissenschaften zugeordnet. Ihr Erkenntnisgegenstand ist, stark vereinfacht ausgedrückt, der effiziente Umgang mit knappen Gütern. Eine Unterteilung der Wirtschaftswissenschaften findet i.d.R. in die Betriebswirtschaftslehre sowie in die ältere Volkswirtschaftslehre statt. Vgl. Hopfenbeck 2002, S. 37. Zum Verhältnis der Wirtschafts- zu den Sozialwissenschaften siehe auch Wöhe 1990, S. 26 f.

[120] Die einschlägige Literatur lässt erkennen, dass sich die Thematik weitgehend unter den Schlagworten „Diversity" oder „Diversity Management" subsumieren lässt. Die englische Bezeichnung zollt dem angloamerikanischen Ursprung dieses wirtschaftswissenschaftlichen Konzepts Tribut. Einen kompakten Überblick über die geschichtliche Entwicklung gibt bspw. Knoth, S. 3 ff. Vgl. hierzu auch Schulz 2009, S. 11.

[121] Vgl. Jackson/ Ruderman, 1996, S. 3 und Schulz 2009, S. 11.

„Diversity einheitlich zu definieren bzw. zu verstehen, ist in vielerlei Hinsicht kaum möglich. Sowohl Wissenschaftler als auch Praktiker haben bis heute kein umfassendes Verständnis von Diversity und Managing Diversity erzielen können."[122]

Und auch SCHULZ konstatiert:

„Bei der genauen Betrachtung des aktuellen [...] *Forschungsstandes wird jedoch deutlich, dass es sich um eine sehr komplexe und derzeit noch schwer überschaubare Forschungsthematik handelt, zu der* [...] *verschiedenste und teilweise konträre Grundpositionen eingenommen werden."*[123]

Im Folgenden möchte ich mich des Begriffs Vielfalt im Kontext der Betriebswirtschaftslehre auf historischen Wege annähern und so für den weiteren Verlauf dieser Arbeit ein grundlegendes Verständnis für denselben zu schaffen.[124]

1.6.1 Das Diversity Management

Das Diversity Management stammt aus den USA und ist dort in erster Linie aus juristischer Veranlassung entstanden.[125] Im Fokus standen hierbei vor allem die Diskriminierung von Rasse und Geschlecht und später weiterer Merkmale wie Religion, Behinderung, nationale Herkunft, sexuelle Orientierung oder Alter. Die Grenzen der Dimensionen von Unterschiedlichkeit, als Ausprägungen der Vielfalt, wurden damit durch objektiv[126] wahrnehmbare Merkmale festgesetzt. Diese Definition kann gleichgesetzt werden mit dem traditionellen Verständnis von Vielfalt, welche die sichtbaren Unterschiede von Menschen zugrunde legt.[127]

---

[122] Sepehri 2002, S.75.
[123] Schulz 2009, S. 11.
[124] Ausführlich hierzu z.B. Sepehri 2002 und Knoth 2006. In der Historie des Diversity Management wird meines Erachtens nach deutlich, welche Beweggründe für dessen Einführung liegen und damit auch, welches Verständnis dem Begriff ursprünglich zugrunde lag. Zudem lässt die historische Weiterentwicklung des Begriffs erkennen, welche inhaltliche Entwicklung der Begriff durchgemacht hat.
[125] Vgl. hierzu und im Folgenden Knoth 2006, S. 3 ff. und Haslier/ Thiel 2005, S. 11 ff.
[126] Zum Verständnis von objektiver und subjektiver Wahrnehmung vgl. die Ausführungen im Abschnitt 1.3.
[127] Vgl. Sepehri 2002, S. 86.

Diese einfache Klassifizierung von Menschen in bestimmte Gruppen und die damit einhergehende Zuschreibung von bestimmten Merkmalen zu den einzelnen Gruppen ist allerdings recht fragwürdig. So stellt bspw. ZELLINGER fest, dass diese *„pauschale Klassifizierung"* und die damit einhergehende *„angebliche Gleichheit"* innerhalb der jeweiligen Gruppen nicht tragbar sind.[128] Vor allem vor dem Hintergrund der heutigen Relevanz von Diversity Management die über die ursprünglich juristischen und ethischen Beweggründe hinausgeht, kann man nicht von einer Homogenität innerhalb dieser Mengen ausgehen.[129]

Es lässt sich allerdings feststellen, dass von diesem ursprünglich recht eng gefassten Begriff die Kriterien immer weiter ausgedehnt wurden.[130] So finden sich auch Definitionen, aufbauend auf dem traditionellen Verständnis von Vielfalt oder Diversität[131], die über wahrnehmbare Unterschiede hinausgehen und nicht bzw. kaum wahrnehmbare Kriterien mit einbeziehen. MILLIKENS und MARTINS kategorisieren letztere bspw. in die Dimensionen *Werte* und *Wissen/ Fähigkeiten* und formulieren so ihren Erscheinungsformenansatz.[132]

Einen ähnlichen Ansatz verfolgen LODEN und ROSENER welche die Dimensionen von Vielfalt nach dem Zeitpunkt ihres Erwerbs und der damit angenommenen Stabilität klassifizieren. So unterscheiden sie zwischen *angeborenen bzw. früh erworbenen* und *erworbenen* Merkmalen. Bzgl. der früh erworbenen bzw. angeborenen Merkmale wird angenommen, dass sie weitgehend unabhängig und stabil bestehen. Zu ihnen zählen LODEN und ROSENER:

[...] „age", „ethnicity"," gender", „phycical abilities/ qualitites", „race" und „sexual/ affectional orientation".[133]

Die erworbenen Merkmale sind hingegen als veränderlich zu begreifen. Zu ihnen zählen Merkmale, die sich Menschen durch Erziehung, Ausbildung, Berufs- und Lebenserfahrung

---

128 Vgl. Zellinger, 1979, S. 69.
129 Ausführlicher zur ökonomischen Bedeutung von Diversity bzw. Vielfalt siehe Kap. 1.6.2 und 1.6.3.
130 Vgl. hierzu Sepehri 2002, S. 84.
131 Die Begriffe Vielfalt und Diversität verwende ich im Folgenden synonym.
132 Vgl. Millikens/ Martins 1996, in Sepehri 2002, S. 90 f. und Stuber 2004, S. 18.
133 Loden/ Rosener 1991, zitiert nach Aretz/ Hansen 2002, S. 12.

aneignen.[134] Und auch KÖHLER-BRAUN schließt sich mit ihrer Definition dieser Sichtweise an:

„[Diversity ist; Ergänzung EK] *die Verschiedenartigkeit und Gleichheit von Menschen (bzgl. Geschlecht, Rasse, Alter, ethnischer Herkunft, Behinderungen, Religion, Familienstand, gesellschaftlichen Status, Status im Unternehmen). Diversity definiert sich darüber hinaus über kulturelle Werte, gesellschaftliche Herkunft, Kindheitserfahrungen, verinnerlichte Normen und Traditionen, persönliche Ansprüche und Orientationen.*"[135]

Noch einen Schritt weiter gehen bspw. JACKSON/ RUDERMAN.[136] Sie differenzieren in drei Ebenen und nehmen als dritte die organisationale Dimension mit hinzu. Die organisationale Diversität beschreibt dabei die Unterschiede, die sich für die Menschen innerhalb einer Organisation, durch z.B. Dauer der Zugehörigkeit, Aufgaben und Hierarchieebenen ergeben. Die stetige Ausweitung der Vielfaltskriterien zeigt auch die zunehmende Bedeutung der Thematik. Es entsteht so der Anschein, dass so gut wie alle menschlichen Ausprägungen des Seins Relevanz für das Diversity Management haben. ARETZ und HANSEN definieren vor diesem Hintergrund ihr Verständnis für personelle Vielfalt dementsprechend weit:

„Personelle Vielfalt umfasst in dieser Interpretation alle Aspekte der individuellen Entwicklung und Prägung von Menschen, die für Unternehmen relevant sein können."[137]

Diese Definition[138] lässt nun einen sehr weiten Spielraum der Auslegung zu. Denn was für Unternehmen relevant sein kann und was nicht, wäre an dieser Stelle zusätzlich zu klären. Dessen ungeachtet möchte ich, rekurrierend auf meine Eingangsfrage, den Versuch wagen: Auf welche Frage soll Vielfalt der Wirtschaft Antworten geben?

Welche Art von Vielfalt ist für Organisationen relevant? Was soll durch ein Mehr an Vielfalt erreicht werden?

---

[134] Vgl. Aretz/ Hansen 2002, S.12. Damit stellen die Autorinnen einen ersten Bezug zum Sozialisationsprozess und dessen Einflussnahme auf den Menschen her.

[135] Köhler-Braun, 1999, S. 188.

[136] Vgl. Jackson/ Ruderman 1996, S. 3.

[137] Aretz/ Hansen 2002, S. 10.

[138] Vgl. zu den Bedingungen und den Prämissen des Definierens den Abschnitt 2.1.

Es hat sich gezeigt, dass sich unter dem Begriff Vielfalt zahlreiche Aspekte subsumieren und es nicht auf den ersten Blick erkennbar sein kann, was im einzelnen Fall darunter zu verstehen ist. Allerdings kristallisieren sich bei genauerer Betrachtung verschiedene Perspektiven beim Blick auf den Begriff Diversity heraus: Einerseits können, vor allem die historisch ursprünglichen, juristischen Beweggründe für das Diversity Management als Politikum betrachtet werden.[139] Dabei spielen primär der Gleichstellungs- und Gerechtigkeitsgedanke eine Rolle. SCHULZ zufolge lässt sich diese Sichtweise als Equity-Perspektive bezeichnen, die primär als Bestandteil der Human-Rights-Bewegung zu betrachten ist.[140] Ist diese Art von Vielfalt nun für Organisationen relevant?

1.6.2 Mittelbare ökonomische Relevanz von Vielfalt

Aus der Politik - und damit verbunden auch aus der Gesellschaft - besteht Druck, diese eben genannte gewünschte Art der Vielfalt in Organisationen zu etablieren.[141] Als veranschaulichendes Beispiel lässt sich hierfür die aktuelle Diskussion um die Frauenquote[142] anführen. Dieses Bestreben ist nicht verwunderlich, ist Vielfalt an sich doch ein

---

[139] Vgl. hierzu auch die momentanen Diskussionen in der deutschen Bundesregierung zum Thema Frauenquote und hierzu weiterführend die Charta der Vielfalt, Europäische Kommission, 2005. Die Charta der Vielfalt der Beauftragten der Bundesregierung für Migration, Flüchtlinge und Integration ist ein Bekenntnis zu Fairness und Wertschätzung von Menschen gleich welchen Geschlechts, Rasse, Nationalität ethnischer Herkunft, Religion oder Weltanschauung, Behinderung, Alter, sexueller Orientierung und Identität. Ziel ist die Schaffung von Arbeitsumfeldern in Organisationen, welche frei von Vorurteilen und Ausgrenzung sind.

[140] Vgl. Schulz 2009, S. 11.

[141] Im Allgemeinen kann davon ausgegangen werden, dass eine Angelegenheit, bevor sie zum politischen Interesse wird, in der Gesellschaft Bedeutung erlangt. Der Prozess der Bedeutungserlangung erreicht seinen Höhepunkt in der Politisierung und der Gegenstand des Interesses damit seine gesellschaftliche Relevanz.

[142] Mechthilde Meier, Diversity Managerin bei der Deutschen Telekom, die eine Frauenquote im Unternehmen eingeführt hat, konstatiert hierzu: *"Die Quote sei für die Telekom "keine Dauerlösung", aber sie sei notwendig als "Anschub für Veränderung, um den Umschwung hinzukriegen"*, sagt Meier zum Beispiel. "*Es muss etwas passieren, dass der Autopilot anders programmiert wird."* Stroh 2010. Dieses Zitat ist auch insofern interessant, da es den Prozess der Etablierung von kognitiven Institutionen anreißt. Es geht darum, die Quote als Standard zu etablieren. Dabei ist anzumerken, dass Standards noch nicht institutionalisiert sind. Die Umprogrammierung des Autopiloten wäre dann das bildliche Äquivalent zum Institutionalisierungsprozess. Standards sind meist Vorgaben, denen freiwillig gefolgt wird; d.h. es besteht weitgehend die Möglichkeit der Wahl. Institutionen dagegen sind schon so in der Gesellschaft verankert, dass sie als selbstverständlich begriffen werden. Sie werden unhinterfragt und oftmals völlig unbewusst angewendet. Vgl. Brunsson et. al. 2000, S. 8 und weiter unten in dieser Arbeit im Kapitel 2.

positiv besetzter Begriff und scheint auf jeden Fall erwünscht.[143] Fraglich an dieser Stelle ist dann aber allerdings, vor allem aus einer wirtschaftswissenschaftlichen Perspektive, ob und inwieweit dieses Streben nach Vielfalt auch *echte* ökonomische Gründe hat. KNOTH konstatiert hierzu in seiner Arbeit:

„Es entsteht der Eindruck, dass der wertbeladene „Managing Diversity" – Begriff häufig nur als Etikett benutzt wird, um unter dem Deckmantel eines Managementkonzepts mit seiner vermeintlichen ökonomischen Begründetheit politische Zielsetzungen zu verfolgen."[144]

Es scheint, dass der politische Aspekt im Vordergrund steht. Allerdings möchte ich anmerken, dass er differenziert zu betrachten ist. Wie vorgängig geäußert, gehen den politischen Zielsetzungen meist gesellschaftliche Forderungen und Bedürfnisse voraus, die in die politische Diskussion gelangen und dort zum Gegenstand politischen Interesses gemacht werden. Davon ausgehend obliegt diesen Absichten allerdings sehr wohl auch eine ökonomische Begründetheit deren Ursache im Einfluss der Stakeholder auf die Organisation zu finden ist: Gesellschaftliche Forderungen manifestieren sich in den Stakeholder-Ansprüchen, denen sich Organisationen ausgesetzt sehen und denen sie gerecht werden müssen, um einen *social-fit* zu erreichen.[145] KADUK resümiert hierzu:

„Die Gesellschaft hat eine ziemlich feste Vorstellung davon entwickelt, wie ein modernes und rational geführtes Unternehmen gemeinhin auszusehen hat."[146]

Es wird deutlich, dass Organisationen nicht ohne ihren jeweiligen gesellschaftlichen Kontext betrachtet werden können. Sie orientieren sich an gesellschaftlichen Erwartungen und

---

[143] Fraglich ist allerdings, ob Vielfalt tatsächlich immer erstrebenswert ist. Vielmehr scheint es notwendig zu fragen, was mit Vielfalt gemeint ist und welche Ziele in welchem Kontext durch sie erreicht werden sollen. So konstatieren auch Spehl und Held, dass eine Forderung nach: *„Vielfalt an sich"* nicht sinnvoll sein kann. Vgl. Spehl/ Held 2001, S. 11. Weiters kommen sie zur der Feststellung: *„Vielfalt ist kein Wert an sich"*. Spehl/ Held 2001, S. 21. Damit Vielfalt einen Wert entwickelt ist es notwendig ihre kontextabhängigen Funktionen zu betrachten. Als relevante Funktionen für die Ökonomie, abgeleitet aus der Ökologie, welche sich vor dem Hintergrund der Nachhaltigkeitsthematik schon länger mit Vielfalt beschäftigt, erachten Spehl und Held folgende: Elastizität, Resilienz, Stabilität und Produktivität.

[144] Knoth 2006, S. 7.

[145] Unter dem Begriff der sozialen Tauglichkeit subsumieren sich all diejenigen Aspekte die die Anschlussfähigkeit der Organisation an die Gesellschaft gewährleisten. Vgl. hierzu die Ausführungen im Kapitel zur organisationstheoretischen Basis des Neoinstitutionalimus, insbesondere die Beiträge von Meyer/ Rowan und DiMaggio/ Powell im Abschnitt 2.3.1.1.

[146] Kaduk 2008.

sichern sich dadurch Legitimation.[147] Auch BRUNSSON, JACOBSSON ET. AL. stellen diese Einbettung von Organisationen in die Gesellschaft heraus. Das Teilsein von Organisationen an der Gesellschaft kann so wesentlich sein, dass Organisationen für Standards und Erwartungen die aus der Gesellschaft kommen empfänglicher sind, als für solche die aus dem eigenen Management kommen:[148]

„*What we have* [Standards, Ergänzung EK] *may not necessarily entail what we do.*"[149]

Mit der mittlerweile weiten Verbreitung von Diversity Management stellt sich zudem die Frage, ob die Thematik einer Modewelle unterliegt. So konstatiert WÜTHRICH:

„*Managing Diversity hat als Buzzword Hochkonjunktur und ist auf dem besten Weg zu einer neuen Modewelle der Managementdisziplin.*"[150]

Und auch WÄCHTER stellt fest:

„*Die Thematik ist* [...] *‚en vogue'* [...]."[151]

Vielfalt hat damit also, über den politischen Aspekt hinaus, durchaus eine ökonomische Bedeutung. Organisationen erlangen über die Installierung von gesellschaftlich erwünschten Diversity-Initiativen Legitimation.

Vielfalt stellt momentan primär einen **mittelbaren** ökonomischen Zweck für die Wirtschaft dar.

Allerdings besteht neben der indirekten wirtschaftlichen Relevanz von Vielfalt durchaus auch eine unmittelbare ökonomische Bedeutung von Diversität bzw. des Managements derselben. Diese Art der Vielfalt wird indes in der Theorie- sowie Praxislandschaft ver-

---

[147] Luhmann zufolge sind Organisationen immer als Subsysteme von Gesellschaft zu betrachten. Die Gesellschaft subsumiert damit als umfassendes soziales System alle anderen sozialen Systeme. Vgl. Simon 2007. Ausführlicher zum Verhältnis von Organisation und Gesellschaft siehe Luhmann 1974, S. 201 ff.

[148] Vgl. Brunsson et.al. 2000, S. 7.

[149] Brunsson et.al. 2000, S. 5.

[150] Wüthrich im Geleitwort zu Knoth 2006.

[151] Wächter 2003, S. III.

gleichsweise[152] wenig thematisiert.[153] SCHULZ fasst dies folgendermaßen eindrücklich zusammen:

„Die bedeutendste Forschungslücke zum Diversitätsmanagement besteht gegenwärtig in dem noch fehlenden Nachweis für die betriebswirtschaftliche Notwendigkeit und in den mangelnden Kenntnissen zur ökonomischen Vorteilhaftigkeit des Diversitätsmanagements."[154]

Im Folgenden werde ich mich dieser Forschungslücke systematisch annehmen und sie für die weitere Bearbeitung des Themas dieser Arbeit aufbereiten.

1.6.3 Unmittelbare ökonomische Relevanz von Vielfalt

Über die im obigen Abschnitt genannten, vornehmlich aus juristischen Anlässen induzierten Beweggründe des Diversity Managements hinaus lassen sich auch andere Argumente für mehr Vielfalt in Organisationen finden. So soll sie Organisationen helfen neuen gesellschaftlichen und wirtschaftlichen Herausforderungen von Organisationen besser gerecht werden zu können.[155] ARETZ und HANSEN weisen darauf hin, dass Diversity Management als eine Abbildung des gesellschaftlichen und wirtschaftlichen Wandels in den Organisationsstrukturen zu verstehen ist.[156] Unter dem weiten Begriff des Wandels subsumieren sich an dieser Stelle Dinge wie eine zunehmende Internationalisierung und damit einhergehend die Globalisierung, Technologisierung und Virtualisierung der Arbeit sowie die zunehmende

---

[152] Hierbei soll der Vergleich zu der Art von Vielfalt gezogen werden, welcher an erster Stelle in dieser Arbeit dargestellt wurde.

[153] Ein Autor der sich mit Vielfalt als unmittelbaren ökonomischen Mehrwert beschäftigt ist bspw. Page 2007.

[154] Schulz 2009, S. 7.

[155] Vgl. Aretz/ Hansen 2002, S. 8 f. So versteht bspw. auch Page unter Diversität kognitive Unterschiede im Gegensatz zu äußerlichen Merkmalen. Konkret differenziert er dabei in diverse perspectives, diverse interpretations, diverse heuristics sowie diverse predictive models. Diese kognitive Vielfalt leistet nach Page einen Mehrwert, wenn es um Entscheidungsfindung sowie Prognosen geht, wobei sich beides im Kontext des Aufgabenfeldes von Management verorten lässt. Vgl. Page 2007, S. 7 f. Auch Schulz proklamiert die Möglichkeit zur direkten Generierung von Wettbewerbsvorteilen durch ein wohlverstandenes Diversitätsmanagement durch Steigerung des Kreativitätspotenzials sowie der Problemlösequalität. Dabei fußt sein Verständnis für Vielfalt auf den traditionellen Merkmalen des Diversity Managements. Vgl. Schulz 2009, S. 2 sowie S. 10.

[156] Vgl. Aretz/ Hansen 2002 S. 9. Dieser Wandel ist eben der, den Malik im Prolog dieser Arbeit anspricht.

Dominanz von flacheren Unternehmensstrukturen und damit verbunden einer größeren Durchmischung von Professionen und Positionen bei gleichzeitig stärkerer Zusammenarbeit. Darüber hinaus verändert die neue demographische Zusammensetzung der Stakeholder, nicht nur der Arbeitnehmer, sondern auch der Kunden, auch im Hinblick auf die Multioptionsgesellschaft die Erwartungen und Anforderungen an die Unternehmen. ARETZ und HANSEN stellen fest:

„Verschiedene Faktoren weisen darauf hin, dass „Diversity" in deutschen Unternehmungen weiter zunehmen und zu einem relevanten Thema wird. Die Veränderungen in Wirtschaft und der gesellschaftliche Wandel setzen Rahmenbedingungen zur fortschreitenden Heterogenisierung europäischer bzw. deutscher Organisationen."[157]

Eine genauere Betrachtung dieser Faktoren für mehr Vielfalt möchte ich allerdings für den Moment zurückstellen und stattdessen die angesprochenen Rahmenbedingungen des Managements von Organisationen genauer betrachten. Dies zum einen, da das Management von Organisationen einen geeigneten Umgang mit den benannten Veränderungen finden muss, aber auch aus dem Grund, da Management-Systeme selbst als Treiber der Veränderung gesehen werden können.[158]

1.6.3.1 Management in der Unsicherheitsgesellschaft

Nachdem ich mich im ersten Abschnitt dieser Arbeit mit der bestehenden Theorie- und Praxislandschaft bzgl. Vielfalt beschäftigt habe möchte ich nachfolgend den relevanten Beobachtungsraum skizzieren in dessen Rahmen ich im weiteren Verlauf Vielfalt bzw. Gleichförmigkeit untersuchen werde. Dabei leitet mich nach wie vor die Annahme, dass

[157] Aretz/ Hansen 2002, S. 9. Im Eingangsprolog zu dieser Arbeit bezeichnet Malik diese Veränderungen in Wirtschaft und Gesellschaft als „Die Große Transformation 21": *„Wirtschaft und Gesellschaft gehen derzeit durch eine der revolutionärsten Umwandlungen, die es geschichtlich je gab. Ich nenne diese seit längerem "Die Große Transformation 21". Am besten kann man sie verstehen als den Übergang von einer alten Welt zu einer neuen Welt, vergleichbar mit der Umwandlung der Agrargesellschaft in die Industriegesellschaft. Solche Transformationen gab es in der neueren Geschichte bisher etwa alle 250 Jahre. Waren früher zumeist Technologien die umwälzenden Kräfte, stehen wir diesmal in einer Revolution der Management-Systeme."* Malik 2011.

[158] Vgl. Malik 2011 im Prolog sowie die Beschreibung des ersten Symptoms in der Plausibilisierung des Forschungsgegenstandes im Abschnitt 1.1 in dieser Arbeit.

Vielfalt auch eine unmittelbare ökonomische Relevanz für Organisationen besitzt. Denn im Gegensatz zu den obig dargestellten *mittelbaren* ökonomischen Effekten die aus befriedigten Erwartungshaltungen der relevanten Unternehmensumwelt resultieren, generieren sich *unmittelbare* Effekte aus der Organisation und deren Management selbst.[159] Darüber hinaus habe ich zu Beginn der Arbeit festgestellt, dass die Veränderungen in Wirtschaft und Gesellschaft u. a. der Wirtschaft selbst, und damit Organisationen zuzuschreiben sind.[160]

Da ich diese Arbeit aus einer wirtschaftswissenschaftlichen[161] Perspektive heraus für die Disziplin der Betriebswirtschaftslehre[162] schreibe und darin versuchen werde Lösungsansätze für diese anzubieten, scheint mir eine Betrachtung von Organisationen und dem Management von Organisationen angebracht.[163]

Vielfalt besitzt für Organisationen und deren Management eine unmittelbare Relevanz.

Management spielt überall in unserer hoch organisierten und institutionalisierten Welt eine Rolle. Die Wirtschaft ist dabei lediglich der Bereich, in dem dies vielleicht am ehesten und deutlichsten sichtbar wurde und in dem man den Begriff des Managements zur Bezeichnung von Gestaltungs- und Steuerungsaufgaben benutzt hat.[164] Es scheint daher fast unmöglich, innerhalb der unzähligen Begegnungsbereiche eine einheitliche und allgemeingültige Definition von Management zu finden.

---

[159] An dieser Stelle wird die, eingangs in dieser Arbeit eingeführte, Hypothese einer (Mit-)Verantwortung der Wirtschaft, und damit von Organisationen und ihrem Management, bzgl. der Vielfaltsthematik deutlich. Vgl. S. 13 in dieser Arbeit.

[160] Vgl. Kap. 1.1 in dieser Arbeit.

[161] Die Wirtschaftswissenschaften werden als Realwissenschaften innerhalb der Kulturwissenschaften i.d.R. den Sozialwissenschaften zugerechnet und beschäftigen sich, stark vereinfacht, mit dem effizienten Umgang mit knappen Gütern. Vgl. Hopfenbeck 2002, S. 37. Ausführlicher zum wissenschaftlichen Standort der BWL siehe Wöhe 2010, S. 4 ff.

[162] Die Betriebswirtschaftslehre ist eine relativ junge Wissenschaftsdisziplin, die erst in den Anfängen des 20. Jahrhunderts zu ihrer ersten fachlichen sowie methodischen Fundierung gelangte. Klassisch hat die Betriebswirtschaftslehre den einzelnen Betrieb sowie dessen funktionale Teilbereiche zum Gegenstand. Vgl. Hopfenbeck 2002, S. 37. Weiterführend zur Geschichte der Betriebswirtschaftslehre vgl. bspw. Hopfenbeck 2002, S. 33 ff.

[163] Innerhalb der Betriebswirtschaftslehre bestehen neben dem klassischen Verständnis auch Ausrichtungen die sich als eine managementorientierte Betriebswirtschaftslehre bezeichnen lassen. Diese interessieren sich vornehmlich für Merkmale von Unternehmen, die als wesentliche Eigenschaften bei der Führung von Unternehmen von Bedeutung sind. Vgl. Thommen 2008, S. 38 und Hopfenbeck 2002, S. 37.

[164] Vgl. Malik 1994, S. 14 f.

Im Kontext der Betriebswirtschaftslehre lässt sich indes zumindest eine gewisse Orientierung im Hinblick auf ein Managementverständnis erkennen. Klassischerweise wird dabei Management i. S. eines dispositiven Faktors des Umsatzprozesses von Unternehmen mit der Funktion des Gestaltens, Steuerns und Entscheidens gleichgesetzt.[165] Wenn man folglich an dieser Stelle festhält, dass Management also als Problemlösen und Entscheidungsfinden zu verstehen ist, so sollte Vielfalt doch gerade in diesem Kontext Thema sein, und zwar über die bereits oben dargestellten mittelbaren Effekte hinaus. Dies wird vor allem auch deutlich, wenn man die Rahmenbedingungen für Führung und Management genauer betrachtet. Denn unabhängig davon, in welchem Kontext[166] Führung betrachtet wird, lassen sich Gemeinsamkeiten finden, die auf ein Grundmuster von Führung schließen lassen.[167]

Komplexität als deskriptives Merkmal im Management

WÜTHRICH/ OSMETZ/ KADUK umschreiben eine dieser verbindenden Eigenschaften dieses Grundmusters folgendermaßen:

„Das Leben, speziell das einer Führungskraft, ist geprägt davon, dass alles auch anders sein, alles auch anders entschieden werden könnte."[168]

Die Autoren weisen damit auf die Kontingenz hin, die Führungs- und damit Entscheidungssituationen immanent ist.[169] Im Allgemeinen werden derartige Situationen häufig als kom-

---

[165] Vgl. Förster 2012, S. 16 und Thommen 2008, S. 723.

[166] Beachtenswert ist an dieser Stelle die Tatsache der Ökonomisierung anderer gesellschaftlicher Teilbereiche und damit die Angleichung der verschiedenen möglichen Kontexte für Führung. Vgl. zum Aspekt der Ökonomisierung ausführlicher das Kapitel 4.1.1.

[167] Vgl. Hammer 2009, 11 f.

[168] Wüthrich/ Osmetz/ Kaduk 2009, S. 27.

[169] Vgl. ebenda. Luhmann definiert Kontingenz folgendermaßen: *„Der Begriff wird gewonnen durch Ausschließung von Notwendigkeit und Unmöglichkeit. Kontingent ist etwas, was weder notwendig ist noch unmöglich ist; was also so, wie es ist (war, sein wird), sein kann, aber auch anders möglich ist. Der Begriff bezeichnet mithin Gegebenes* [...] *im Hinblick auf mögliches Anderssein; er bezeichnet Gegenstände im Horizont möglicher Abwandlungen. Er setzt die gegebene Welt voraus, bezeichnet also nicht das Mögliche überhaupt, sondern das, was von der Realität aus gesehen anders möglich ist."* Luhmann 1985, S. 152. Krusche stellt zu Kontingenz in Führungssituationen folgendes: *„Wenn alles auch ganz anders sein könnte, als es ist* [...] *stehen Entscheidungen an. Das Mittel gegen die Unsicherheit kontigenter Sachverhalte ist Entscheidung. Und: Organisationen sind der (einzige) Ort in unserer Gesellschaft, an dem Entscheidungen getroffen werden können."* Krusche 2008, S. 11.

plex beschrieben.[170] Die Charakterisierung von Situationen mittels des Begriffs der Komplexität[171] hat mittlerweile eine regelrechte Inflation erlebt, wirft man einen Blick in die entsprechende Literatur. Aber was heißt das nun? HAMMER merkt hierzu an, dass die Zuschreibung von Komplexität bestenfalls alles und nichts sagend ist, denn wie definiert sich Komplexität und was ist komplexer als komplex?[172]

Diese Frage möchte ich an dieser Stelle zurückstellen und auf die zahlreichen Definitionen in der bestehenden Literatur verweisen, deren umfassende Darstellung den hier zur Verfügung stehenden Rahmen auf jeden Fall sprengen würde und m. E. nach auch nicht zielführend ist.[173] Soviel möchte ich allerdings, rekurrierend auf PROBST, an dieser Stelle festhalten: Gemeinhin zeichnen sich komplexe Systeme dadurch aus, dass sie *„viele verschiedenartige Elemente enthalten, die untereinander reich verknüpft sind und sich in Beziehungen, Interaktionen und Elementen stets verändern."*[174]

PROBST vermerkt weiter, dass Komplexität dadurch bei betroffenen Personen vielfach Ungewissheit, Unsicherheit, Nichtvorhersagbarkeit, abnehmende Erwartbarkeit sowie Intransparenz und zeitliche Unstimmigkeiten erzeugt.[175] Damit tritt ein wesentliches Merkmal von Managementsituationen zutage, welches bereits in dem obigen Zitat von WÜTHRICH/ OSMETZ und KADUK ablesbar wurde: Die Unsicherheit. Unsicherheit stellt die Legitimationsgrundlage für Führung dar.[176] Denn nur, wenn Zukunft gestaltet werden muss, Entschei-

---

Inwieweit Kontingenz ein wesentliches Element aller menschlichen Handlungen darstellt, wird in dieser Arbeit in Kap. 2.2.1 anthropologisch betrachtet. Ausführlicher zu Kontingenz und Management siehe bspw. Beyes 2003 und Krusche 2008.

170 Becker stellt den Zusammenhang zwischen Komplexität und Kontigenz folgendermaßen heraus: *„Sobald man es mit Komplexität zu tun hat, hat man es mit der Notwendigkeit von Kontingenz zu tun."* Baecker 1994, S. 114.

171 Ein System wird gemeinhin als komplex bezeichnet, „[...] *wenn es (1) eine große Anzahl von Elementen aufweist, die (2) in einer großen Zahl von Beziehungen zueinander stehen können, die (3) verschiedenartig sind und (4) deren Zahl und Verschiedenartigkeit zeitlichen Schwankungen unterworfen sind.*". Baecker 1994, S. 114. Vgl. hierzu auch Baecker 1992, S. 55. Als Maßeinheit für Komplexität dient die Varietät. Sie gibt an, wie viele verschiedene Zustände ein System annehmen kann. Vgl. Malik 2002, S. 6 und Malik 1996, S. 186. Zur Abgrenzung von Komplexität zu Kompliziertheit vgl. bspw. Thommen 2008, S. 40.

172 Vgl. Hammer 2009, S. 12. Vgl. hierzu auch Luhmann 1990, S. 61.

173 Komplexität definiert sich nach Duden als die Gesamtheit aller Merkmale, Möglichkeiten eines Begriffes oder Zustandes. Duden 2005 Fremdwörterbuch, S. 341.

174 Probst 1992, S. 22.

175 Vgl. Probst 1992, S. 22.

176 Krusche veranschaulicht diesen Zusammenhang folgendermaßen: *„Jede Entscheidung reduziert zunächst einmal Komplexität und damit Unsicherheit, weil sie Eindeutigkeit herstellt, wo eben noch Möglichkeits-*

dungen getroffen werden müssen, besteht die Notwendigkeit für Führung. Anders formuliert: Wenn die Zukunft in der Gegenwart bereits bekannt wäre, gäbe es nichts zu managen. BLEICHER stellt beispielweise fest:

„Mit der Entwicklung, Gestaltung und Lenkung sozialer Systeme [...] *leistet das Management einen wesentlichen Beitrag zur Bewältigung von Komplexität in Systemen."*[177]

BAECKER unterstützt diese Sichtweise, indem er argumentiert, dass Management die Fähigkeit sei, mit Ungewissheit auf eine Art und Weise umzugehen, die diese bearbeitbar macht, ohne allerdings das Ergebnis mit Gewissheit zu verwechseln.[178] Und auch MALIK formuliert die eigentliche Funktion des Managements als Bewältigung von Komplexität.[179]

Dies führt mich in Bezug auf meine weiteren Überlegungen zu folgender Frage:

Wie gehen Management und Führung konkret mit dieser Unsicherheit um? Wie stellt sich die Unsicherheit dar? Und: Welche Rolle spielen Vielfalt bzw. Gleichförmigkeit beim Umgang mit dieser Unsicherheit?

Um sich einer Antwort auf diese Fragen anzunähern, ist es hilfreich den Begriff der Führung[180] einer genaueren Betrachtung zu unterziehen. Dazu möchte auch ich mich der

---

räume bestanden. Gleichzeitig, und das macht die Sache paradox, kommuniziert jede Entscheidung genau das mit, was sie einzuholen gedachte: Kontingenz. Denn wer entscheidet, lässt alle anderen daran teilhaben, dass auch anders hätte entschieden werden können. Mit der Setzung einer Entscheidung wird allen davon Betroffenen unweigerlich in Erinnerung gerufen, dass Wahlmöglichkeiten bestanden haben [...] *und weiterhin bestehen* [...]. *So absorbiert jede Entscheidung gleichzeitig Unsicherheit und produziert sie aufs Neue. Und das zieht eine Anzahl von Folgeproblemen nach sich : Jede Entscheidung enthält den Aspekt der Willkür, der schon allein aus Legitimationsgründen* [...] *sorgfältig maskiert werden muss* [...], *darüber hinaus versorgt sich jede Entscheidung – und damit Organisation und Führung – immer wieder mit genau den Problemen, die sie zu lösen verspricht."* Krusche 2008, S. 12. Vgl. hierzu auch Simon 2007, S. 66 ff.

177 Bleicher 1994, S. 34, zitiert in Hopfenbeck 2002, S. 505. Auch Rüegg-Sturm stellt diesen elementaren Zusammenhang zwischen Komplexität und Entscheidungsnotwendigkeit fest. Vgl. Rüegg-Sturm 2003, S. 1.

178 Vgl. Baecker 1994, im Vorwort.

179 Malik formuliert die Managementaufgabe sogar als Überlebenssicherung der Organisation in einer komplexen Umwelt. Hierzu sieht er primär die Schaffung eines Komplexitätsausgleichs zwischen Binnenkomplexität der Organisation sowie der Umweltkomplexität als Mittel und lehnt sich damit ausdrücklich an Ashby 1974 an. Vgl. Malik 1996, S. 170.

180 Die Begrifflichkeiten Führung und Management werden in dieser Arbeit gleichbedeutend verwendet. Andere Autoren die diese Begriffe synonym verwenden sind bspw. Thommen 2008, S. 45 und 723 sowie Förster 2012, S. 16. Zu einer möglichen Unterscheidung der Begrifflichkeiten siehe bspw. Cloke/ Goldsmith 2007.

Maschinen-Metapher von Heinz von FOERSTER bedienen, um Kausalitäten der Führung anschaulich zu machen:[181]

„[...] *wäre eine übermenschliche Intelligenz fähig, zu irgendeinem Zeitpunkt die Position aller Teilchen und die auf sie wirkenden Kräfte zu kennen, so gäbe es keine Unsicherheit für diese Intelligenz: Vergangenheit und Zukunft wären für sie allzeit gegenwärtig. Die Welt eine triviale Maschine!*"[182]

Übertragen auf Führung können aus der Metapher FOERSTERs folgende zwei Führungsverständnisse abgeleitet werden:

TRIVIALE UND NICHT-TRIVIALE MASCHINE

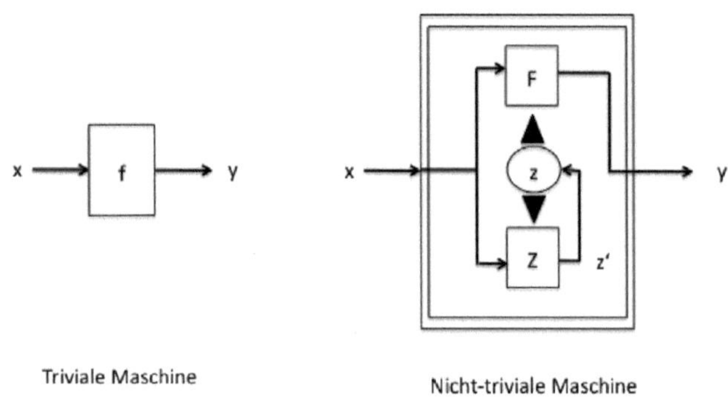

Triviale Maschine

Nicht-triviale Maschine

Abb. 1-5[183]

Geht man von einem Führungsverständnis, aus das Organisation als eine triviale Maschine versteht, so kann jeder Einflussnahme x ein determiniertes Ergebnis y zugeordnet werden. Es besteht eine eindeutig lineare Kausalität. Wird Führung hingegen als nicht-triviale Maschine verstanden, so besteht eben diese Eindeutigkeit in der Kausalität nicht. Unsicherheit in Führungssituationen manifestiert sich in dieser Nicht-Linearität.

---

[181] Zu diesem Zweck bedienten sich bereits verschiedene Autoren der Maschinen-Metapher. So bspw. Osmetz 2003, S.29 ff., Hammer 2009, 13 f. und Förster 2012, S. 21 f.

[182] Laplace zitiert in Foerster 1992, S. 62.

[183] Eigene Darstellung in Anlehnung an Schmidt S. 1994, S. 245 und 248. Ausführlicher zur trivialen bzw. nicht-trivialen Maschine siehe ebenda, S. 245 ff.

Will man diesen Tatbestand konkretisieren und zu diesem Zweck die Spur der Unsicherheit genauer verfolgen, kann man feststellen, wie bspw. HAMMER das tut, dass Vergangenheit und Zukunft eine wesentliche Rolle bei der Verursachung der Unsicherheit spielen.[184] Dies liegt schlichtweg in der Unbestimmtheit der Zukunft begründet. Interessant scheint daher die Frage zu sein:

Wie geht Führung mit Zukunft und deren Unbestimmtheit um?

An dieser Stelle möchte ich auf die Frage nach Komplexität, die zu Beginn dieses Teilabschnittes angesprochen wurde, zurückkommen.[185] PROBST identifiziert eine Reihe von Symptomen, die mit einer gesteigerten Komplexität einhergehen: Ungewissheit, Unsicherheit, Nichtvorhersagbarkeit, abnehmende Erwartbarkeit sowie Intransparenz und zeitliche Unstimmigkeiten.[186] Für eine weiterführende Strukturierung des Phänomens Komplexität bieten KÄUFER und SCHARMER einen Ansatz, welcher die in obiger Definition erwähnten Komplexitätssymptome vereint. Dafür unterscheiden sie drei Formen von Komplexität[187]:

Die *dynamische Komplexität* zeichnet sich dadurch aus, dass Ursache und Ergebnis zeitlich und räumlich getrennt sind. Je höher die dynamische Komplexität ist, desto wichtiger ist eine Berücksichtigung der Interdependenzen zwischen den einzelnen Teilkomponenten.

Die *soziale Komplexität* resultiert aus unterschiedlichen Weltanschauungen und Interessen, also aus individuellen Konstruktionen der Wirklichkeit. Sie steigt, je mehr soziale Wirklichkeiten integriert und je mehr kulturelle Erfahrungshintergründe beteiligt sind.

Die *generative Komplexität* beschreibt Herausforderungen von diskontinuierlichen Veränderungen. Damit wird deutlich, dass ein vergangenheitsorientiertes Vorgehen kein adäqua-

---

[184] Vgl. Hammer 2009, S. 14 f. Er zieht für seine Argumentation das obige Zitat von Laplace heran: [...] *so gäbe es keine Unsicherheit für diese Intelligenz: Vergangenheit und Zukunft wären für sie allzeit gegenwärtig.*" Auch Luhmann stellt diesen Zusammenhang fest, indem er:"[...] *einen Überschuss an Möglichkeiten und die entsprechende Unbestimmtheit: Oder wie man auch sagen könnte, Zukunft*", in einen direkten Zusammenhang miteinander bringt. Luhmann 2000, S. 415.

[185] Vgl. S. 41.

[186] Vgl. Probst 1992, S. 22.

[187] Vgl. Käufer/ Scharmer 2007, S. 75 ff.

tes Mittel zur Beherrschung von zukünftigen Entwicklungen darstellt. Trendextrapolation reicht dafür nicht aus.[188]

DREI TYPEN VON KOMPLEXITÄT

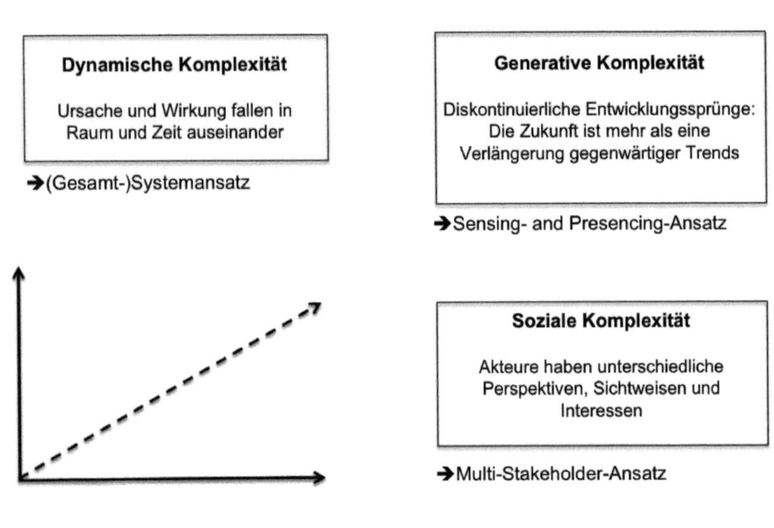

Abb. 1-6[189]

In diesen drei von KÄUFER und SCHARMER identifizierten Komplexitätskategorien wird die konstituierende Bedeutung der Zukunft für Komplexität in wenigstens zwei der drei Dimensionen deutlich: In der *dynamischen* sowie in der *generativen* Komplexität. Unsicherheit und Unbestimmtheit der Zukunft, so leite ich aus den vorausgegangenen Beobachtungen ab, sind damit eine wesentliche Ursache für Komplexität.

[188] Käufer und Scharmer beschreiben die Neigung zum Rückgriff auf vergangene Erfahrungen zur Bewältigung von aktuellen und zukünftigen Herausforderungen als *blinden Fleck*. Damit verweisen sie bereits auf die Existenz von kognitiven Institutionen i. S. von Denk- und Handlungsmustern. Zum Begriff des blinden Flecks vgl. Foerster 1993, S.236.

[189] Käufer/ Scharmer 2007, S. 76.

Den Umgang des Menschen mit Zukunft[190] beschreibt DÖRNER mit der menschlichen starken Neigung zur Strukturextrapolation:

„Der Mechanismus ist einfach: Man stellt sich einen neuen, bislang unbekannten und zukünftigen Sachverhalt so vor wie den entsprechenden, bereits bekannten. Er hat die gleichen Komponenten, die die gleichen Relationen zueinander aufweisen, daher ‚Strukturextrapolation'."[191]

Diese Tendenz sprechen auch KÄUFER und SCHARMER in ihrer Charakterisierung der generativen Komplexität an. Sie beschreiben die Neigung zum Rückgriff auf vergangene Erfahrungen zur Bewältigung von aktuellen und zukünftigen Herausforderungen als *blinden Fleck.*[192] Der Mensch bedient sich dabei bereits gemachter Erfahrungen, die sich in der Vergangenheit als erfolgversprechend gezeigt haben, um ähnliche Situationen zu bewältigen. Es handelt sich hierbei um einen Mechanismus der *Komplexitätsreduktion*. Die Anzahl der Handlungsmöglichkeiten wird reduziert, indem das Handlungsrepertoire auf eben bereits erfolgreich angewendete Strategien begrenzt wird.[193] Die Bezeichnung als *blinden Fleck* verdeutlicht dabei die Unbewusstheit dieses Phänomens und deutet damit bereits auf die Existenz von kognitiven Institutionen, i. S. von unreflektierten Denk- und Handlungsmustern, hin.[194]

Auch WEICK merkt an, dass Experten in neuen Situationen oftmals nicht vermeintlich rational handeln und alle denkbaren Konsequenzen gegeneinander abwägen, sondern vielmehr auf ihre gesammelten Erfahrungswerte zurückgreifen, wenn sie Entscheidungen treffen müssen. Man darf also davon ausgehen, dass eine gewisse Pfadabhängigkeit von

---

[190] Im Folgenden werde ich Zukunft, den vorausgegangenen Ausführungen entsprechend, als primäre Quelle von Unsicherheit behandeln.

[191] Dörner 2008, S. 190. Der Neigung zur Strukturextrapolation legt Dörner die geringe menschliche Fähigkeit zugrunde sich Zukunft mit strukturellen Brüchen vorzustellen. Als Bsp. zieht er die ersten Autos heran, die Pferdewagen ohne Pferde waren oder Jules Vernes Reise zum Mond die mittels Kanonenschuss stattfand. Kanonenschüsse waren zu Jules Vernes Zeiten das übliche Mittel des Gütertransports durch die Luft. Vgl. ebenda.

[192] Die Bezeichnung dieses Mechanismus' als *Trend*extrapolation macht die ihm zugedachte Aufgabe, nämlich die Handhabmachung von Ungewissheiten, die aus der Zukunft resultieren, deutlich. Zum Begriff des blinden Flecks vgl. Foerster 1993, S.236.

[193] Vgl. hierzu auch die Ausführungen zu den anthropologischen Grundlagen in dieser Arbeit Kap. 2.2.1.

[194] Ausführlicher zum Begriff der kognitiven Institution siehe Kap. 2.3 in dieser Arbeit.

vorausgegangenen Erfahrungen besteht.[195] Diese bewährten Erfahrungen drücken sich in Denk- und Handlungsmustern aus, auf die zurückgegriffen wird.[196]

Führung unterliegt im Umgang mit der der Zukunft inhärenten Ungewissheit einer unreflektierten Pfadabhängigkeit, die sich durch Rückgriff auf bereits bewährte Denk- und Handlungsmuster manifestiert.

Diese Denk- und Handlungsmuster grenzen die Handlungsalternativen ein und führen durch Pfadabhängigkeit zu **Gleichförmigkeit**.

Denk- und Handlungsmuster sind dabei nicht nur individueller Natur. In der Betriebswirtschaftslehre wie auch in anderen Wissenschaften bedient man sich verschiedener intersubjektiver Modelle[197], um Komplexität handhabbar zu machen. Dabei kommt in der Formulierung von Modellen die Strukturextrapolation nach Dörner besonders stark zum Ausdruck.[198] Modellen ist somit auch die Strategie der Komplexitätsreduktion inhärent.

Mein Interesse gilt, wie anfangs dargestellt, kognitiver Vielfalt bzw. Gleichförmigkeit. Dabei leitet mich nach wie vor die Hypothese, dass Vielfalt eine ökonomische Relevanz für Organisationen und deren Management, vor allem im Kontext zunehmender Komplexität besitzt. Diese steht im Gegensatz zu den eben dargelegten üblichen Handlungsstrategien die vornehmlich auf ein Bekämpfen der Komplexität abzielen.

Im folgenden Teilabschnitt möchte ich die dominanten intersubjektiv geteilten Denk- und Handlungsmuster der BetriebswirtschaftsLehre[199] bzgl. ihrer Relevanz für ein Management unter Unsicherheit genauer betrachten, um daran anschließend ein alternatives Verständnis vom Umgang mit Komplexität aufzuzeigen. Die Betriebswirtschaftslehre lässt sich dabei als Lehrgang für Manager ansehen. Darin gelehrte Inhalte, vornehmlich Modelle, können

---

[195] Vgl. Weick 2001, S. 125.

[196] Wüthrich, Osmetz und Kaduk beschreiben in diesem Zusammenhang sieben wiederkehrende Denk- und Handlungsmuster, die im Kontext von Führung reflexhaft angewandt werden. Vgl. Wüthrich/ Osmetz/ Kaduk 2009, S. 19 ff.

[197] Vgl. zum Verständnis eines Modells Sell 1998, S. 7 f. und Ott 1997, S. 27 f.

[198] Vgl. Hammer 2009, S. 20. Dabei geben Modelle die zu extrapolierende Struktur vor, und zwar in Unkenntnis von zukünftigen Einflussfaktoren, wie bspw. zukünftige Formen von Komplexität. Vgl. ebenda, S. 21.

[199] Die Formulierung der Betriebswirtschaft als Lehre deutet bereits an, dass dieses Fach dem Management als Ausbildungsgang dient. Die darin gelehrten Inhalte, wie bspw. Modelle, weisen vor diesem Hintergrund eine relevante Bedeutung für Betriebswirte, und damit auch oftmals Manager, in der Praxis auf.

als Konstrukte betrachtet werden, die sich im Zuge der Pfadabhängigkeit von Erfahrungen, als kognitive Institutionen manifestieren und Managern ansozialisiert werden.[200] Vor diesem Hintergrund lässt sich ein erster Primat der Wirtschaft, konstituiert durch die Betriebswirtschaftslehre, erkennen.[201]

1.6.3.2 Vorherrschende Muster der Wirtschaftswissenschaften: Komplexitätsreduktion[202]

In den Wirtschaftswissenschaften lassen sich verschiedene Muster finden, die dem Management von Organisationen zur Erleichterung der Entscheidungsfindung als Unterstützung dienen. Diese Muster finden, wie oben bereits angerissen, oftmals ihren Ausdruck in formalen Modellen, die im Sinne einer Komplexitätsreduktion angewendet werden. Dazu zählen jedwede Art von Modellen, die dazu herangezogen werden, Komplexität handhabbarer zu machen.[203] Es muss allerdings immer abgewogen werden, bzw. darf nicht vergessen werden, dass es sich dabei stets um eine Trivialisierung der Welt handelt und die echte Welt eben *komplexer* ist.

Nichtsdestotrotz haben diese Modelle durchaus ihre Berechtigung, und es ist mir wichtig an dieser Stelle anzumerken, dass es nicht um eine pauschale Abwertung von bestehenden Führungsmustern oder Modellen geht. Es geht vielmehr um ein Gewahrwerden der Angemessenheit des Einsatzes der Modelle sowie um ein Bewusstwerden, was den reflexhaften Charakter der Führungsmuster selbst betrifft.[204] WÜTHRICH konstatiert bzgl. der Prämissen von Führung:

---

200 Zum Zusammenhang von kognitiven Institutionen und Sozialisation siehe Abschnitt 3.6.

201 Ausführlicher zum Primat der Wirtschaft, insbesondere im gesamtgesellschaftlichen Kontext, siehe Kapitel 4 und 5.

202 Prinzipiell werden zwei Möglichkeiten im Umgang mit Komplexität unterschieden: Zum einen die Strategie der Komplexitätsreduktion, zum anderen die der Komplexitätserhöhung. Ausführlicher hierzu bspw. Wüthrich/ Osmetz/ Philipp 2004, S. 9 f. und die Ausführungen in den Abschnitten 1.6.3 sowie 1.6.4.

203 Vgl. Baecker 1994, im Vorwort.

204 Es soll an dieser Stelle ausdrücklich nicht der Eindruck erweckt werden, dass Muster, die sich ja nicht ausschließlich in Modellen manifestieren, wie bspw. Wüthrich/ Osmetz/ Kaduk darstellen, immer bewusst eingesetzt werden. Vgl. Wüthrich/ Osmetz/ Kaduk 2009, S. 19 ff. Vielmehr stellt der Einsatz von bestimm-

„Basis dabei bildet die Hypothese, dass – im Namen von ‚Führung' – sehr viele unreflektierte Muster reproduziert werden, was zu selbstähnlichen Organisationen führt, also zu Systemen die sich immer weniger voneinander unterscheiden. Und wo zu viel Ähnlichkeit, da kommt kein neuer Geist auf. Denn Innovation basiert auf Widersprüchlichkeit."[205]

Die ökonomische Theorie[206] als Basis

Die Grundlage vieler formaler Modelle lässt sich im kritischen Rationalismus als Leitprinzip der Wirtschaftswissenschaften[207] finden.[208] Die ökonomische Theorie[209] bietet dabei, als konkrete Ausprägung einer wirtschaftswissenschaftlichen Theorie, für viele Modelle[210] der Wirtschaftswissenschaften die Basis.[211] Der Nobelpreisträger BECKER formuliert dies wie folgt:

---

ten Modellen in bestimmten Situationen ein konkretes Beispiel eines Handlungsmusters dar. Vgl. hierzu auch Wüthrich 2009.

205 Ebenda, S. 16.

206 Der Begriff der Theorie lässt sich dabei selbst als ein Beispiel für ein Modell verstehen. So formuliert Fischbach: „*Theorie* [...] *stellt ein stark vereinfachtes Bild der Realität dar. Man verzichtet in einer Theorie auf die vielen Einzelheiten und beschränkt sich lediglich auf die wichtigsten Größen.*" Fischbach 1996, S. 54. Vgl. außerdem zur Problematik der Verwendung des Begriffs der Theorie außerhalb der Naturwissenschaften Giddens 1997, S. 31 f.

207 Die Wirtschaftswissenschaften lassen sich, fasst man den Begriff der Sozialwissenschaften entsprechend weit, unter denselben subsumieren. Allerdings kann prinzipiell von einer Gleichordnung im Gegensatz zu einer Unterordnung der beiden Wissenschaften ausgegangen werden, was auch die an Universitäten übliche Bezeichnung Wirtschafts- und Sozialwissenschaften, widerspiegelt. Vgl. Wöhe 1990, S. 26. Die Verselbständigung der Wirtschaftswissenschaften lässt sich dabei auf die Einführung des homo oeconomicus im Rahmen der ökonomischen Theorie zurückführen. Ausführlicher hierzu in diesem Abschnitt.

208 Vgl. Winter 1999, S. 30 sowie der Abschnitt zur Erkenntnistheorie in dieser Arbeit Kapitel 1.3. Der kritische Rationalismus fußt auf dem klassischen Rationalismus von Descartes und bezog sich ursprünglich auf die Naturwissenschaften.

209 Die hier als ökonomische Theorie oder ökonomischer Ansatz beschriebene Forschungsrichtung wird in der Literatur auch als neoklassischer, ökonomischer Ansatz bezeichnet. Vgl. Hirsch 2007, S. 82. Für eine ausführlicher Diskussion der Grundlagen des neoklassischen Ansatzes vgl. Erlei 2010, S. 70 ff.

210 Zu den Möglichkeiten und Grenzen der Modellbildung in den Wirtschaftswissenschaften vgl. Wöhe 1990, S. 36 ff. An dieser Stelle möchte ich anmerken, wie Meyer/ Boli/ Thomas feststellen, dass ökonomische und auch soziale Modelle vielfach auf individualistischen und zweckorientierten Vorstellungen beruhen. Zudem stellt sich die Frage, ob die Entstehung und Stabilität und damit Gleichförmigkeit diverser Überzeugungen, Haltungen sowie Verhaltensweisen und deren Manifestation in Systemen tatsächlich auf der Basis der Entscheidungen von unzusammenhängenden Individuen beruht. Vgl. Meyer/ Boli/ Thomas 2005, S. 20 f.

211 Vgl. Hammer 2009, S. 22.

*„Ich behaupte, dass der ökonomische Ansatz einen wertvollen, **einheitlichen** Bezugsrahmen für das Verständnis allen menschlichen Verhaltens bietet* [...] [Hervorhebung EK].*"*[212]

Dabei lässt die Formulierung als ein *einheitlicher* Bezugsrahmen bereits vermuten, dass die ökonomische Theorie bestimmten restriktiven Grundprämissen folgt, die als paradigmatisch bezeichnet werden können, was prinzipiell als charakteristisch für Naturwissenschaften gilt. ALBERT bezeichnet im Kontext der Wissenschaftstheorie die neoklassische Ökonomie dementsprechend als die einzige soziologische Theorie, für die der Anspruch einer Charakterisierung als relativ einheitliches und geschlossenes Theoriegebäude, wie es für gewisse Bereiche der Naturwissenschaft Gültigkeit hat:[213]

„Die Nationalökonomie kann ohne Zweifel als derjenige Bereich des soziologischen Denkens angesehen werden, der das eindrucksvollste Beispiel der Entwicklung und detaillierten Ausarbeitung eines relativ einheitlichen und geschlossenen Theoriegebäudes aufweist, einer paradigmatischen Konzeption, wie sie für gewisse Bereiche und Phasen des naturwissenschaftlichen Denkens charakteristisch zu sein scheint."[214]

Und auch ROSENBERG stellt die paradigmatischen Züge der ökonomischen Theorie heraus:

„A considerable portion of economic theory is accepted as a ‚paradigm' by economists [...]*."*[215]

Im Folgenden möchte ich mich mit diesen Grundprämissen, die der Bildung von Modellen zugrunde liegen, beschäftigen und nicht mit bestimmten konkreten wirtschaftswissen-

---

[212] Becker 1993, S. 15. Becker räumt an dieser Stelle allerdings ein, dass ein Großteil des menschlichen Verhaltens bislang noch ungeklärt ist und auch nicht-ökonomische Ansätze und Forschungstechniken einen Mehrwert zum Verständnis desselben beitragen. Er sieht die Ökonomie also durchaus in einem multidisziplinären Miteinander mit dem Ziel der Klärung menschlicher Verhaltensweisen. Vgl. hierzu auch Albert 1967a, S. 30.

[213] Vgl. Albert 1967a, S. 13 und S. 16. An dieser Stelle wird die Beziehung zum kritischen Rationalismus als Basis der ökonomischen Theorie deutlich. Vgl. hierzu ausführlicher die Ausführungen zur Erkenntnistheorie im Abschnitt 1.3.

[214] Albert 1967a, S. 13.

[215] Rosenberg 1976, S. 5. Rosenberg verwendet hier den Begriff des Paradigmas im Sinne Thomas Kuhns. Kuhn versteht unter dem Ausdruck Paradigma einerseits die Konstellation von Meinungen, Werten, Methoden usw., die von den Mitgliedern einer Gemeinschaft geteilt werden. Andererseits bezeichnet er damit konkrete Problemlösungen, die als Vorbilder oder Beispiele gebraucht, andere explizite Regeln als Basis für die Lösung der übrigen Probleme einer Wissenschaft ersetzen können. Vgl. hierzu auch Kuhn 1976, S. 186 ff.

schaftlichen Modellen. Die Grundprämissen des ökonomischen Ansatzes veranschaulicht HIRSCH wie in der folgenden Abbildung dargestellt:

GRUNDANNAHMEN DES ÖKONOMISCHEN ANSATZES

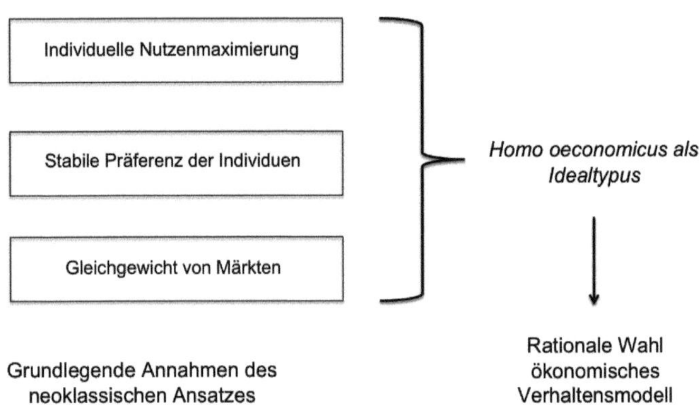

Abb. 1-7[216]

Das Konstrukt des homo oeconomicus[217] konkretisiert dabei die beiden erstgenannten Annahmen, während letztere vor allem im volkswirtschaftlichen Kontext von Relevanz ist.[218]

Die Annahme stabiler, wahrer Präferenzen[219] lässt sich vor allem aus methodologischer Sicht erklären: Durch das Festschreiben der Präferenzen wird es möglich Verhaltensände-

---

[216] Hirsch 2007, S. 83.

[217] Die Theorie des homo oeconomicus ist aus dem Versuch der Neoklassik hervorgegangen die Ökonomik ganz im Stile einer mathematischen Naturwissenschaft zu gestalten. Vgl. Manstetten/ Faber 1997, S. 122. Zur Geschichte des homo oeconomicus siehe ausführlich Morgan 1996.

[218] Der homo oeconomicus, auch als ökonomisches Verhaltensmodell bezeichnet, lässt sich interpretieren als *„ein Idealtypus, der sich aus der in der Ökonomie vorherrschenden Handlungstheorie der rationalen Wahl ableitet."* Becker 2003, S. 41, zitiert nach Hirsch 2007, S. 83. Zur Kritik der rationalen Wahl innerhalb dieses Modells vgl. bspw. Roth 2009, S. 111 ff.

[219] Hirsch beschreibt Präferenzen als stabil und wahr, wenn sie mit Hilfe einer Nutzenfunktion beschrieben werden können. Vgl. Hirsch 2007, S. 84.

rungen ausschließlich auf externe Faktoren zurückführen zu können.[220] Unerwünschtes Verhalten kann so einer suboptimalen Ausgestaltung der Rahmenbedingungen zugeschrieben werden, ohne die individuelle kognitive Dimension[221] des Einzelnen in Betracht ziehen zu müssen.[222] Die ökonomische Theorie stellt so den Entscheider dar als:

„[...] *einen intuitiven Statistiker, der die verschiedenen Entscheidungsalternativen sorgsam abwägt und sein ganzes verfügbares Vorwissen nach den Gesetzen der Wahrscheinlichkeitstheorie und Logik auf das Entscheidungsproblem anwendet.*"[223]

Dies bedeutet, dass mögliche externe Faktoren die zu einer Verhaltensänderung führen, dem Entscheider bekannt sind, er also zu jeder Zeit umfassende Kenntnis über Restriktionen besitzt.[224] Unsicherheit spielt demnach im ökonomischen Verhaltensmodell des homo oeconomicus keine Rolle.[225]

Unsicherheit wird im ökonomischen Verhaltensmodell nicht abgebildet.

Ziel des naturwissenschaftlichen Vorgehens in den Wissenschaften, auch in solchen die keine sind, wie eben den Geistes- und Gesellschaftswissenschaften, ist es eindeutige Kausalitäten festzustellen.[226] HIRSCH formuliert dieses Charakteristikum des ökonomischen Ansatzes folgendermaßen:

„*Die Zuschreibung von Verhaltensänderungen von Akteuren auf die Restriktionen und die Annahme stabiler Präferenzen ermöglicht es, eine systematische Ableitung von beobachtbaren Handlungsfolgen aus den Handlungsbedingungen der Akteure zu entwickeln. Ein sol-*

---

[220] Vgl. Suchanek 1994, S. 116.

[221] In der Literatur lassen sich allerdings durchaus Konzeptionen finden die die kognitive Dimension in den Wirtschaftswissenschaften thematisieren. Dies findet vor allem in Kontexten des Managements, also der Entscheidungsinstanz von Organisationen statt. Vgl. hierzu Weber 1991 und Rogers-Wynands 2002

[222] Vgl. Hirsch 2007, S. 85 f.

[223] Fischer et. al. 2004, S. 24.

[224] Restriktionen sind in diesem Zusammenhang als Ereignisse zu verstehen, die der Nutzenmaximierung des Einzelnen als weitere, hier nicht weiter ausgeführte, Grundannahme der ökonomischen Theorie im Wege stehen. Vgl. Hirsch 2007 S. 86 f.

[225] Zur Kritik des homo oeconomicus siehe ausführlicher Morgan 1996. Zur Diskussion dieser Kritik siehe Manstetten/ Faber 1997.

[226] Von Foerster schreibt hierzu: "'*Kausalität bestimmt den Fluß der Ereignisse im Universum' ist einer der zentralen Glaubenssätze in unserer westlichen Kultur. Man glaubt die Welt zu verstehen, wenn man die Gesetze der Natur versteht: deshalb sind wir bestrebt, diese Gesetze zu ermitteln.*" Foerster 1993, S. 134.

ches theoriegeleitetes Vorgehen ist durch ein hohes Maß an Allgemeinheit, Präzision und Stringenz gekennzeichnet."[227]

Auch das ceteris-paribus-Prinzip[228] in den Wirtschaftswissenschaften versucht der Forderung nach Linear-Kausalität Rechnung zu tragen.[229] Dies gelingt insofern, als dass Theorien die unter der Verwendung der ceteris-paribus-Klausel modelliert wurden, eindeutige Zusammenhänge generieren, indem bestimmte Bedingungen, wie eben die Präferenzen der Individuen, als gleichbleibend sowie bestimmte Restriktionen als Variable angenommen werden. Allerdings wird dabei durch die ceteris-paribus-Vorbehalte eine Immunisierung der Theorien gegen die Realität erreicht.[230] Dieses Vorgehen kritisiert ALBERT als Modell-Platonismus.[231] Er beanstandet dabei vor allem, dass man über die relevanten Restriktionen keine umfassende Kenntnis besitzt.[232] ROSENBERG zufolge ist die Ökonomie damit eine inexakte Wissenschaft und wird insofern einem Anspruch als Realwissenschaft[233] nicht gerecht.[234] Er konstatiert:

---

[227] Hirsch 2007, S. 87.

[228] Die ceteris-paribus-Klausel bedeutet soviel wie *„unter sonst gleichbleibenden Umständen"*. Bei Anwendung der ceteris-paribus-Klausel nimmt man bis auf eine (oder wenige) variable Größe alle anderen Einflussfaktoren als konstant an und entwickelt unter dieser Annahme Theorien. Vgl. Fischbach 1996, S. 55.

[229] Vgl. Albert 1967, S. 341 f. Die Linear-Kausalität manifestiert sich im obigen Zitat in der systematischen Ableitung der Handlungsfolgen aus den Handlungsbedingungen.

[230] Wöhe beschreibt diese Immunisierung folgendermaßen: *„Die Begrenzung dieses Verfahrens liegt darin, daß die Prämissen, mit denen man arbeitet, zum Teil zwar aus der Erfahrung abgeleitet werden können, daß sie aber durch Abstraktion gewonnen worden sind, also in dieser reinen Form* [...] *in der Realität nicht vorkommen* [...]." Wöhe 1990, S. 36. Vgl. hierzu auch Beckert 1997, S. 26.

[231] Er kritisiert dabei primär den Umstand einer Modellierung unter umfänglichen ceteris-paribus-Vorbehalten, bei der man über sämtliche relevanten Rand- und Anfangsbedingungen, die eine Situation üblicherweise sonst kennzeichnen würden, oft keine Kenntnis besitzt. Diese Vorbehalte immunisieren jedoch eine Theorie gegen die Erfahrung: Zeigt sich eine Theorie als empirisch widerlegt, so kann man sich darauf beziehen, dass die Theorie richtig sei, nur die relevanten Rand- und Anfangsbedingungen im jeweiligen Fall nicht vorgelegen hätten. Vgl. Albert 1967, S. 345.

[232] Vgl. auch Kretschmann 1990, S. 26 f.

[233] Den Realwissenschaften stehen im Allgemeinen die Formalwissenschaften, wie die Mathematik, als Gegensatz gegenüber.

[234] Die Inexaktheit manifestiert sich dabei in der Anwendung von Prämissen, die nicht aus der Erfahrung stammen, sondern als rein gedankliche Konstellationen konstruiert werden. Damit geht eine Weltfremdheit der betriebswirtschaftlichen Theorie einher, die zu einer Bedeutungslosigkeit derselben für die realen betriebswirtschaftlichen Prozesse führt. Vgl. hierzu Wöhe 1990, S. 36 sowie Rosenberg 1994, S.112 ff, Manstetten/ Faber 1997, S. 124 sowie auch Bachinger/ Matis 2009, S. 10 f.

„If economics is not an empirical science, what is it? […] *economics is a branch of applied mathematics* […]."[235]

Auch SUCHANEK stellt fest, dass die Komplexität der von den Sozialwissenschaften untersuchten Phänomene lediglich die Bildung von *„Quasi-Gesetzen"* ermöglicht.[236] Vor dem Hintergrund der Ausführungen ZELLINGERs[237] wird die Dürftigkeit der Anwendung naturwissenschaftlicher Prinzipien außerhalb ihres Kontextes bewusst:

„Gesetze gibt es nur unter konstanten gleichförmigen Entitäten und Prozessen. Wo solche nicht vorliegen, müssen die Realitäten, wenn man mit ihnen Gesetzeswissenschaft betreiben will, zu solchen gemacht werden, was im Zuge der unerläßlichen ***Normierung*** *resp.* ***Standardisierung*** *geschieht, die nicht nur die experimentellen Verfahren, sondern ebenso die Beschaffenheit und Funktionsweise der Objekte betrifft* [Hervorhebung EK]."[238]

In ZELLINGERs obigem Zitat werden die, zu Beginn dieses Teilabschnittes zurückgestellten Konsequenzen aus der paradigmatischen Konzeption der ökonomischen Theorie, deutlich: Durch die Homogenitätsannahme wird es in der Ökonomie möglich, Modelle und mathematische Funktionen zu bilden. Dies erleichtert den analytischen Zugang, lässt damit aber die Vielfalt der realen Welt außen vor.[239] Es besteht zudem die Gefahr, dass Prämissen, wie

---

[235] Rosenberg 1994, S. 237.

[236] Vgl. Suchanek 1994, S.29 und S. 33. Zur Kritik der Ökonomie als Quasi-Naturwissenschaft siehe auch Bachinger/ Matis 2009, S. 10 f.

[237] Zellinger beschreibt die Notwendigkeit der Abkehr vom Behaviorismus hin zu einem komplexeren Verständnis des Menschen in den Humanwissenschaften, welche auch die Wirtschaftswissenschaften einschließen. Vgl. Zellinger 1979, S. 52.

[238] Ebenda, S.53. Auch Veblen konstatiert hierzu:" *There is room for much more than a vague doubt that this cult of science is not altogether a wholesome growth – that the unmitigated quest for knowledge, oft this matter-of-fact kind, makes for race-deterioration and discomfort on the whole, both in its immediate effects upon the spiritual life of mankind, and in the material consequences that follow from a great advance in matter-of-fact knowledge.*" Veblen 1990, S. 4. Veblen stellt hier die positiven Effekte des Strebens nach matter-of-fact Wissen in Frage und weist auf deren Auswirkungen auf das intellektuelle Leben der Menschen hin. Ich übersetze das von Veblen angesprochene *„spiritual"* mit intellektuell und nicht mit dem, manchem vielleicht näherliegend erscheinendem spirituell oder geistig, da es mir in dem von Veblen behandelten Kontext von Wissenschaft (*„matter-of-fact knowledge"*) passender erscheint.

[239] Lindenberg schreibt hierzu: *„Mathematische bzw. formale Strukturen sind bei der Systematisierung hochkomplexer (theoretischer) Sachverhalte sehr leistungsfähig, doch erfordern sie ein hohes Maß an Urteilskraft bei ihrer Anwendung und Interpretation, wenn die Reduktion nicht zum Reduktionismus verkommen soll. Deshalb sind formaler und verbaler, `literarischer` Forschungsstil keine Substitute, sondern Komplemente.*" Lindenberg 1991, zitiert in Suchanek 1994, S. 71. Vgl. hierzu auch Wöhe 1990, S. 37. Vgl. außerdem zu der Problematik von mathematischen Modellen innerhalb von Realwissenschaften, Roth 2009, S. 113.

die der Homogenitätsannahme, nicht mehr hinterfragt werden. Der Schritt von einer analytisch-deskriptiven zu einer normativ-präskriptiven Wissenschaft ist damit vollzogen und dabei jedoch als sehr fragwürdig zu betrachten.[240]

Die Konsequenzen aus dieser Normativität und Präskriptivität der Wirtschaftswissenschaften kommen im Umgang mit den bereits mehrfach erwähnten Herausforderungen an Wirtschaft und Gesellschaft zum Tragen. So weist MALIK auf die vielleicht gefährlichste Schwäche der Wirtschaft als Praxis und Wissenschaft hin, die seines Erachtens nach noch viel zu wenig erkannt ist: Die Ausbildung der meisten Manager vermittelt zum überwiegenden Teil Wissen und Methoden, die an stabile Jahrzehnte angepasst waren. Kaum ein Manager hatte die Möglichkeit Erfahrungen im Umgang mit Krisen und Turbulenzen zu sammeln.[241] Die normative und unreflektierte Anwendung des gelernten Wissens kann so zu Problemen führen:

„Wir sind also alle zu einem erheblichen Teil Meister im Schönwettersegeln und sind schlecht bis gar nicht gewappnet für stürmische Gewässer." [242]

Und auch Dirk BAECKER stellt fest, dass die Betriebswirtschaftslehre üblicherweise das Unbestimmte ausschließt. Zur Bewältigung der anstehenden und auch bereits jetzt schon vorhandenen Herausforderungen wird es allerdings notwendig sein, es einzuschließen.[243] Die bestehenden Muster der BWL allerdings ignorieren diese überwiegend, und fördern durch die ihnen immanente Homogenitätsannahme Gleichförmigkeit. Die daraus resultierende Problematik beschreibt COURVILLE folgendermaßen:

„Management – eine Wissenschaft? Natürlich nicht. Das ist bloß ein Papierkorb voller Rezepte für das Tagesgericht während weniger Jahre des Überflusses und des Wirtschafts-

---

[240] Vgl. Wächter/ Vedder/ Führing, 2003, S. 12 sowie Manstetten/ Faber 1997, S. 124 und auch Beckert 1997, S. 27.

[241] Vgl. Malik 1994, S. 16. Malik spricht damit den wichtigen Aspekt der Historizität von Wissen, vor allem bezogen auf Fach- und Methodenwissen an.

[242] Malik 1994, S. 16.

[243] Vgl. Baecker 2007, S. 21.

wachstums. Jetzt passen die Rezepte nicht mehr, und die Unternehmen, die sie weiterhin benutzen, werden verschwinden."[244]

Muster in den Wirtschaftswissenschaften befördern durch die ihnen immanente Homogenitätsannahme und Standardisierung Gleichförmigkeit.

Eine normative und unreflektierte Anwendung dieser Muster führt zu Problemen bei der Bewältigung aktueller Herausforderungen.

Die vorausgehend beschriebenen Muster der Wirtschaftswissenschaften lassen sich überwiegend einer Strategie der Komplexitätsreduktion zurechnen, die entsprechend auf ein Bekämpfen des *Übels Komplexität* abzielt. Es lassen sich in diesen konventionellen Kalkülen Reaktionsmuster beobachten, insbesondere in Form von Strategien der Simplifizierung und eines *Mehr desselben*[245]. Wenn man diese, insbesondere im Kontext wirtschaftlicher und sozialer Systeme, zu kurz greifenden Strategien überwinden will, muss Komplexität allerdings anders gesehen werden. Um dies mit den Worten von Heinz von FOERSTER zu sagen:

„Wenn wir aber anfangen einander zu trivialisieren, dann werden wir nicht nur alle bald blind sein, wir werden vielmehr blind gegenüber unserer Blindheit sein. Wechselseitige Trivialisierung reduziert die Anzahl der Lebensmöglichkeiten, ist also dem ethischen Imperativ[246] [...] *direkt entgegengesetzt. Die uns gestellte Aufgabe ist vielmehr: Enttrivialisierung."*[247]

---

[244] Courville 1994 zitiert nach Saul 1997, S. 139. Saul selbst stellt plakativ fest, dass die Wirtschaftstheorie spektakulär erfolglos ist ihre Thesen und Lehrmeinungen auf die Lebenswirklichkeit anzuwenden. Er konstatiert: *„Sie gingen* [...] *im Großen und Ganzen daneben."* Saul 1997, S. 10.

[245] Vgl. Wüthrich, 2005. Watzlawick beschreibt dieses Prinzip des *Mehr desselben* als wirkungsvolles „Katastrophenrezept", das unreflektierte Festhalten an einst erfolgreichen Strategien zur Problembewältigung, die allerdings im Laufe der Zeit an Wirkung verloren haben. Der Verlust der Wirkung liegt in der Vergangenheitsorientierung dieses Mechanismus: Die zur Zeit der Strategieentwicklung vorherrschenden Umstände verändern sich im Laufe der Zeit; die einmal entwickelten Strategien werden aber beibehalten. Watzlawick erkennt hier eine zweifache Blindheit der Menschen: Es wird nicht erkannt, dass die einmal gewählte Strategie nicht mehr passend ist und zweitens, dass es überhaupt andere mögliche Strategien neben der bestehenden gibt und immer schon gab. Vgl. hierzu Watzlawick 1999, S. 27 ff.

[246] Der ethische Imperativ nach Foerster lautet: *„Handle stets so, daß die Anzahl der Wahlmöglichkeiten größer wird!"* Vgl. Foerster 1993, S. 234.

[247] Ebenda, S. 252.

Die Wirtschaftswissenschaften sind insofern als Teil der Sozialwissenschaften, unter Berücksichtigung der eben gemachten Ausführungen, anders zu sehen als die dem kritischen Rationalismus zugrundeliegenden Naturwissenschaften.[248]

Im folgenden Abschnitt möchte ich eine Alternative im Umgang mit Unsicherheit aufzeigen die im Widerspruch zu den üblichen Handels- und Denkstrategien der Managementpraxis und -theorie steht.

1.6.4 Komplexitätserhöhung - Eine Alternative im Umgang mit Ungewissheit

Die im obigen Zitat geforderte Enttrivialisierung kommt einer Komplexitätserhöhung gleich, folgt man FOERSTER im Verständnis derselben als Erhöhung der Lebens – bzw. Handlungsmöglichkeiten. Diese steht im Gegensatz zu der im bisherigen Verlauf dargestellten Komplexitätsreduktion die sich in einer Pfadabhängigkeit von Handlungen von bisher gemachten Erfahrungen bzw. Mustern manifestiert und so zu Gleichförmigkeit führt.[249]

ASHBY schließt sich dem Verständnis von FOERSTER an, indem er Vielfalt als eine Menge von Möglichkeiten betrachtet.[250] Vielfalt lässt sich demnach als eine Verdichtung von Komplexität verstehen.[251] Im weiteren Verlauf möchte ich dieses Verständnis von Vielfalt meinen nachfolgenden Ausführungen zugrunde legen.

Vielfalt ist eine Menge von Möglichkeiten.

Diese Art von Vielfalt halte ich, wie bereits dargelegt, für wertvoll und notwendig. Die Erhöhung der Menge der Handlungs- und Denkmöglichkeiten im Kontext von Management mit ihren primären Aufgabenfeldern Entscheiden und Problemlösen unter den heutigen Anforderungen ist erforderlich, um anpassungs- und somit überlebensfähig sein zu können.

---

[248] Vgl. Abel 1983, S. 2. Zu der Problematik der Unterteilung der Wissenschaften sowie der Zuteilung ihrer Gegenstandsbereiche vgl. auch Konegen/ Sondergeld 1985, S. 23 f. sowie Diefenbach 2003, S. 214 ff.

[249] Vgl. Kap. 1.6.3.

[250] Vgl. Ashby 1974, S. 207.

[251] Ich möchte an dieser Stelle nochmals auf die Beschreibung Probsts von Komplexität hinweisen. Er konstatiert dass komplexe Systeme *„viele verschiedenartige Elemente enthalten, die untereinander reich verknüpft sind und sich in Beziehungen, Interaktionen und Elementen stets verändern."* Probst 1992, S. 22. Vgl. hierzu auch Kap. 1.6.3 in dieser Arbeit.

Insofern machen die heutigen Bedingungen des Managements von Organisationen mehr Vielfalt notwendig.[252] Die permanent diagnostizierte steigende Dynamik und Komplexität in den Unternehmensumwelten bei gleichzeitiger Unsicherheit erfordern immer mehr intelligente Lösungen und Flexibilität bei der Entscheidungsfindung.[253] Diese Aussage untermauert Ashby mit seinem Gesetz der erforderlichen Varietät.[254]

Ashbys Law

„Ein System kann sich in einem komplexen Umfeld nur dann erfolgreich auf ein Ziel ausrichten, wenn es der Umfeld- bzw. Außenkomplexität mit einer entsprechenden System- bzw. Binnenkomplexität begegnet."[255]

Um nun das Gesetz der erforderlichen Varietät deutlicher zu machen möchte ich einen kurzen Einblick in die Überlegungen von W. Ross ASHBY geben. Er leitet es anfänglich am Beispiel eines Spieles her. Die Basis hierfür bildet folgende Tabelle:

---

[252] Vgl. hierzu auch Sprenger 2000, S. 57 und insbesondere S. 208 f.

[253] Vgl. hierzu auch Wüthrich 2005, S. 299 sowie Wüthrich/ Osmetz/ Philipp 2004, S. 10.

[254] Bereits 1956 formulierte W. Ross Ashby das Gesetz der erforderlichen Varietät. Der Ausdruck Varietät ist als Synonym zu Vielfalt zu verstehen.

[255] Vgl. Ashby, 1974, S. 298 ff. Er leitet dieses für diese Arbeit grundlegende Gesetz im Kontext seiner *Einführung in die Kybernetik* her. Vgl. ebenda. Welche Bedeutung die Kybernetik und die Arbeit von Ashby in diesem Rahmen hat lässt sich bereits am Begriffs der Kybernetik aufzeigen: Ihr zentrales Thema ist die Regelung und Steuerung von Systemen. Der Begriff der Kybernetik leitet sich vom altgriechischen κυβερνήτης kybernétes = Steuermannskunst ab. Sie ist als Lehre von den Regelungs- und Steuerungsmechanismen zu verstehen. Vgl. Kluge 2002, S. 550. Diese Definition zeigt die Relevanz für das Management von Organisationen auf, kann man doch Problemlösen und Entscheiden als strategische Elemente der Steuerung von Organisationen betrachten. Und auch ein anderer wesentlicher Aspekt der Kybernetik hebt ihre Bedeutung für die Thematik dieser Arbeit hervor, nämlich die Frage nach den Gründen für die Beschränkung von Möglichkeiten. Ashby formuliert diese wie folgt: *„Kybernetik sucht nach der Gesamtheit in all ihrer möglichen Vielgestalt und fragt dann, warum die tatsächlichen Geschehnisse sich auf einen Bruchteil der gesamten Möglichkeiten beschränken."* Ashby 1974, S. 193. Damit lässt sich der Interessensgegenstand der vorliegenden Arbeit sehr gut in den Bereich der Kybernetik einbetten.

AUSGANGSTABELLE ASHBY

		R		
		α	β	γ
	1	f	f	k
	2	k	e	f
	3	m	k	a
D	4	b	b	b
	5	c	q	c
	6	h	h	m
	7	j	d	d
	8	a	p	j
	9	l	n	h

Abb. 1 – 8[256]

Ziel des Spieles ist das Erreichen eines bestimmten Ergebnisses, konkret eines bestimmten arabischen Buchstabens; d.h. die Vielfalt[257] des gewünschten Ergebnisses soll eins sein.

Die Buchstaben D und R repräsentieren die Spieler, die nacheinander Züge vornehmen. D zieht zuerst und bestimmt somit eine Reihe aus 1 bis 9. R folgt mit seinem Zug, in Kenntnis des Zuges von D, und versucht auf diese Weise das gewünschte Ergebnis, bspw. k zu erreichen.[258] Dies lässt sich als Transformation wie folgt darstellen:

---

[256] Eigene Darstellung, in Anlehnung an Ashby 1994, S. 297.

[257] Der Begriff der Vielfalt bezieht sich im Konzept Ashbys zum Einen auf die Vielfalt von Möglichkeiten (Anzahl der Zugmöglichkeiten: D hat neun Möglichkeiten, R hat drei Möglichkeiten), und zum Anderen auf die Anzahl der möglichen oder erwünschten Ergebnisse: Im obigen Beispiel ist die erwünschte Vielfalt gleich eins.

[258] Stellt nun k das gewünschte Ergebnis dar und D würde die Reihe 1 wählen, so müsste R folglich die Spalte γ wählen, um dieses Ziel zu erreichen. Es fällt auf, dass in der obigen Tabelle Reihen vorkommen, die das Element k nicht beinhalten, dies ist dem Umstand geschuldet, dass keine Spalte einen Buchstaben mehrfach enthält. Ashby wählte bewusst diese Form der Tabelle, um allgemeine Feststellungen als Ableitung aus dem beschriebenen Spiel zuzulassen. Dieser Typ von Tabelle lässt eine präzise Feststellung der Schritte und Ergebnisse zu und ist zugleich so allgemein gestaltet, um interessant genug zu sein. Als uninteressant kategorisiert Ashby Tabellen die das Spiel für R zu einfach machen, bspw. in einer Spalte Wiederholungen enthalten; so müsste R in seinen Zügen keine Vielfalt einbringen, um das gewünschte Ergebnis zu erreichen. So enthält auch die obige Tabelle in ihren Spalten keine Wiederholungen.

↓	1	2	3	....	9
	γ	α	β	....	α

Das Ergebnis dieser Transformation, bezogen auf die obige Tabelle, ist:

(1,γ) (2,α) (3,β) (...) (9, α)

k k k ... l

Es wird ersichtlich, dass das gewünschte Ergebnis k nur in den ersten drei Spielzügen erreicht werden kann. Dies ist der Tatsache geschuldet, dass in der verwendeten Tabelle keinerlei Wiederholungen in den Spalten vorkommen. Da R nur drei Spalten zur Verfügung hat, D allerdings neun Reihen, muss R ab dem vierten Zug demzufolge seinen Zug aus den drei Spalten wiederholt auswählen.

Diese Feststellung lässt sich in allgemeiner Form folgendermaßen formulieren:

$$\text{Vielfalt der Ergebnisse} = \frac{\text{Vielfalt von D}}{\text{Vielfalt von R}}$$

D.h. die Vielfalt der Ergebnisse kann nicht geringer sein als die Vielfalt der Züge von D dividiert durch die Vielfalt der Züge von R. Im obigen Beispiel also $^9/_3$. Wenn nun aber R immer denselben Zug macht, d.h. die Vielfalt in den Zügen R´s eins ist, so entspricht die Vielfalt in den Ergebnissen der Vielfalt in den Zügen D´s ($^9/_1 = 9$). Macht R hingegen zwei verschiedene Züge, so kann er die Vielfalt in den Ergebnissen halbieren ($^9/_2 = 4{,}5$).

Die Folgerung daraus ist, dass die Vielfalt von R auf ein notwendiges Minimum ansteigen muss, wenn die Vielfalt in den Ergebnissen auf ein bestimmtes Maß reduziert werden soll. D.h. nur Vielfalt in den Zügen R´s kann die Vielfalt in den Ergebnissen senken. Noch allgemeiner formuliert:

„Nur Vielfalt kann Vielfalt zerstören."[259]

---

[259] Ashby 1974, S. 299.

Das ist das Gesetz der erforderlichen Vielfalt von ASHBY in seiner allgemeinen Form.

Um es nun in den Kontext der allgemeinen Regelungs- und Steuerungstheorie, dem Kernfeld der Kybernetik, einzubetten bedient sich ASHBY einer stark vereinfachten Darstellung eines Systems[260].[261]

SYSTEMSTEUERUNG NACH ASHBY

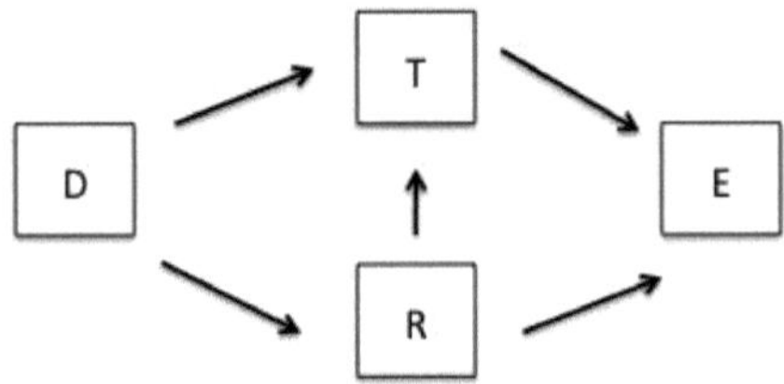

Abb. 1 – 9[262]

Das Ziel des Systems ist es, Ergebnisse innerhalb einer gewünschten Bandbreite zu erzielen, welche mit den Überlebensbedingungen des Systems, bspw. einer wirtschaftlich agierenden Organisation korrelieren. Mit anderen Worten, die Organisation soll handlungs- und überlebensfähig sein.

D stellen Störungen dar, die drohen, die Ergebnisse so zu beeinflussen, dass sie unverträglich für die Organisation sind. T stellen die inneren Verhältnisse oder die Umwelt dar, mit denen der Regler zu rechnen hat. R muss seine Werte in diesem Kontext und im Verhältnis zu D so wählen, dass die Ergebnisse sich in der notwendigen Bandbreite befinden.

260 Systeme, oder Maschinen, wie Ashby sie bezeichnet, können jedweder Art sein, z.B. elektronisch, mechanisch, neural oder ökonomisch; vgl. ebenda, S. 16.

261 Vgl. ebenda, S. 302 ff.

262 Eigene Darstellung in Anlehnung ans Ashby 1974, S. 303.

Ein guter Regler zeichnet sich demnach dadurch aus, dass er den Fluss der Vielfalt von den Störungen D zu den Ergebnissen E blockiert und somit nur erwünschte Ergebnisse zulässt. Anders ausgedrückt, er reduziert die Vielfalt in den Ergebnissen. Die Überlebensaussichten des Systems sind umso größer, je besser der Regler arbeitet. Das Überleben eines Systems kann so mit Erhaltung von dessen Stabilität gleichgesetzt werden.[263]

Für die Übertragung auf reale Systeme, konkret bezogen auf den Kontext dieser Arbeit, bedeutet dies die Überlebens- und damit Handlungsfähigkeit von Organisationen innerhalb unsicherer Umwelten. Um diese erhalten zu können, müssen Organisationen ihre eigene Binnenkomplexität erhöhen. Der Faktor Vielfalt hat demzufolge auch im Bereich des Managements sozialer Systeme eine Relevanz. Konkret steht hier die Funktion einer Verbesserung der Problemlösungsfähigkeit und Entscheidungsfindung im Vordergrund. Vorherrschende gleichförmige Denkweisen und die Anwendung stereotyper Instrumente führen allerdings oftmals zum Gegenteil. Vielfalt wird somit notwendig, um bessere und andere – vor allem aber ganzheitliche – Lösungen entwickeln zu können. Sie hat also durchaus eine ökonomische Bedeutung.

Vielfalt ist unmittelbar relevant und nutzenstiftend für die Ökonomie.

Aufbauend auf dieser Erkenntnis, die nun impliziert, dass auch Gleichförmigkeit eine Rolle für die Ökonomie spielt, soll im folgenden Kapitel der Begriff der kognitiven Institution eingeführt werden.

---

[263] Vgl. Ashby 1974, S. 285.

2. THEORETISCHE ANALYSE DER KOGNITIVEN INSTITUTION

„Ein Individuum nimmt erst dann an der Mitgestaltung seines Lebens aktiv teil, wenn es auf Institutionen, die dieses Leben primär formen, aktiv zurückwirkt. Es ist bekannt und braucht hier nicht weiter begründet zu werden, daß jede Einwirkung umso erfolgreicher ist, je besser man den Zusammenhang von Ursache und Wirkung kennt."[264]

In diesem Abschnitt steht die theoretische Betrachtung des Begriffs der kognitiven Institution im Zentrum. Diese Wendung ist bereits im Rahmen der Plausibilisierung des Forschungsgegenstandes thematisiert worden. In diesem Kontext ist darunter ein Mechanismus der Komplexitätsreduktion zu verstehen, der die Anzahl der Handlungsmöglichkeiten durch die Begrenzung des Handlungsrepertoires auf bereits erfolgreich angewendete Strategien begrenzt. Diese unbewussten und unreflektierten Denk- und Handlungsmuster können im Sinne einer Manifestation der Pfadabhängigkeit von bisher gemachten Erfahrungen als kognitive Institutionen verstanden werden. Diese erste Begegnung mit dem Begriff der kognitiven Institution beschränkt sich allerdings vornehmlich auf den Kontext der Betriebswirtschaftslehre.[265]

Um nun die Perspektive weiter zu machen soll der Begriff der kognitiven Institution näher betrachtet werden. Diese Untersuchung dient vor allem dem Zweck, die Relevanz des Begriffs für die Gesamtgesellschaft, sowie dessen Auswirkungen auf die Bildung von Gleichförmigkeit zu beleuchten. Dies soll mittels einer disziplinenübergreifenden Vorgehensweise geschehen. Dabei steht im ersten Schritt der allgemeine Begriff der Institution im Vordergrund. Im weiteren Verlauf wird der organisationstheoretische Begriff der kognitiven Institution genauer betrachtet.

---

[264] Balzer 1993, S. 3 f.

[265] Der Begriff der kognitiven Institution ist der Organisationstheorie als Teilbereich der Betriebswirtschaftslehre entnommen. Vgl. hierzu insbesondere den Abschnitt 2.3.

Diese Art des Vorgehens halte ich aus zweierlei Gründen für notwendig: Erstens scheint die Klärung des Begriffs der kognitiven Institution ein nicht triviales Unterfangen zu sein, kommen dort doch zwei komplexe Begriffe zusammen, deren Zusammenhang sich auf den ersten Blick kaum erschließen lässt. Zweitens ermöglicht diese etappenweise Praxis mein eigenes Vorverständnis von Institutionen im Allgemeinen und kognitiven Institutionen im Besonderen zu erweitern. Damit lässt sich eine Grundlage für die darauffolgende weiterführende interdisziplinäre Betrachtung von kognitiven Institutionen und insbesondere für die Einbettung des Begriffs in einen disziplinenübergreifenden Zusammenhang schaffen.[266]

2.1 Kognitive Institutionen – eine Begriffsbestimmung[267]

Der Institutionsbegriff unterliegt bzgl. seines Bedeutungsinhaltes, abhängig vom Kontext der Verwendung, verschiedenen Variationen.[268] Um Klarheit über die Bedeutung des Interessensobjekts zu schaffen ist es im Allgemeinen in wissenschaftlichen Arbeiten üblich ihre Interessensgegenstände einer Definition zu unterziehen, um ein gemeinsames Begriffsverständnis zu schaffen und damit die Nachvollziehbarkeit der vorgenommenen Untersuchung zu gewährleisten. Der in dieser Arbeit vorliegende Gegenstand des Interesses, die kognitive Institution, bedarf sicherlich auch einer Begriffsklärung, da er vermutlich kein vertrauter Terminus für die meisten Leser darstellen dürfte. Ziel ist es ein Verständnis für ihn zu entwickeln, vor allem vor dem Hintergrund, dass *Institutionen* vermutlich zwar als Begriff geläufig sind, das genaue Verständnis und die Bedeutung aber differieren können[269]

---

[266] Innerhalb dieser weiterführenden interdisziplinären Betrachtung von kognitiven Institutionen ist ein fundiertes Verständnis dieses Begriffs auch aus folgendem Grund von wesentlichen Bedeutung: Die kognitive Institution ist als solche nur in der Organisationstheorie ein stehender Begriff. Innerhalb der anderen von mir zur Analyse herangezogenen Disziplinen werden, wie sich im Verlauf der Arbeit zeigen wird, völlig andere Bezeichnungen für dieses Phänomen verwendet. Aus diesem Grund und auch weil dem informierten Leser der Begriff womöglich nicht geläufig sein dürfte, halte ich es für absolut notwendig, an dieser Stelle eine ausführliche Annäherung vorzunehmen.

[267] Nach Dubislav ist eine Begriffsbestimmung als eine Konstruktion eines neuen Begriffs aus bereits bekannten Bestandteilen zu verstehen. Vgl. Dubislav 1981, S. 113.

[268] So werden im Allgemeinen unter einer Institution fest installierte gesellschaftliche Einrichtungen verstanden, wie bspw. Schulen oder Polizei. Vgl. Kaduk 2002 S. 69.

[269] Vor dem Hintergrund des Konstruktivismus als dieser Arbeit zugrunde gelegten Erkenntnistheorie kann man grundsätzlich nicht davon ausgehen, dass ein Begriff von unterschiedlichen Personen exakt gleich verstanden wird.

und vor allem die Bedeutung des Präfixes *kognitiv* in diesem Zusammenhang insbesondere zu klären ist.[270]

DUBISLAV zufolge müssten, um den Begriff der kognitiven Institution definieren zu können, seine beiden Grundbegriffe *kognitiv* und *Institution* jeweils für sich klar und deutlich bekannt sein und eindeutig beschrieben werden können.[271] Daher stellt sich an dieser Stelle die Frage:

Lässt sich der Begriff der kognitiven Institutionen überhaupt eindeutig definieren?[272]

Da der Wortgebrauch des Begriffs der kognitiven Institution als solche nur in der Organisationstheorie beheimatet ist, unterliegt er einer absoluten Kontextabhängigkeit.[273] Aus diesem Grund halte ich es für erforderlich an dieser Stelle eine andere Art der begriffsinhaltlichen Annäherung als die einer Definition[274] vorzunehmen.

---

[270] Zur Bedeutung des Begriffs per se, siehe Durkheim 1981, S. 577 ff.

[271] Dubislav führt diesbezüglich Folgendes aus: *„Da man bei der synthetischen Definition eines Begriffes auf andere Begriffe zurückgreifen muß und infolgedessen bei Fortsetzung des Definitionsverfahrens hinsichtlich dieser Begriffe usw. schließlich auf die Grundbegriffe stößt, die bei derartigem Vorgehen als gegeben hingenommen werden müssen, erhebt sich die Frage, wenn man innerhalb einer Wissenschaft überhaupt definieren will, ob einem die Grundbegriffe derselben auch hinreichend bekannt sind, und also auch tatsächlich als klare und deutliche hingenommen werden können. Nur in dem Falle nämlich, in welchem diese Annahme zutrifft, ist das Definieren am Platze.".* Dubislav 1981, S. 13. Er führt weiter dazu aus, dass: *„Nur innerhalb derjenigen Wissenschaften also, bei denen über die Grundlagen, jedenfalls soweit auf dieselben zum Definieren zurückgegriffen werden müßte, keine Zweifel bestehen, kann ein definitorisches Vorgehen am Platze sein."* Ebenda. Damit verweist er auf Disziplinen der Naturwissenschaften wie bspw. der Mathematik, Physik oder Chemie und schließt gleichzeitig Kulturwissenschaften wie auch die Wirtschaftswissenschaften als für Definitionen geeignet aus.

[272] Opp stellt diesbezüglich fest: *„Kennt man nicht die Kriterien, die eine Definition erfüllen soll, so kann ihre Fruchtbarkeit auch nicht beurteilt werden."* Opp 1983, S. 2. Denn obwohl der Prozess des Definierens gerade in der Wissenschaft üblich ist und auch erwartet wird, herrscht augenscheinlich, sieht man etwas genauer hin, kein übereinkommender Konsens darüber, was eine Definition genau ausmacht: *„Darüber was eine ‚Definition' sei, herrscht nicht nur unter den Logikern Streit, sondern auch die Mathematiker, Physiker und Juristen, und von anderen zu schweigen, sind sich darüber nicht einig."* Dubislav 1981, S. 1. Vgl. hierzu auch Rickert 1929, S. 1.

[273] Vgl. hierzu Kappler 2006, S. 113. Diese Schwierigkeit konnte ich selbst auch besonders deutlich während manchem Interview zu der vorliegenden Arbeit erleben. So wurde der Begriff der kognitiven Institutionen der aus der Organisationstheorie, also der Betriebswirtschaftslehre, entnommen wurde, als in der eigenen Disziplin der Interviewpartner als unbekannt teilweise rigoros abgelehnt und die Diskussion um den Begriffsinhalt so deutlich erschwert.

[274] In der Betriebswirtschaftslehre kann man primär das Definieren als einen Prozess des Festsetzens beobachten, im Gegensatz zum Feststellen, in dem man einem neu einzuführenden Begriff seine Bedeutung willkürlich zuweist. Vgl. Kappler 2006, S. 109. Kappler schreibt zum Zwecke der Thematisierung des Definierens im Kontext der Betriebswirtschaftslehre außerdem: *„Mit dem Erwecken eines Misstrauens gegen das Definieren soll erreicht werden, dass Menschen, die sich mit Betriebswirtschaftslehre befassen,*

2.1.1 Deixis

KAPPLER zufolge steht hierfür das deiktische Verfahren[275] als Alternative zur Verfügung.[276] Die deiktische Vorgehensweise räumt dabei der Bedeutung der Kontextabhängigkeit der betrachteten Begriffe eine weitaus größere Beachtung ein. Unter Berücksichtigung der Feststellung, dass der Begriff der kognitiven Institution lediglich innerhalb der Organisationstheorie ein stehender Begriff ist und verweisend auf die Feststellung, dass Wörter keine statische Bedeutung haben, sondern abhängig vom jeweiligen sprachlichen und gedanklichen Zusammenhang in dem sie auftreten, ihren Sinn modifizieren, scheint damit eine deiktische Annäherung an den Begriff der kognitiven Institution sinnvoll.[277] NIETZSCHE fasst dies folgendermaßen zusammen:

„Ehemals definierte man, weil man glaubte, daß jedem Worte, Begriffe eine Summe von Prädicaten innewohne, welche man nur herauszuziehen brauche. Aber im Worte steckt nur eine sehr unsichere Andeutung von Dingen: man definiert vernünftiger Weise nur, um zu sagen, was man unter einem Worte verstanden wissen will und überläßt es jedem, sich den Sinn eines Wortes neu abzugrenzen: es ist unverbindlich.“[278]

Sicherlich entsteht durch diese fehlende Verbindlichkeit der Nachteil, dass einiges im Dunklen bleibt und somit eine Orientierung an eindeutigen Begrifflichkeiten unmöglich wird.[279] Allerdings glaube ich, dass dieser Nachteil als vertretbar einzuschätzen ist, wenn man bedenkt, dass damit die Möglichkeit eröffnet wird, eine interdisziplinäre Perspektive[280]

---

wirklich zu selbständigen und autonomen, denkenden Menschen werden, wovon sonst immer nur phrasenhaft gesprochen wird, und dass diese Menschen von Anbeginn darüber sich klar werden, wie sehr Betriebswirtschaftslehre-Denke das Gegenteil zu der Tätigkeit von Denk-Beamten ist.“ Ebenda, S. 121.

[275] Deixis ist griechisch und bedeutet soviel wie *etwas Zeigen* bzw. meint *die hinweisende Funktion eines Wortes in einem Kontext.* Vgl. Duden 2005, S. 208.

[276] Kappler verweist auf die zwei grundlegenden Möglichkeiten der Begriffsbestimmung. Zum einen die Bestimmung eines Begriffs, des Subjekts, durch andere Begriffe, die Prädikate. D.h. die Bestimmung des einen Begriffs ist vollständig durch die Verwendung anderer Begriffe abhängig. Zum anderen das deiktische Verfahren. Kappler zeichnet es ausdrücklich als gleichberechtigt aus.

[277] Vgl. hierzu auch Förster 2012, S. 98 f.

[278] Nietsche 1923, zitiert nach Adorno 1973, S. 25.

[279] Vgl. Kappler 2006, S. 125.

[280] Dabei spiegeln die jeweiligen disziplinären Zusammenhänge die verschiedenen deiktischen Kontexte wider.

auf ein gesamtgesellschaftliches[281] Phänomen zu werfen dem das Interesse dieser Arbeit gilt. Um dieses Ziel zu erreichen muss allerdings die interdisziplinäre Betrachtung des Begriffs immer auf die jeweiligen relevanten Disziplinenkontexte und Erfahrungsbereiche rekurrieren.[282] Damit schließt das deiktische Vorgehen konkrete Erfahrungswelten innerhalb der jeweiligen Kontexte in die Begriffserkenntnis mit ein und der Versuch diese zu rekonstruieren und zu verstehen ermöglicht einen wesentlichen Schritt des Lernens von Bedeutungen.[283] Denn letztlich geht es um die Betrachtung und ein besseres Verständnis eines Phänomens und nicht eines Begriffs oder Worts.

2.1.2 Ausblick auf weiteres Vorgehen

Der Begriff der kognitiven Institutionen besteht so nur in der Organisationstheorie als Teilbereich der Wirtschaftswissenschaften und bezeichnet m. E. Aspekte eines gesamtgesellschaftlich relevanten Phänomens. Verweisend auf die eben gemachten Ausführungen sowie auf die disziplinenübergreifende Bedeutung des Themas dieser Arbeit möchte ich im Folgenden eine interdisziplinäre Perspektive für diese Arbeit einnehmen. Um dieses Vorhaben anzugehen, werde ich im Folgenden versuchen mich dem Begriff der *Institution* als solchem anzunähern und anschließend daran die Bedeutung des Attributs *kognitiv* im Kontext der Wirtschaftswissenschaften zu beleuchten.[284]

---

281 Die gesamtgesellschaftliche Relevanz erhält ihren Rahmen mit der Ausrichtung der Arbeit an einem gesellschaftlichen Primat der Wirtschaft und dessen Einfluss auf die Entstehung von Gleichförmigkeit auf gesellschaftlicher Ebene. Durch die Funktion der Wirtschaft als einer Teilfunktion der Gesellschaft legitimiert sich, bzw. bedingt sich, m. E. nach sogar die Eröffnung einer interdisziplinären Perspektive.

282 Adorno verdeutlicht dies konkret an folgendem Beispiel: *„Wenn Sie also jemanden dessen versichern wollen, was rot heißt, dann nützt es Ihnen gar nichts, wenn Sie das irgendwie begrifflich zu bestimmen suchen. Es nützt Ihnen auch nichts, wenn Sie dabei rekurrieren auf die Rot-Grün-Prozesse, die im Auge statthaben; denn Sie können noch so schön die Theorie der verschiedenen Farbprozesse im Auge kennen, wenn Sie farbenblind sind, können Sie deshalb trotzdem den Unterschied von rot und grün nicht wahrnehmen. Um also einem Menschen den Begriff rot, wenn anders das ein Begriff im prägnanten Sinne ist, zu verdeutlichen, müssen Sie zum Beispiel auf einen der roten Jumper hindeuten, die einige der in dem Saal anwesenden Damen tragen, und müssen sagen: also diese Farbe innerhalb einer gewissen Zone – in der sie sich abgrenzt, etwa auf der einen Seite von violett und auf der anderen von orange – verstehen wir unter rot."* Adorno 1973, S. 11.

283 Vgl. Förster 2012, S. 99.

284 Der Begriff der kognitiven Institution ist aus dem Neoinstitutionalismus, einem Teilbereich der Organisationstheorie entnommen. Das Attribut kognitiv bedarf an dieser Stelle daher einer Bedeutungs-

Im anschließenden Kapitel sollen aus den als relevant identifizierten Disziplinen Begriffsäquivalente zu den kognitiven Institutionen betrachtet werden, um ein besseres und umfassenderes Verständnis derselben zu erhalten. Die Perspektive der eigenen Disziplin soll damit geweitet werden und das Verständnis des Konstrukts der kognitiven Institutionen verbessert werden. Insbesondere sollen dabei Ermöglichungsbedingungen für die Ausbildung von kognitiven Institutionen untersucht werden.

2.2 Der Begriff der Institution

Für eine erste Annäherung an den Begriff der Institution halte ich eine Betrachtung der etymologischen Wurzeln für einen vielversprechenden Ansatz. Denn gerade dem Ausdruck Institution werden mehrfach Bedeutungen zugeschrieben, die sich bereits in der lateinischen Wurzel[285] des deutschen Wortes widerspiegeln. So wird zum einen unter einer Institution eine gesellschaftliche *Einrichtung*, z.B. eine Organisation wie das Rote Kreuz oder eine Universität verstanden, was dem umgangssprachlichen Verständnis entspricht. Zum anderen gelten Institutionen als, im weitesten Sinne, soziale Regeln, die historisch gewachsen sowie für die Mitglieder der Gesellschaft verbindlich sind.[286] Sogar in der modernen soziologischen Diskussion, in welche der Begriff primär eingebettet ist, wird diese Zweideutigkeit festgestellt und thematisiert.[287] Thema dieser Arbeit sind kognitive Institutionen und demzufolge Institutionen im letzteren Sinne. Um dies nun konkreter zu machen und ein genaueres Verständnis dafür zu gewinnen, was Institutionen in diesem

---

analyse genau innerhalb dieses Kontextes, da es sich bei der Kombination der beiden Worte um einen stehenden Begriff innerhalb einer bestimmten Disziplin, der Wirtschaftswissenschaften, handelt.

285 Lat. institutio = Anleitung, Einrichtung, Erziehung. Der Begriff ist angelehnt an das lat. *instituere* = hinstellen, aufstellen, einrichten, regeln. Vgl. Kluge 2002, S. 443.

286 Vgl. hierzu genauer Durkheim 1984, S. 91 f. Erlei stellt fest: „*Unter Institutionen versteht man* [...] *Regeln und Regelsysteme inklusive der dazugehörenden Durchsetzungsmechanismen.*" Erlei 2010, S. 75. Erlei differenziert dabei auch, wie im Folgenden gezeigt wird, drei Formen von Institutionen: formale, informelle sowie kognitive Institutionen. Ausführlicher hierzu vgl. den Abschnitt 2.3., insbesondere den Teilabschnitt 2.3.1.3.

287 Hughes stellt bspw. fest: „*The only idea common to all usages of the term institution is that of some sort of establishment of relative permanence of a distinctly social sort*", Hughes 1936, S. 180. Vgl. hierzu auch Meyer/ Boli/ Thomas 2005, S. 18.

Sinne sind und welche Bedeutung sie für die Gesellschaft haben, halte ich es für sinnvoll, die Frage zu stellen:

Wie entstehen Institutionen?[288]

Diese Frage beinhaltet zwei Komponenten. Zum einen die Frage nach den Ermöglichungsbedingungen von Institutionen im allgemeinen, und zum anderen nach der Entstehung konkreter Institutionen. Im Folgenden wird beiden nachgegangen.

2.2.1 Der allgemeine Institutionenbegriff

Um die obenstehende Frage nach den Ermöglichungsbedingungen zu beantworten, ist es notwendig, die Natur des Menschen zu betrachten. Denn Institutionen liegen in dieser begründet und sind als solche für uns *natürlich*.[289] Jeder Mensch, der in eine Gesellschaft dieser Welt geboren wird, wird von Beginn seines Lebens an mit sozialen Regeln und Mustern unterschiedlichster Art konfrontiert, eignet sich diese an und wird von ihnen sein Leben lang begleitet.[290] Die Etablierung dieser Regeln kann sich bis zur Generierung einer Selbstverständlichkeit auswachsen, so dass sie nicht mehr als solche wahrgenommen werden. Diese Selbstverständlichkeit ist ein wesentlicher Grund für die Beständigkeit von Institutionen im Allgemeinen und von kognitiven Institutionen[291] im Besonderen sowie für ihren Einfluss auf unser Denken und Handeln. Die Gründe für ihre Entstehung liegen, wie oben bereits angedeutet, in der *Besonderheit des Menschseins* und sind damit sowohl in der anthropologischen[292] als auch in der ontogenetischen[293] Entwicklung des Menschen zu suchen.[294]

---

[288] Ausführlicher zu den Ursprüngen der Institutionalisierung, vgl. Berger/ Luckmann 1980, S. 58 ff.
[289] Vgl. hierzu ausführlicher die folgenden Ausführungen.
[290] Vgl. Berger/ Luckmann 1980, S. 58 ff.
[291] Ausführlicher zu kognitiven Institutionen im weiteren und speziell im Kapitel 2.3.
[292] Die Anthropologie ist die Wissenschaft vom Menschen. An dieser Stelle ist vornehmlich der biologische Aspekt gemeint. Vgl. Duden 2005, S. 73.
[293] Die Ontogenese ist die Entwicklung des Individuums. Vgl. ebenda, S. 731.
[294] Bereits an dieser Stelle wird die Notwendigkeit einer interdisziplinären Betrachtung des Themas sichtbar. So bedient sich bspw. die moderne Gehirnforschung offensichtlich an Erkenntnissen aus der Anthropologie sowie aus weiteren Disziplinen wie der Biologie, um die Ontogenese des Menschen erklären zu können

Diese Besonderheit, bzw. die Frage nach dem *Wesen*[295] des Menschen ist, im weitesten Sinne Gegenstand der Humanwissenschaften. Sie umfassen grundsätzlich alle Disziplinen die sich mit dem Menschen beschäftigen und sind dementsprechend sehr unterschiedlich bzgl. ihres konkreten Erkenntnisinteresses.[296] Die unterschiedlichen Foki der einzelnen Fachgebiete, die zwar ein breites Bild des Menschen zeichnen, haben allerdings nicht unbedingt zu einem umfassenden Verständnis des menschlichen Wesens geführt. So stellt z.B. ARLT, unter Bezugnahme auf SCHELER, fest:

„Zu konstatieren ist die wachsende Spezialisierung der Wissenschaften und die unübersehbare Fülle wissenschaftlicher Forschungsergebnisse über den Menschen (moderne Naturwissenschaft, genetische Psychologie, Evolutionstheorie, naturwissenschaftliche Anthropologie) – ‚eine Idee vom Menschen aber besitzen wir nicht'."[297]

Und auch HAEFFNER betont:

„Aber alle Aspekte [des Menschen, Ergänzung EE] *ergeben noch kein einheitliches ‚Bild' des Menschen. Auch hier gilt: Das Ganze ist mehr als die Summe seiner Teile. Was fehlt, ist die Thematisierung dessen, was immer schon vorausgesetzt ist: der einheitliche und ‚lebendige' Erfahrungsbezug und die Weise, wie der Mensch als unhinterfragte Einheit sich handelnd mit der Welt in Beziehung setzt."*[298]

Die Antwort auf die Frage nach dem *Ganzen* des Menschen kann damit durch die Erkenntnisse der Einzelwissenschaften nicht gegeben werden. Diesem Anspruch versucht die Philosophische Anthropologie gerecht zu werden. Diese noch recht junge Disziplin[299] kann damit als *Metadisziplin der Humanwissenschaften* verstanden werden. So formuliert HAEFFNER die Anforderung an die Philosophische Anthropologie als die Auslegung einer Theorie des

---

und damit einen Erklärungsbeitrag für den Menschen leisten zu können. Vgl. hierzu z.B. Hüther 2006. Detaillierter hierzu das Kapitel 3.4.

[295] Der Begriff *Wesen* wird hier wie folgt verstanden: *„Das Besondere, Kennzeichnende einer Sache, Erscheinung, wodurch sie sich von anderen unterscheidet."* Duden 2002, S. 1044.

[296] Auch die Betriebswirtschaftslehre wird verschiedentlich zu den Humanwissenschaften gezählt. Vgl. hierzu Walter-Busch 1996, S. 55.

[297] Arlt, 2001, S. 91.

[298] Arlt 2001, S. 1.

[299] Die Entstehung der philosophischen Anthropologie wird auf Anfang des 20. Jahrhunderts datiert. Vgl. hierzu Arlt 2001, S. 7 f.

Menschen die beinhalten soll, was der Mensch durchschnittlich ist, aber auch was er sein kann und sein soll.[300] Auch ARLT versteht die Philosophische Anthropologie als integrative Metadisziplin, die:

„[...]*die lockeren Fäden* [der einzelnen empirischen Humanwissenschaften, Ergänzung EK] *noch einmal zu einem durablen Gewebe* [verknüpft, Ergänzung EK] [...].“[301]

HAEFFNER konkretisiert dies wie folgt:

„Philosophische Anthropologie ist die explizite Bemühung um ein systematisches und kritisch grundgelegtes Wissen vom Menschen.“[302]

Die Natur des Menschen, das was ihn als solchen ausmacht, stellt also das Erkenntnisinteresse der Philosophischen Anthropologie dar und damit den Ansatzpunkt für meine einleitenden Fragen in diesem Abschnitt:

Was ist das Wesen des Menschen? Warum errichtet er sich Institutionen?

---

[300] Vgl. Haeffner 2000, S. 23. An dieser Stelle wird ersichtlich, inwieweit ein Zusammenhang zwischen den namensgebenden Disziplinen, der Philosophie und der Anthropologie, besteht. Bereits Kant hatte ihn in seiner Logik-Vorlesung festgestellt und formuliert. Demnach lässt sich das Feld der Philosophie auf die bekannten Fragen: 1. *Was kann ich wissen?* 2. *Was soll ich tun?* 3. *Was darf ich hoffen?* 4. *Was ist der Mensch?* bringen. Die erste Frage wird durch die Metaphysik beantwortet, die zweite von der Moral, die dritte von der Religion und die vierte von der Anthropologie. Kant stellt fest, dass im Prinzip alle vier Fragen der Anthropologie zurechenbar sind, da die ersten drei Fragen auf die letztere Bezug nehmen. Vgl. Haeffner 2000, S. 22. Die Anthropologie steht also als Überbegriff über den anderen Disziplinen. Allerdings ist hierbei zu beachten, dass es sich eben um die Philosophische Anthropologie als Metadisziplin handelt, und nicht um eine der zahlreichen Anthropologien der Einzelwissenschaften. Eine Auswahl bestehender Anthropologien gibt bspw. Arlt 2001, S. 5 f. So beschreibt er, wie alle Disziplinen, die sich in irgendeiner Weise mit dem Menschen beschäftigen, ihre eigene Anthropologie beanspruchen. Zur (Aus-)Nutzung des Begriffs, vgl. ebenda, S. 8.

[301] Arlt 2001, S. 20.

[302] Haeffner 2000. S. 17. Haeffner leitet die Bedeutung des Begriffs etymologisch wie folgt her: *„Die Bestandteile des Ausdrucks „Philosophische Anthropologie“ sind der griechischen Sprache entnommen. Philosophie ist das Streben (philía) nach solide begründetem Orientierungswissen (sophía). Der Gegenstand der ‚Philosophischen Anthropologie‘ ist der Mensch (ánthropos), von ihm will man klar und allgemeingültig sagen, was er* ***als solcher*** *[Hervorhebung EE] ist (lógos).“*, ebenda.

2.2.1.1 Ermöglichungsbedingungen für Institutionen: Weltoffenheit und Entlastungsprinzip

Mit diesen obig gestellten Eingangsfragen ziele ich dabei auf die Ermöglichungsbedingungen von Institutionen ab. Die Grundsätzlichkeit dieser Fragen ist mir dabei durchaus bewusst und wird von mir als dringend notwendig erachtet, um zu einem sinnvollen Verständnis der Ursprünge unserer Verhaltens- und Denkmuster gelangen zu können.

Mit den oben genannten grundlegenden Fragestellungen haben sich vor allem SCHELER, GEHLEN und PLESSNER befasst. Sie gelten als die Klassiker im Bereich der philosophischen Anthropologie.[303] Ihre Arbeiten haben eine wesentliche Erkenntnis, wenn nicht die für obige Fragen bedeutsamste, der Philosophischen Anthropologie zutage gebracht: die Weltoffenheit[304] des Menschen.[305]

Der Begriff der Weltoffenheit kann als das prägnanteste Differenzierungsmerkmal[306] und damit auch als das am stärksten prägende Element des Wesens des Menschen verstanden werden. Die deskriptive Benennung des Begriffs weist bereits auf dessen Bedeutung hin: Der Mensch ist der Welt gegenüber *offen*.[307] Max SCHELER legt dieser Erkenntnis u.a. die Charakterisierung des Menschen als Vitalwesen zugrunde, wobei sich darin die *„morphologische Mängelausstattung"*[308] des Menschen zeigt aufgrund der er den Tieren als Lebewe-

---

[303] Vgl. Arlt 2001, S. 8 und S. 68.

[304] Ausführlicher zum Begriff der Weltoffenheit z.B. Berger/ Luckmann 1980, S. 49 f. und Gehlen 1964, S. 23. Geprägt wurde der Begriff vor allem von Scheler: Konkret ist danach der Mensch aufgrund seiner Entbundenheit von seiner Triebhaftigkeit als weltoffen zu verstehen. Das Leben und die Welt sind nicht nur für ihn als biologisches System interessant, sondern auch für ihn als geistiges Wesen. Vgl. Scheler 1975, S. 37 ff.

[305] Die Autoren legen dieser Erkenntnis allerdings unterschiedliche Argumente zugrunde. So liegt die Weltoffenheit für Scheler hauptsächlich in der Besonderheit des menschlichen Geistes. Vgl. hierzu Scheler 1975, S. 37 ff. Gehlen charakterisiert hingegen den Menschen als *Mängelwesen*, der aufgrund seiner unspezifischen Morphologie prinzipiell überall überlebensfähig ist, vorausgesetzt er macht sich die ihm gebotene Umwelt zunutze. Vgl. Arlt 2001, S. 132 ff. Ähnlich argumentiert Plessner, der dem Menschen ein unbestimmtes Wesen attestiert und dessen Abhängigkeit von einer gesellschaftlichen Struktur beschreibt. Vgl. Arlt 2001, S. 101 ff. und v.a. S. 121 f.

[306] Die Differenzierung bezieht sich hier auf den Menschen in Abgrenzung zu allen anderen Lebewesen.

[307] Wenn man, wie von den obig aufgeführten philosophischen Anthropologen davon ausgeht, dass Weltoffenheit als Differenzierungsmerkmal zu allen anderen Lebewesen zu betrachten ist, so impliziert dies folglich deren *Nicht-Weltoffenheit* oder *Umweltgebundenheit*.

[308] Arlt 2001, S. 93. Basis bei Scheler ist hierfür vor allem der Vergleich zwischen Mensch und Tier auf der Ebene des Instinktes. Das Tier bewegt sich, geleitet von Instinkten sehr stabil und sicher in seiner Umwelt,

sen unterlegen ist.[309] GEHLEN und PLESSNER folgen ihm darin und bezeichnen den Menschen als Mängelwesen[310]. Weltoffenheit bedeutet danach die Nichtangepasstheit des Menschen an eine bestimmte Umwelt, die sich durch die

„[...] *physische Unspezialisiertheit des Menschen, seine organischen Mittellosigkeit sowie* [...] [im; Ergänzung EK] *erstaunlichen Mangel an echten Instinkten* [...],“[311]

ausdrückt.

Sie weisen damit darauf hin, dass die meisten anderen Lebewesen in ihre jeweilige Lebensumwelt gut ein- und angepasst sind und so als Spezialisten die Umstände ihrer Nische zu nutzen wissen. Der Mensch hingegen ist, im Kontext der natürlichen biologischen Umwelt dementsprechend als Generalist zu betrachten.[312] Ausgehend von dieser Prämisse des menschlichen Wesens muss der Mensch sich die jeweiligen Lebensumwelten, die verschieden voneinander sein können, zunutze machen, um so seiner biologischen Mängelausstattung begegnen und überleben zu können. GEHLEN benennt diesen Umstand als *Entla-*

---

der Mensch hingegen ist viel mehr als orientierungslos und instabil zu betrachten. Es fehlt ihm eine natürliche reglementierende Ordnung. Ausführlicher dazu im weiteren Verlauf dieses Kapitels.

309 Scheler legt der Erkenntnis der Weltoffenheit des Menschen eine Zweiteilung des menschlichen Wesens zugrunde. Zum einen die oben genannte morphologische Mängelausstattung und zum anderen den Menschen als Geistwesen. Dem Geist spricht er dabei die Rolle des prägnantesten Elements des Wesen des Menschen zu und damit das konstituierende Merkmal der Weltoffenheit. Er konstatiert hierzu: *„Ein ‚geistiges' Wesen ist also nicht mehr trieb- und umweltgebunden, sondern ‚umweltfrei' und, wie wir es nennen wollen ‚weltoffen'. Ein solches Wesen hat ‚Welt'“*. Scheler 1975, S. 38. Die Voraussetzungen für Weltoffenheit beschreibt Scheler im Folgenden als: „[...] *seine existentielle Entbundenheit vom Organischen, seine Freiheit Ablösbarkeit* - [...] – *von dem Bann, von dem Druck, von der Abhängigkeit vom Organischen, vom ‚Leben' und allem, was zum Leben gehört – also auch von seiner eigenen triebhaften ‚Intelligenz'*. Scheler 1975, S. 38. Der Geist manifestiert sich bei Scheler damit in der Freiheit des Menschen gegen seine Triebe handeln zu können sowie auch die Gabe metaphysische Dinge erfahren zu können. Vgl. hierzu außerdem Scheler 1975 sowie Arlt 2001, S. 92 ff. Die diagnostizierte Mängelausstattung des Menschen wird ausführlicher von Plessner, vgl. Arlt 2001, S. 101 ff und v.a. S. 121 f., sowie von Gehlen, vgl. Arlt 2001, S. 132 ff., diskutiert.

310 Eine ausführlichere Beschreibung des menschlichen Mängelwesens nimmt er vor in Gehlen 1974, S. 32 ff.

311 Gehlen 1974, S. 35. Konkreter beschreibt er die Mangelausstattung des Menschen folgendermaßen: *„Es fehlt das Haarkleid und damit der natürliche Witterungsschutz; es fehlen natürliche Angriffsorgane, aber auch eine zur Flucht geeignete Körperbildung; der Mensch wird von den meisten Tieren an Schärfe der Sinne übertroffen, er hat einen geradezu lebensgefährlichen Mangel an echten Instinkten und er unterliegt während der ganzen Säuglings- und Kinderzeit einer ganz unvergleichlich langfristigen Schutzbedürftigkeit. Mit anderen Worten: innerhalb natürlicher, urwüchsiger Bedingungen würde er als bodenlebend inmitten der gewandtesten Fluchttiere und der gefährlichsten Raubtiere schon längst ausgerottet sein* [Hervorhebung im Original].“ Gehlen 1974, S. 33.

312 Vgl. hierzu auch Hüther 2006, S. 55 f.

stungsprinzip.[313] Dieses Entlastungsprinzip kann als eine generelle Strategie der Komplexitätsreduktion angesehen werden.[314]

Komplexitätsreduktion scheint damit eine im Menschen angelegte Strategie zu sein. Die Entlastung selbst manifestiert sich dabei in Handlungen, mittels derer sich der Mensch die ursprüngliche Natur in eine lebensdienliche Welt umwandelt. Diese Welt ist dann keine natürliche mehr, sondern vielmehr eine Kulturwelt.[315] Damit sieht GEHLEN den Menschen als anpassungsfähiger an diverse Umwelten an als andere Lebewesen. Auch HAEFFNER stellt die Handlung in den Mittelpunkt menschlichen Seins:

„Menschliches Sein heißt also vor allem so viel wie ‚Handeln'."[316]

GIDDENS führt dazu weiter aus:

„Ein menschliches Wesen zu sein, heißt, ein zweckgerichtet Handelnder zu sein, der sowohl Gründe für seine Handlungen hat, als auch fähig ist, diese Gründe auf Befragung hin diskursiv darzulegen (oder auch: sie zu verbergen)."[317]

Das aktive Zutun zur Gestaltung der eigenen Lebensumwelt wird damit in den Vordergrund gerückt und bestimmt das Wesen des Menschen. Die Ausgangsprämisse der morphologischen Mängelausstattung als Charakteristikum des Menschen und das daraus folgende Entlastungsprinzip führen ARLT zu nachfolgender Aussage:

„Der Mensch, von der Natur im Stich gelassen, muss für Ergänzung sorgen, muss sich objektivieren, versachlichen, veräußerlichen, ***institutionalisieren****, um er selbst sein zu können – ein Wesen der Indirektheit, Vermitteltheit und Enfremdung* [Hervorhebung EK]. "[318]

---

[313] Vgl. Gehlen 1974, S. 36. Der Begriff der Entlastung zollt dabei dem Umstand Tribut, dass der Mensch aufgrund seiner Instinktlosigkeit einer Vielzahl von Reizen nicht instinktiv und automatisch richtig begegnen kann und damit überfordert wird. Er formuliert daher diese Umweltenthebung oder Weltoffenheit als Belastung.

[314] Zur Komplexitätsreduktion als Strategie im betriebswirtschaftlichen Bereich siehe Kapitel 1.6.3 in dieser Arbeit.

[315] Vgl. Gehlen 1974, S. 38.

[316] Haeffner 2000, S. 23.

[317] Giddens 1995, S. 53. Allerdings weist er auch darauf hin, dass der Großteil des menschlichen Handelns nur unter Berücksichtigung der Bedeutung von Routinisierung, d.h. Habitualisierung, gelingen kann. Vgl. hierzu ebenda, S. 13.

Mit dieser Aussage schlägt er, unter Bezugnahme auf GEHLEN, die Brücke zur Legitimation für Institutionen auf Basis der menschlichen Wesenskonstitution. Weltoffenheit kann also als eine erste Bedingung für die Schaffung von Institutionen innerhalb der Lebenswelt des Menschen verstanden werden.

Weltoffenheit als Charakteristikum des Wesens des Menschen stellt eine Voraussetzung für die Errichtung von Institutionen dar.

Im obigen Zitat zählt ARLT nicht nur die *Institutionalisierung,* und damit Institutionen als deren Resultat, explizit zur Kulturwelt hinzu, er erachtet sie vielmehr als Notwendigkeit. Vor diesem Hintergrund scheint es, dass Institutionen eine Rolle für die Schaffung einer Kulturwelt spielen.

Das Entlastungsprinzip manifestiert sich in Handlungen mittels derer der Mensch die Naturwelt in eine Kulturwelt umgestaltet. Diese Prozesse beinhalten auch Institutionalisierungsprozesse und damit Institutionen.

NORH resümiert:

„Der Hauptzweck der Institutionen in einer Gesellschaft besteht darin, durch die Schaffung einer stabilen (aber nicht notwendigerweise effizienten) Ordnung die Unsicherheit menschlicher Interaktion zu vermindern."[319]

Die Frage danach, was darüber hinaus die konkreten Unterschiede zwischen der ursprünglichen Naturwelt zur neugestalteten Kulturwelt ausmachen, soll an dieser Stelle unbeantwortet bleiben, da sie den Rahmen dieser Arbeit sprengen würde. Allerdings möchte ich die Beziehung von Institutionen und Kulturwelt näher betrachten. Speziell die Frage inwieweit Institutionen ein Erfordernis für Gesellschaften[320] darstellen und damit konstitutiv für Gesellschaften sind, steht dabei im Fokus. Dieser Zusammenhang ist vor dem Hintergrund der These der Arbeit, dass Institutionen, und speziell kognitive Institutionen, einen

---

[318] Arlt 2001, S. 13.

[319] North 1992, S.6. Vgl. hierzu auch seine Ausführungen auf den Seiten 39 ff.

[320] Luhmann spricht von einer Gesellschaft, wenn konformes bzw. abweichendes Verhalten in Bezug auf Normen und Werte festgelegt ist und eine entsprechende Differenzierung von Erwartungen und Reaktionen vorhanden ist. Vgl. Luhmann 1975, S. 11 f.

Treiber für Gleichförmigkeit darstellen, wesentlich.[321] Zu diesem Zweck möchte ich die Eingangsfrage zu diesem dritten Kapitel meiner Arbeit erneut aufgreifen und nun die Entstehung von tatsächlichen Institutionen in den Fokus der Betrachtung rücken:

Wie entstehen Institutionen?[322]

2.2.1.2 Institutionen als soziale Wirklichkeit

Im vorangegangenen Abschnitt haben sich Weltoffenheit und Entlastungsprinzip als die Ermöglichungsbedingungen für die Ausbildung von Institutionen gezeigt. Im Folgenden möchte ich konkreter werden und reale Institutionen und ihre Ausbildung in den Fokus der Betrachtung stellen.

Routinen als Basis von Institutionen

Als grundsätzlicher Ausgangspunkt jeder Institutionalisierung können Habitualisierungsprozesse betrachtet werden.[323] Sie können als Manifestation des Entlastungsprinzips betrachtet werden, da Habitualisierung dem Einzelnen primär als Erleichterung dient.[324] Insofern stellt sie einen unmittelbaren ökonomischen Mehrwert dar, der sich bereits im anthropologischen Entlastungsprinzip Gehlens anzeigt: Die Gewohnheitsbildung des Menschen.[325]

---

[321] Im Titel der Arbeit *Die soziale Konstruktion von Gleichförmigkeit – der Primat der Wirtschaft als dominante kognitive Institution* werden die Begrifflichkeiten Gleichförmigkeit und kognitive Institution in Zusammenhang gebracht.

[322] Der hier gewählte Ansatz, Institutionen von ihren Ursprüngen her verstehen zu wollen, ist auch dem Umstand ihrer Historizität geschuldet. Hierzu ausführlicher im weiteren Verlauf, insbesondere S. 82 f.

[323] Vgl. hierzu Berger/ Luckmann 1980, S. 57 sowie Gehlen 1964, S. 19 ff.

[324] Vgl. Berger/ Luckmann 1980, S. 57. Durch habitualisierte Handlungen wird Entscheidungsenergie eingespart, welche bei anderweitigen Gelegenheiten, die Entscheidungen unbedingt erforderlich machen, eingesetzt werden kann.

[325] Vgl. Gehlen 1964, S. 23 und S. 43. Gewohnheiten stellen für Gehlen das menschliche Äquivalent zu den tierischen Instinkten dar.

BERGER und LUCKMANN formulieren dies als: „[...] *den psychologisch wichtigen Gewinn der begrenzten Auswahl*", die von „*der Bürde der Entscheidung*" befreit.[326]

Auch GIDDENS stellt die Bedeutung von Routinen[327] zur Erleichterung des Alltags fest:

„[...] *die scheinbar unbedeutenden Konventionen des alltäglichen gesellschaftlichen Lebens* [haben, Ergänzung EK] *eine grundlegende Bedeutung für die Bändigung von unbewußten Spannungsquellen* [...], *die sonst den Großteil unseres Lebens im Wachzustand mit Beschlag belegen würden.*"[328]

Habitualisierte Handlungen bzw. Routinen stellen damit prinzipiell auch einen Mechanismus der Komplexitätsreduktion dar. Die Anzahl der Handlungsmöglichkeiten wird reduziert, indem das Handlungsrepertoire auf bereits erfolgreich angewendete Strategien begrenzt wird.[329] LUHMANN resümiert:

„[Institutionen, EK] *sind relativ dauerhafte gegebene, änderungsresistente Verhaltensprämissen, auf die das Handeln sich stützen kann und das weitere Analysen erspart.*"[330]

Institutionen als kulturelle Regeln

Institutionen sind nun allerdings viel mehr als bloß Gewohnheiten oder Routinen Einzelner. Sie sind als Bestandteil der Kulturwelt für alle Gesellschaftsmitglieder relevant und damit intersubjektiv.[331] George H. MEAD nimmt diese erweiterte Perspektive auf, indem er Institutionen als die Repräsentation der Lebensgewohnheiten einer Gesellschaft interpre-

---

[326] Berger/ Luckmann 1980, S. 57.
[327] Routinen verstehe ich synonym zu habitualisierten Handlungen deren Basis die Gewohnheit ist.
[328] Giddens 1995, S. 37.
[329] Vgl. hierzu auch den Abschnitt zu Management unter Unsicherheit Kap.1.6.3.1.
[330] Luhmann 2000, S. 35.
[331] Durkheim legte die Basis für die Vorstellung, dass es so etwas wie überindividuelle geistige Strukturen und Prozesse gibt, die Existenz eines kollektiven oder sozialen Bewusstseins. Er definiert dies als die Anzahl von Überzeugungen, die der überwiegenden Zahl der Mitglieder einer Gesellschaft gemein sind und die ein spezifisches System bilden, das unabhängig vom Einzelnen ein Eigenleben führt. Vgl. Rogers-Wynands 2002, S. 20. Insofern können Institutionen, m. E. auf gesellschaftlicher Ebene als Äquivalent zu betriebswirtschaftlichen Modellen im Sinne einer Komplexitätsreduktion betrachtet werden. Vgl. hierzu Abschnitt 1.6.4 in dieser Arbeit.

tiert.[332] Weitere Autoren, wie GEHLEN und BERGER/ LUCKMANN, stellen ebenfalls diesen fundamentalen Zusammenhang von Institutionen und Gesellschaft heraus.[333] Letztere konkretisieren diesen Aspekt, indem sie die Basis von Institutionen als *Jedermannswissen* beschreiben:

„Jedermannswissen ist das Wissen, welches ich mit anderen in der normalen, selbstverständlich gewissen Routine des Alltags gemeine habe."[334]

Und auch VEBLEN konstatiert:

„[...] *they are settled habits of thought common to the generality of men."*[335]

Damit individuelles Wissen sowie habitualisierte Handlungen und Routinen institutionalisiert und so für die Gesellschaft zugänglich werden können, ist es notwendig, dass diese Handlungen in Gemeinwissen übergehen. Diesen Vorgang der Institutionalisierung beschreiben BERGER und LUCKMANN folgendermaßen:

„Institutionalisierung findet statt, sobald habitualisierte Handlungen durch Typen von Handelnden reziprok typisiert werden. Jede Typisierung die auf diese Weise vorgenommen wird, ist eine Institution."[336]

Die hier angesprochene Typisierung entspricht dem Übergehen der habitualisierten Handlung ins Allgemeingut, d.h. die Kenntnis um diese Handlung wird allen Mitgliedern der jeweiligen Gesellschaft zugänglich gemacht.[337] Bezogen auf die Handelnden werden durch

---

[332] Vgl. Mead 1978, S. 311. Diese Sichtweise zeigt eine enge Verwobenheit des Institutionsbegriffs mit der Gesellschaft, der die gegenseitige Abhängigkeit herausstellt, die bereits weiter oben angesprochen wurde. Luhmann deutet diesen Zusammenhang im obigen Zitat an indem er Institutionen als *gegeben* bezeichnet. Damit zeichnet sich ab, dass Institutionen dem Einzelnen durch die Gesellschaft zugetragen und ansozialisiert werden. Ausführlicher zur Sozialisation vgl. weiter unten.

[333] So stellen für Gehlen Institutionen (*„stereotypisierte und stabilisierte Gewohnheiten"*) die Basis von Kulturen dar. Vgl. Gehlen 1964, S. 19. Für Berger/ Luckmann stellt die institutionale Welt, die auf etablierten Routinen beruht, die gegebene, d.h. objektive und damit gesellschaftliche Wirklichkeit dar. Ausführlicher vgl. Berger/ Luckmann 1980, S. 62 ff., insbesondere S. 64. Sie bezeichnen Gesellschaften als Institutionsballungen. Vgl. Berger/ Luckmann 1980, S. 59.

[334] Berger/ Luckmann 1980, S. 26.

[335] Veblen 1990, S. 239.

[336] Berger/ Luckmann 1980, S. 58.

[337] Dies ist dem Prozess der Sozialisation gleichzusetzen. Ausführlicher hierzu im weiteren Verlauf.

Institutionalisierung aus Individuen Rollenträger[338], mit den Worten BERGER und LUCKMANN´s: *Typen von Handelnden*. Damit wird auch der Part des Ausführenden verallgemeinert. MEYER/ BOLI und THOMAS schließen sich dieser Sichtweise an, indem sie Institutionen und den Prozess der Institutionalisierung folgendermaßen charakterisieren:

„In unserem Verständnis sind Institutionen kulturelle Regeln, die bestimmten Einheiten und Handlungen kollektiven Sinn und Wert verleihen und sie in einen größeren Rahmen integrieren [...]. ***Institutionalisierung*** [Hervorhebung i. O.] *ist dann der Prozeß, durch den bestimmte Einheiten und Handlungsmuster normative und kognitive Gültigkeit erlangen und praktisch als Selbstverständlichkeiten und Gesetzmäßigkeiten akzeptiert werden (sei es durch formales Recht, durch Gewohnheit oder durch Wissen).“*[339]

An dieser Stelle wird das substanzielle Mehr von Institutionen, welches über Gewohnheiten und Routinen hinausgeht, erkennbar. Es manifestiert sich in der *normativen und kognitiven Gültigkeit* und dem Begriff der *Selbstverständlichkeit und Gesetzesmäßigkeit.*[340] Institutionen haben somit eine unbestreitbare Bedeutung für die Gesellschaft. LUHMANN spricht dementsprechend von Gesellschaft, wenn konformes bzw. nonkonformes Verhalten im Hinblick auf Normen und Werte geregelt ist und entsprechende Erwartungen und Reaktionen festgelegt sind.[341] Institutionen stellen also durch ihren Regelcharakter die *Gesellschaftsordnung* dar, mittels der das Funktionieren des menschlichen Miteinanders innerhalb einer Gesellschaft gesichert wird.[342] Ich halte an dieser Stelle fest:

---

338 Berger und Luckmann stellen zur Bedeutung von Rollen. im Kontext der Institutionalisierung fest: *„Es sind die Rollen, mittels derer Institutionen der individuellen Erfahrung einverleibt werden.“* Berger/ Luckmann 1980, S. 78. Zum Begriff der Rolle ausführlicher ebenda, S. 76 ff.

339 Meyer/ Boli/ Thomas 2005, S. 18.

340 Hierin findet sich der Bezugspunkt für ein weiteres wesentliches Charakteristikum von Institutionen, nämlich das der sozialen Kontrolle. Ausführlicher hierzu im weiteren Verlauf dieses Abschnittes.

341 Vgl. Luhmann 1975, S. 11 f.

342 Die Gültigkeit von Institutionen und die damit einhergehende Verbindlichkeit für die Mitglieder einer Gesellschaft ist ein notwendiger Bestandteil derselben, vor allem vor dem Hintergrund der Berechenbarkeit von Handlungen. Berger und Luckmann stellen hierzu fest: *„Je mehr Verhaltensweisen institutionalisiert sind, desto mehr Verhalten wird voraussagbar und kontrollierbar. Wenn die Sozialisation des Einzelnen in die Institutionen hinein erfolgreich ist, können äußerste Zwangmittel sparsam und mit Auswahl angewandt werden. Meistens stellt sich Verhalten „spontan“ ein - in institutionell vorgeschriebenen Bahnen. Je mehr Verhalten hinsichtlich seines Sinnes Gewißheitscharakter hat, desto weniger Alternativen zu den institutionellen „Vorschriften“ werden auftauchen und desto voraussehbarer und kontrollierbarer wird das Verhalten sein.“* Berger/ Luckmann 1980, S. 67.

Institutionen sind soziale Regeln die für die Mitglieder der Gesellschaft verbindlich sind.

Die Verbindlichkeit dieser institutionellen Regeln wird dabei konkret durch ihre Legitimation gewährleistet. Diese ist notwendig, da sich aufgrund der Historizität von Institutionen der ursprüngliche Sinn für die Betroffenen nicht erschließen kann. Institutionen sind, wie bereits weiter oben festgestellt, mehr als nur Gewohnheiten und Routinen, basieren aber auf denselben. Sie müssen vom einstigen Urheber des habitualisierten Verhaltens an die nachkommende Generation weitergegeben werden.[343] Damit gerät, nach und nach, der Entstehungsgrund für das Verhalten in Vergessenheit und es wird nur mehr die stabilisierte Verhaltensweise, die Institution selbst, tradiert.[344] Die Legitimation ist dann nur mehr über die Institution selbst, die damit entstehende oder entstandene Ordnung und ihre Regeln, zu erklären. Institutionen ist so per se ein Kontrollcharakter zueigen. Dazu schreiben BERGER und LUCKMANN:

„Durch die bloße Tatsache ihres Vorhandenseins halten Institutionen menschliches Verhalten unter Kontrolle."[345]

Institutionen können damit als vergegenständlichte menschliche Tätigkeit betrachtet werden.[346] Charakteristikum dieser vergegenständlichten Tätigkeit ist, dass sie zur objektiven Wirklichkeit der Alltagswelt wird. Sie bedarf dann keiner Verifizierung, sie wird als gegeben hingenommen, denn der Einzelne wird in sie hineingeboren und ist mit ihrer Entstehungsgeschichte nicht vertraut. Dementsprechend wird dieses Wissen und damit die Alltagswirklichkeit nicht mehr hinterfragt und reflektiert. Es ist eine selbstverständliche und zwingende Gegebenheit:[347]

„[...] *Institutionen* [sind; Ergänzung EK] *objektive Wirklichkeit* [...]."[348]

---

[343] Die Weitergabe einer Institution findet dabei über die Sozialisation statt.

[344] Vgl. hierzu Gehlen 1964, S. 19 und S. 34. Er veranschaulicht dies anhand der Institution der Arbeitsteilung.

[345] Berger/ Luckmann 1980, S. 58.

[346] Vgl. ebenda, S. 65.

[347] Vgl. ebenda, S. 26.

[348] Berger/ Luckmann 1980, S. 64. Mead konkretisiert diese Idee, indem er die objektive Wirklichkeit als die einer Gesellschaft gemeinsamen Strukturen, in seinen Worten Haltungen, formuliert. Vgl. Mead 1978, v.a. S. 206. Diese gemeinsamen Haltungen, die als Institutionen Teil eines jeden Mitglieds der Gesellschaft sind, kontrollieren die Haltungen des Einzelnen. Für ihn ist demnach eine Institution: „[...] *eine* ***gemein-***

Zudem repräsentieren und konstituieren sie die Alltagswelt und sind damit Selbstverständlichkeiten, die nicht hinterfragt werden. Ich fasse an dieser Stelle zusammen:

Institutionen sind soziale Regeln, die historisch gewachsen sowie für die Mitglieder der Gesellschaft verbindlich sind.

Sie sind objektive Wirklichkeit und damit selbstverständlich.

Allerdings möchte ich an dieser Stelle explizit darauf hinweisen, dass Institutionen nicht als determiniert zu betrachten sind, wie es die vorangegangenen Ausführungen vielleicht vermuten lassen. Denn trotz der Objektivität und Faktizität sowie des Kontrollcharakters von Institutionen ist der Aspekt der Wechselseitigkeit in diesem Kontext höchst relevant und wird auch in der Literatur nicht vernachlässigt.[349] So sieht bspw. MEAD die gemeinsame Haltung der Gesellschaft bzgl. einer Situation nicht als endgültig an, sondern vielmehr als flexibel innerhalb eines gewissen Rahmens. Der Originalität, Flexibilität sowie Vielfalt des Verhaltens soll damit ausreichend Raum gewährt werden.[350] Und auch BERGER und LUCKMANN sowie GEHLEN weisen in ihren Ausführungen zur Institutionalisierung auf die Einwirkungsmöglichkeit des Einzelnen auf die Gesellschaft und ihre Institutionen hin.[351]

Jedes Mitglied der Gesellschaft hat demnach die Möglichkeit, die objektive Wirklichkeit, die durch Institutionen repräsentiert wird, zu verändern, indem es die eigenen Handlungen

---

same [Hervorhebung EK] *Reaktion* [Haltung; Anmerkung EK] *seitens aller Mitglieder der Gemeinschaft auf eine bestimmte Situation.*" Mead 1978, S. 309. Und:„ [...] *eine Organisation von Haltungen, die wir alle in uns tragen; die organisierten Haltungen der anderen, die das Verhalten kontrollieren und bestimmen.*" Ebenda, S. 255.

349 Vgl. bspw. Berger/ Luckmann 1980 und Mead 1978.

350 Vgl. Mead 1978, S. 309 und auch S. 211. Er schreibt:*„Wir können die Dinge verändern; wir können darauf bestehen, die Normen der Gemeinschaft zu verbessern. Wir sind durch die Gemeinschaft nicht einfach gebunden. Wir stehen in einem Dialog* [...]." Mead 1978, S. 211. Er betrachtet es sogar als die Pflicht des Einzelnen zur Gemeinschaft zu sprechen, um Veränderungen herbeizuführen: *„Das ist die Art und Weise, in der sich die Gesellschaft weiterentwickelt, nämlich durch eine wechselseitige Beeinflussung, wie sich dort vollzieht, wo eine Person etwas zu Ende denkt. Wir verändern ständig in einigen Aspekten unser gesellschaftliches System, und wir können das intelligent tun, weil wir denken können von der Gemeinschaft angehört wird; ihre Reaktion darauf wird davon beeinflußt."* Ebenda.

351 Vgl. Gehlen 1964 und Berger/ Luckmann 1980. Berger und Luckmann weisen auf die Dialektik des Institutionalisierungsprozesses, der aus den drei Elementen Externalisierung, Objektivation sowie Internalisierung besteht, hin. Sie betonen, dass die Gesellschaft vom Menschen gemacht wurde, sie dann zur objektiven Wirklichkeit des Menschen wird und somit der Mensch selbst ein gesellschaftliches Produkt wird. Im Original: *„Gesellschaft ist ein menschliches Produkt. Gesellschaft ist eine objektive Wirklichkeit. Der Mensch ist ein gesellschaftliches Produkt."* Berger/ Luckmann 1980, S. 65 und darüber hinaus vgl. ebenda, S. 64 f.

dementsprechend verändert und in Gewohnheiten überführt. Wenn diese habitualisiert und objektiviert, d.h. vergegenständlicht werden, können die neuen Verhaltensweisen wiederum institutionalisiert werden und alte Institutionen verändern oder vielleicht sogar ablösen.

Es handelt sich bei der Institutionalisierung also um einen reziproken Prozess.[352] Dabei spielt die Internalisierung, bzw. Sozialisation[353] eine entscheidende Rolle, denn:

„[...] *nur in der Übernahme der gesellschaftlichen Welt durch eine neue Generation – durch Internalisierung also, die sich als Sozialisation auswirkt* – [wird, Ergänzung EK] *die fundamentale gesellschaftliche Dialektik in ihrer Totalität sichtbar* [...].“[354]

---

[352] Mit der oben angesprochenen Reziprozität die im Institutionalisierungsprozess zu Tage tritt hat sich auch Giddens in seiner Theorie der Strukturierung beschäftigt. Die Bemühungen Giddens, in Form seiner Theorie der Strukturierung, zielen vor allem darauf ab die Konzepte des Handelns und des Subjekts mit den Begriffen der Struktur und des Zwangs zu vereinen. Er lehnte sowohl den Imperialismus des Subjekts als auch den des gesellschaftlichen Objekts ab, die in verschiedenen Strömungen der Soziologie Ton angebend waren. Das Hauptaugenmerk seiner Arbeit liegt auf den über Zeit und Raum geregelten gesellschaftlichen Praktiken und auf der darin liegenden Rekursivität. Vgl. hierzu Giddens 1995, S. 52 f. Er verbindet darin die Zwang ausübenden Struktur bzw. Institutionen mit dem individuellen Handeln, das in der Sozialisation ihren Ausdruck findet: *„In und durch ihre Handlungen reproduzieren die Handelnden die Bedingungen, die ihr Handeln ermöglichen.“* Ebenda, S. 52. Die Strukturen, und damit Institutionen der Gesellschaft erkennt er damit sowohl als Ermöglichung aber auch als Restriktion des Handelns der Gesellschaftsmitglieder.
Giddens' Strukturationstheorie beinhaltet dabei zwei für meine Arbeit besonders interessante Elemente: Die unerkannten Handlungsbedingungen und die unintendierten Handlungsfolgen. Als Bespiel führt Giddens das Erlernen einer Fremdsprache an: Die Bemühungen z.B. korrekt Englisch zu sprechen und zu schreiben hat, trägt zur Reproduktion der englischen Sprache bei. Dabei ist das Bemühen der korrekten Anwendung des Englischen intendiert, die Reproduktion der Sprache selbst nicht. Die englische Sprache ist damit eine unerkannte Bedingung für das Bemühen des richtigen Aussprechens ihrer selbst. Vgl. ebenda 1995, S. 14 und S. 58. Mittels dieser beiden Elemente seiner Theorie verweist er darauf, dass Institutionen zum Einen als solche oftmals gar nicht wahrgenommen werden (unerkannte Handlungsbedingung) und zum Anderen somit unbewusst bewahrt werden können (unintendierte Handlungsfolgen). Er unterscheidet das Bewusstsein in das diskursive Bewusstsein (das was ich formulieren kann) und das praktische Bewusstsein, er nennt es *„das in Begegnungen inkorporierte gemeinsame Wissen“*. Dieses ist den Akteuren nicht direkt zugänglich. Das meiste derartige Wissen ist seinem Wesen nach praktisch, es gründet in dem Vermögen der Akteure sich innerhalb der Routinen des gesellschaftlichen Lebens zurechtzufinden. Vgl. ebenda S. 55.

[353] Grundsätzlich wird Sozialisation in zwei Phasen unterschieden: Die primäre Sozialisation, durch die der Mensch in der Kindheit zum Mitglied der Gesellschaft wird und in die sekundäre Sozialisation, in der eine bereits primär sozialisierte Person in neue Abschnitte der objektiven Welt eingewiesen wird, wie bspw. Schule oder Berufszweig. Vgl. Berger/ Luckmann 1980, S. 140 f. Sozialisation kann entsprechend als Prozess des Mitglieds-Werdens in einer Gesellschaft betrachtet werden. Vgl. Hurrelmann/ Ulich 2002, S. 6

[354] Berger/ Luckmann 1980, S. 65.

Der Prozess der Sozialisation

Die Sozialisation ist damit für das Bestehen der gesellschaftlichen Welt, die sich durch Institutionen konstituiert, zwingend notwendig.[355] MEYER/ BOLI/ THOMAS bilden diese Notwendigkeit in ihrer Definition folgendermaßen ab:

„Sozialisation ist der Kitt, der die Gesellschaft zusammenhält, indem er eine Reihe universalistischer, rationaler Normen und Werte in die Persönlichkeit aller (oder gegebenenfalls der meisten) Individuen hineinverpflanzt."[356]

In der folgenden Abbildung ist dieser Prozess veranschaulicht.[357]

PROZESS DER SOZIALISATION

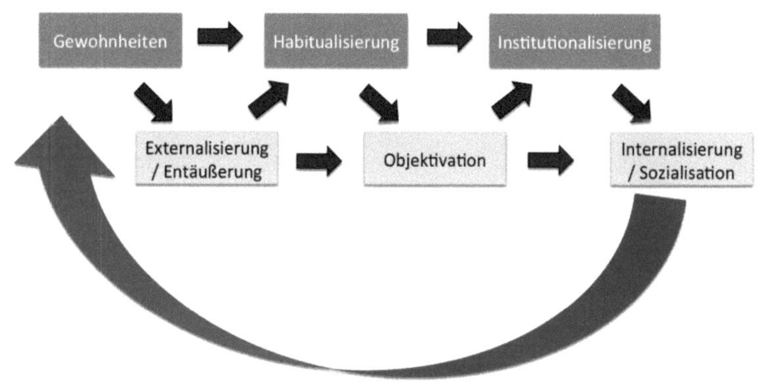

Abb. 2-1[358]

[355] Vgl. den vorangegangenen Abschnitt.

[356] Meyer/ Boli/ Thomas 2005, S. 21.

[357] Dieser elementare Prozess der Institutionalisierung wurde auch bereits für die Organisationstheorie adaptiert und zeigt damit die wesentliche Bedeutung auch für die Wirtschaftswissenschaften. Vgl. hierzu Zucker/ Tolbert 1996, S. 180 ff. sowie das nächste Teilkapitel.

[358] Eigene Darstellung.

Der Gesellschaft als Träger von Institutionen kommt somit eine entscheidende Rolle zu. Diese kommt vor allem in ihrer sozio-kulturellen Relevanz, konkreter formuliert in ihrer Prägung des Menschen, zum Tragen.[359] So formuliert bspw. MEAD:

„Durch den gesellschaftlichen Prozeß gewinnt das biologische Individuum aus organischem Stoff Geist und Identität. Durch die Gesellschaft wird das impulsive Tier zu einem rationalen Wesen, einem Menschen."[360]

Auch BERGER und LUCKMANN stellen fest:

„Menschsein ist sozio-kulturell variabel."[361]

Diese Aussagen verdeutlichen einen Sachverhalt, der weithin als allgemein akzeptiert vorausgesetzt werden kann: Die Kultur sowie das jeweilige soziale Umfeld eines Menschen beeinflussen signifikant sein Wesen und damit auch sein Denken und Handeln.[362] Die Gesellschaft ist aber nicht nur ein prägendes Element für den Menschen. Vielmehr stellt sie für die Menschwerdung, im Sinne der philosophischen Anthropologie, eine Notwendigkeit dar. Wie oben beschrieben ist der Mensch aufgrund seiner Mängelausstattung darauf angewiesen, sich seine Lebensumwelt, seine Kulturwelt, selbst zu schaffen. Diese kann gleichgesetzt werden mit der jeweiligen Gesellschaft, in die der Einzelne hineinwächst und lebt. Der Gesellschaft und ihren Institutionen kommt damit eine essentielle Bedeutung für den Menschen zu: Sie sichern sein Überleben.[363]

---

[359] Vgl. die vorhergehende Seite.

[360] Mead 1978, S. 28. In diesem Zitat wird der Zusammenhang zur anthropologischen Philosophie, wie zu Beginn dieses Kapitels hergestellt, deutlich. Mead formuliert in diesem Zusammenhang weiter: *„Insoweit das Kind die Haltungen anderer einnimmt und diesen Haltungen erlaubt, seine Tätigkeit im Hinblick auf das gemeinsame Ziel zu bestimmen, wird es zu einem organischen Glied der Gesellschaft. Es übernimmt die Moral dieser Gesellschaft und wird zu ihrem Mitglied."* Mead 1978, S. 202. An dieser Stelle wird die Bedeutung von (Aus-)Bildung deutlich.

[361] Berger/ Luckmann 1980, S. 51. Die Autoren zitieren an anderer Stelle Durkheim: „*„Homo sapiens ist auch immer Homo socius."*. Ebenda, S. 54. Prinzipiell kann man aus dem Zitat schließen, dass die Weltoffenheit als Basis für die Vielfalt der Menschen angesehen werden kann, abhängig von der Vielfalt der Gesellschaften. Vgl. Berger/ Luckmann 1980, S. 51 und 55 sowie Gehlen 1974, S. 42.

[362] Vgl. hierzu das oben beschriebene Entlastungsprinzip von Gehlen und die Bedeutung der Handlung in diesem Kontext.

[363] Die Besonderheit der menschlichen Ontogenese, die erst postnatal ihren Abschluss findet, wie Erkenntnisse der modernen Gehirnforschung zeigen, machen ihrerseits deutlich, wie sehr der Mensch bezüglich

BERGER und LUCKMANN stellen hierzu fest, dass die Entwicklung des Menschen vom Säuglingsstadium an durch die Gesellschaft beeinflusst wird. So wirken ab der Geburt eines Menschen zahlreiche sozio-kulturelle Faktoren auf ihn ein, die ihm durch *signifikante Andere*[364] vermittelt werden.[365]

Diese frühen Erfahrungen prägen das menschliche Gehirn und bestimmen maßgeblich spätere Grundhaltungen und Überzeugungen und legen damit den Grundstein für Verhaltens- und Denkmuster.

Institutionen als Verhaltensmuster

Diese Verhaltens- und Denkmuster limitieren den Handlungsspielraum durch die Eingrenzung der Handlungsoptionen.[366] Es wird an dieser Stelle der Bezug zu ihrem Ursprung, der habitualisierten Handlung, deutlich.[367] MEYER, BOLI und THOMAS fassen dies folgendermaßen zusammen:

„Institutionen sind in unserem Verständnis kulturelle Regeln, die soziales Handeln mit allgemein verständlicher Bedeutung versehen und in strukturierter Weise steuern. Institutionalisierung ist dann der Prozeß, der solche Regeln als natürlich und selbstverständlich etabliert und gleichzeitig alternative Bedeutungen und Steuerungsregeln ausschaltet. [...]. *Mit ihrer Institutionalisierung werden sie immer unsichtbarer und schalten immer mehr Alternativen aus. Ihre Institutionalisierung bedeutet also, daß sie sich immer unangreifbarer machen und immer weniger der Manipulation durch die Beteiligten ausgesetzt sind."*[368]

---

seiner Entwicklung auf sein Umfeld angewiesen ist. Vgl. hierzu auch Gehlen, 1974, S. 44 und 46 sowie Hüther 2011, S. 72 ff. und Mead 1978.

364 Berger/ Luckmann 1980, S. 51. Der Begriff *signifikante Andere* wurde ursprünglich von George Herbert Mead geprägt. Vgl. Mead 1978.

365 Insofern unterscheidet sich der Mensch von anderen Säugetieren, die ihre fetale Periode bereits mit der Geburt abgeschlossen haben. Unter fetaler Periode ist nach Berger/ Luckmann die Zeitspanne zu verstehen, in welcher die wichtigen organismischen Vorgänge stattfinden und auch abgeschlossen werden. In diesem Zusammenhang kann man diesen Begriff als Synonym für die biologische Entwicklung auffassen. Vgl. Berger/ Luckmann 1980, S. 51.

366 Vgl. das Entlastungsprinzip nach Gehlen, Gehlen 1974, S. 36.

367 Vgl. weiter vorne.

368 Meyer/ Boli/ Thomas 2005, S. 46.

Auch BERGER und LUCKMANN resümieren:

„Sie stellen ***Verhaltensmuster*** [Hervorhebung EK] *auf, welche es in eine Richtung lenken, ohne ‚Rücksicht' auf die Richtungen, die theoretisch möglich wären."*[369]

Institutionen stellen also Denk- und Handlungsschemata auf, die das Verhalten in eine bestimmte Richtung lenken und damit Erleichterung im Hinblick auf die zahlreichen möglichen Handlungsoptionen verschaffen.

Institutionen stellen Verhaltensmuster auf.

Die in diesem Kapitel erlangten Erkenntnisse lassen darauf schließen, dass Institutionen im allgemeinen Sinn eine Notwendigkeit sowie einen Mehrwert für den Menschen darstellen. Die Limitierung des Handlungsspielraumes allerdings weist auf die Relevanz von Institutionen für die Einschränkung menschlichen Denkens und Handelns hin. DAHRENDORF stellt bezüglich der Einschränkung des Handlungsspielraums fest:

„Denn dies ist das Staunenswerte: daß es offenbar eine beharrliche Kraft in der Menschengeschichte gibt, die stets den Radius zufälliger Chancen einschränkt, ihn in der Regel sogar auf eine einzige realistische Chance reduziert, so daß wir wissen, was uns erwartet [...]. *Was diese Verläßlichkeit unserer Existenz unter Menschen begründet, ist die Tatsache der Gesellschaft."*[370]

Abschließend kann ich an dieser Stelle feststellen:

Institutionen sind soziale Regeln, die historisch gewachsen sowie für die Mitglieder der Gesellschaft verbindlich sind und als soziale Wirklichkeit unreflektiert übernommen werden.

---

[369] Berger/ Luckmann 1980, S. 58. Auch hier wird in der Formulierung Bergers und Luckmanns das Entlastungsprinzip deutlich.

[370] Dahrendorf 1967, S. 60. Die Tatsache der Gesellschaft beschreibt sich bei Dahrendorf durch die gesellschaftlichen Regeln und Normen. Er weist auch auf die Selbstverständlichkeit dieser Regeln hin, die derart manifest sind, dass sie nicht mehr hinterfragt werden. Hier wird der Bezug zu den in dieser Arbeit thematisierten kognitiven Institutionen deutlich. Dahrendorf erkennt die Tatsache der Gesellschaft als Ermöglichungsbedingung für ein gemeinschaftliches Zusammenleben durchaus an, allerdings stellt er auch fest, dass ihre Unausweichlichkeit die Tatsache der Gesellschaft zum Ärgernis macht. Vgl. ebenda S. 62. An dieser Stelle tritt auch besonders die für diese Arbeit spannende Ambivalenz der gesellschaftlichen Tatsachen bzgl. des Ermöglichen und Einschränken von Handlungen zutage.

Institutionen haben einen limitierenden Einfluss auf die Denk- und Verhaltensweisen des Menschen.[371]

2.3 Der Institutionenbegriff in der Organisationstheorie

Das vorangegangene Teilkapitel hat gezeigt, wie groß die Bedeutung und der Einfluss von Institutionen auf die Gesellschaft sind. Sie spielen eine erhebliche Rolle im gesellschaftlichen Leben der Menschen, sind handlungsleitend und für die menschliche Kultur notwendig. Somit stellen sie eine anthropologische und soziologische Tatsache sowie Notwendigkeit dar.

Die vorliegende Arbeit schreibe ich allerdings im Kontext der Wirtschaftswissenschaften und nicht in dem der Anthropologie oder der Soziologie.[372] Doch auch hier spielen Institutionen eine wichtige Rolle für das Verständnis von Organisationen, die den Gegenstand dieser Fachrichtung darstellen, sowie für die Menschen die in ihnen arbeiten. Die Wirtschaftswissenschaften werden im Allgemeinen als Realwissenschaften den Geistes- bzw. Kulturwissenschaften zugerechnet und befassen sich demnach auch mit dem Menschen bzw. seinen kulturellen Errungenschaften, zu denen ich auch Organisationen zählen möchte.[373] Verschiedentlich wird auch die Ökonomie bzw. Betriebswirtschaftslehre selbst zu den Humanwissenschaften gezählt.

Allerdings wurde in der Organisationstheorie lange Zeit der Mensch vornehmlich ausgeklammert bzw. nach den Bedürfnissen der Modelle entsprechend modelliert.[374] Klassischerweise geht man im organisationalen Kontext demzufolge von linear-kausalen Zusammenhängen sowie von Zweckrationalität und durchdachten individuellen Entscheidungen aus.[375]

---

[371] Die Definition bzw. das Verständnis von Institutionen als allgemein verbindliche Regeln innerhalb einer Gesellschaft zeigt auf, dass die Handlungen der Mitglieder dieser Gesellschaft nur vor dem Hintergrund dieser Regeln nachzuvollziehen sind und verstanden werden können. Hier zeigt sich m. E. die Bedeutung des Themas meiner Arbeit sowie eines Bewusstwerdens der kognitiven Institutionen.

[372] Vgl. zum Aspekt der Interdisziplinarität dieser Arbeit den Abschnitt 4.1.

[373] Vgl. Hopfenbeck 2002, S. 37.

[374] Vgl. z.B. das Konzept des Homo oeconomicus, auch in dieser Arbeit im Abschnitt 1.6.3.2.

[375] Vgl. hierzu die Ausführungen zur ökonomischen Theorie im Abschnitt 1.6.3.2 dieser Arbeit.

Indes sind auch Organisationen[376] Bestandteil von Gesellschaft und unterliegen der institutionellen, und damit einer anderen, als einer ausschließlich rationalen Logik. PROBST schreibt hierzu:

„Organisation ist ein komplexes ‚gemachtes' soziales System, das an Zwecken orientiert ist, das ein bestimmtes Ordnungsmaß aufweist, das selbstproduktiv ist ***und in eine bestimmte wirtschaftliche, politische und soziale Umwelt eingebettet ist*** [Hervorhebung EK].*"*[377]

Und auch LUHMANN konstatiert:

„Organisation ist ein soziales System."[378]

Ebenso schließt sich SCOTT an:

„[...] *organizations were seen to be more than production systems; they were also social and cultural systems."*[379]

Diesem Umstand zollt in der Organisationstheorie der Neoinstitutionalismus Tribut. Für die vorliegende Arbeit stellt er die organisationstheoretische Basis dar und soll im Folgenden etwas näher betrachtet werden.

---

[376] Der hier verwendete Organisationsbegriff unterscheidet sich vom instrumentellen Organisationsbegriff der von Wöhe wie folgt definiert wird: *„Unter Organisation versteht man das Bemühen der Unternehmensleitung, den komplexen Prozess betrieblicher Leistungserstellung und Leistungsverwertung so zu strukturieren, dass die Effizienzverluste auf der Ausführungsebene minimiert werden."* Wöhe 2010, S. 108. D.h. es ist eine Schaffung einer Ordnung mittels dauerhafter Regelungen. Wöhe verweist allerdings diesbezüglich auf die Differenzierung zwischen Organisation als generelle Regelung für vergleichbare Fälle sowie der Disposition als Einzelfallentscheidung. *„Die Gefahr der Starrheit und Bürokratisierung betrieblicher Entscheidungsprozesse ist umso größer, je stärker fallweise Dispositionen durch generelle Regelungen verdrängt werden."* Ebenda, S. 109. An dieser Stelle werden Ähnlichkeiten zwischen Organisation und Gesellschaft augenfällig, ebenso die Vergleichbarkeit von generellen Regeln sowie Institutionen.

[377] Probst 2001, S. 173. Probst versteht unter *gemachten* Systemen durch viele menschliche Aktivitäten konstruierte Systeme: *„Wenn ich von einer Unternehmung rede, dann rede ich von einer Konstruktion. Wir müssen uns dessen bewusst sein, dass wir eigentlich immer nur über Konstruktionen reden!"* Ebenda.

[378] Luhmann zitiert nach Baecker 2001, S. 44. Ausführlicher zu Luhmann und seinem Verständnis zur Beziehung von Organisation und Gesellschaft vgl. Luhmann 2000, S. 382 ff.

[379] Scott 2008, S. x.

2.3.1 Die Basis: Der Neoinstitutionalismus

Inhaltlich kennzeichnet den Neoinstitutionalismus, mit seiner von der Zweckrationalität abweichenden Logik, eine Abkehr von prominenten Rational-Choice-Konzepten und stellt stattdessen den Einbezug der kulturellen und institutionellen Umwelt bei der Untersuchung von Organisationen in seinen Fokus.[380] Diese grundlegende Prämisse wird auch bereits in den historischen Ursprüngen dieser Organisationstheorie deutlich, welche in der Soziologie liegen.[381] Mittlerweile gilt der Neoinstitutionalismus als eine der wichtigsten Organisationstheorien und auch als einer der am soziologisch aufgeklärtesten Ansätze.[382] Um ein besseres Verständnis für diese grundlegende Theorie dieser Arbeit gewinnen zu können, soll im Folgenden auf ihren Ausgangspunkt sowie die wichtigsten Beiträge eingegangen werden. In diesen werden die Basisannahmen sowie Weiterentwicklungen, unterschiedlichen Foki und vor allem der Bezugsrahmen für meine Thematik, nämlich den Primat der Wirtschaft, konstituiert durch kognitive Institutionen als Treiber von Gleichförmigkeit, deutlich.

Die historische soziologische Basis des Neoinstitutionalismus liegt zu weiten Teilen in der Sozioökonomie[383] Max WEBERs, die eine gesamtgesellschaftliche Betrachtung von Organisationen in den Vordergrund rückt.[384] ERLEI führt in diesem Zusammenhang wesentliche Gründe an, warum sich die Wirtschaftswissenschaft mit WEBER beschäftigen sollte:

„Es gibt zumindest zwei Gründe: (1) Weil Weber eine umfassende Gesellschaftstheorie, sein Konzept der Sozialökonomik, anstrebt. Die Entwicklung der Ökonomik läuft in genau die entgegengesetzte Richtung: es wird nicht mehr nach einem umfassenden Bild der Gesell-

---

380 Vgl. hierzu ausführlicher bspw. Walgenbach/ Meyer 2008, S. 11 ff. sowie Senge/ Hellmann 2006, S. 14.

381 Wie das Präfix *Neo* bereits vermuten lässt liegen die Anfänge des Institutionalismus in der Vergangenheit, genauer gesagt in den 1950er Jahren. Die relevanten Autoren, die sogenannten *old institutionalists*, waren überwiegend Soziologen und bezogen wiederum ihre intellektuellen Wurzeln aus der Soziologie Max Webers. Vgl. Senge/ Hellmann 2006, S. 8. Ausführlicher hierzu im weiterem Verlauf.

382 Vgl. Senge/ Hellmann 2006, S. 7 und 13 sowie Walgenbach/ Meyer 2008, S. 11.

383 Sozioökonomie meint hier eine spezifische Sichtweise, die zum Ausdruck bringt, dass jede gesellschaftliche Entwicklung durch ökonomische Momente entscheidend mitbestimmt ist und auch jede ökonomische Entwicklung sich innerhalb eines gesellschaftlichen Rahmens vollzieht. Vgl. Bachinger/ Matis 2009, S. 7.

384 Zum Zusammenhang von Neoklassik, Institutionalismus sowie der Sozioökonomie Webers vgl. ausführlich Erlei 2010, insbesondere die S. 85 ff.

schaft und der Wirtschaft gesucht, sondern es erfolgt eine zunehmende Spezialisierung, in deren Zuge immer feinere Modelle einen immer kleineren Aspekt der Wirtschaft abbilden und die Modelle später – hoffentlich – einem empirischen Test ausgesetzt werden. Ohne Zweifel hat dies unser Verständnis für Details der wirtschaftlichen Prozesse erheblich verbessert. Es bleibt nur der Verdacht, dass das Gesamtbild [...] *aus dem Blickfeld der Forschung verschwindet* [...].“[385]

Der wesentliche Aspekt der Sozioökonomie lässt sich somit folgendermaßen auf den Punkt bringen: Gesellschaft und Wirtschaft werden nicht als voneinander getrennte Bereiche verstanden, sondern als Kategorien, die in einer Wechselwirkung miteinander stehen und ineinander verschränkt sind.[386] Dieser Umstand wird für die Wirtschaftswissenschaften durch den Neoinstitutionalismus konstituiert, für die ERLEI in WEBERs Sozioökonomie das Fundament sieht.[387] Seine Theorie gilt als einer der Grundsteine der Organisationssoziologie und wird als zentrales Gründungsdokument der Organisationssoziologie bzw. –wissenschaft angesehen.[388]

WEBERs Studien und die Konsequenzen daraus waren dementsprechend für die nachfolgenden Organisationstheoretiker von großer Bedeutung.[389] Sie folgten ihm in der Überzeugung, dass bürokratisierte Organisationen[390] einen wesentlichen Einfluss auf die Ausgestaltung der gesamten Gesellschaft haben. Im Fokus ihres Interesses standen dabei der Zusammenhang zwischen Organisationen und Gesellschaft sowie insbesondere der Einfluss von

---

[385] Erlei 2010, S. 69 f. Vgl. hierzu auch die Ausführungen zur Modellbildung in der ökonomischen Theorie im Abschnitt 1.6.3.2.

[386] Vgl. Bachinger/ Matis 2009, S. 7 und S. 8 und Swedberg 2009, S. 40.

[387] Vgl. Erlei 2010, S. 70. Diese Basis wird zu großen Teilen durch Webers Bürokratiemodell begründet. Weber selbst ist in seinem Werk stark beeinflusst durch die sozialen Umstände zu seiner Zeit. Dieser Zusammenhang zwischen Person und Werk wird bspw. von Mitzberg dargelegt. Vgl. Mitzberg 1971. Er beschreibt den Treiber Webers Arbeit folgendermaßen: „*Weber's world was dominated by a rigid cultural superego, an overstructured cosmos of values and institutions which appeared to him as a permanent threat to his autonomy and freedom.*“ Ebenda, S. 4. Demzufolge hat Weber bereits selbst institutionelle Zwänge als Einschränkung seines Handels und seiner Freiheit erkannt.

[388] Vgl. z.B. Senge/ Hellmann 2006, S. 9, Walter-Busch 1996, S. 61, Kieser 2006, S. 63 sowie auch Scott 2008, S. 12 f. und Swedberg 2009, S. 44.

[389] Die für diese Arbeit relevanten Bezüge zu Weber stellt bspw. Erlei anschaulich heraus. Vgl. Erlei 2010, S. 76. Er ordnet den Begriff der kognitiven Institution in die Nähe von Webers Werk. Außerdem stellt er fest, dass die Verwendung bestimmter kognitiver Institutionen von mehreren Personen in die Ausbildung von Ideologien mündet. Ausführlicher hierzu vgl. das Kap. 5.

[390] Vgl. zum Begriff der Bürokratie weiter hinten in dieser Arbeit, S. 183 f. sowie insbesondere die Fußnote 811.

Organisationen auf die Gesellschaft.[391] Organisationen waren nicht mehr nur geschlossene produktive Systeme, sondern vielmehr offene Systeme.[392]

Im Folgenden werde ich auf die grundlegenden Beiträge des Neoinstitutionalismus[393] näher eingehen, um damit eine Basis für das Verständnis dieser Organisationstheorie zu schaffen. Dabei leitet mich folgende Fragestellung, welche die Relevanz für die Thematik dieser Arbeit aufgreift:

„Wieso definieren und lösen Akteure auf der Mikroebene ihre spezifischen Probleme auf eine Weise, die – aus der Makroperspektive des Feldes – ein homogenes Muster ergibt? Woran orientieren sich organisatorische Akteure in solchen Situationen?“[394]

2.3.1.1 Die grundlegenden Beiträge des Neoinstitutionalismus

Der soziologische Neoinstitutionalismus wurde anfänglich vor allem von MEYER/ ROWAN, ZUCKER sowie DIMAGGIO/ POWELL geprägt.[395] Nach wie vor gelten die Arbeiten dieser Autoren als die grundlegenden dieser Organisationstheorie und sollen im Folgenden näher betrachtet werden. Im Anschluss daran folgt eine Betrachtung von SCOTTs integrativem Ansatz.

Meyer und Rowan 1977

Der Beitrag von MEYER/ ROWAN mit dem Titel *Institutionalized Organizations: Formal Structure as Myth and Ceremony* stammt aus dem Jahr 1977. Das Kernargument ihres Arti-

---

[391] Vgl. Senge/ Hellmann 2006, S. 10 f. Die Bedeutung eben dieses Zusammenhanges zwischen Organisationen und Gesellschaft werde ich im Verlauf der Arbeit noch ausführlicher beleuchten. Es wird sich zeigen, dass dem organisationalen Einfluss auf die Gesellschaft eine wesentliche Rolle zukommt.

[392] Diese erste Generation von Institutionalisten bestand also nicht nur aus reinen Organisationswissenschaftlern, sie waren meist zugleich auch Soziologen, die die zunehmende Bedeutung von Organisationen für die Gesellschaft erkannt hatten. So bspw. Philip Selznick, Talcott Parsons und Herbert Simon.

[393] Ich möchte an dieser Stelle darauf hinweisen, dass prinzipiell institutionalistische Theorien in verschiedenen Forschungsfeldern zu finden sind: in Ökonomie, Soziologie sowie Politikwissenschaften. Der für meine Arbeit relevante Institutionalismus bzw. der daraus hervorgegangene Neoinstitutionalismus ist primär soziologischer Natur. Genauer hierzu z.B. Scott 2008.

[394] Walgenbach/ Meyer 2008, S. 98. Ausführlicher zu mikro – bzw. makroinstitutionalistischen Überlegungen vgl. die weiteren Ausführungen und bspw. Jörges-Süß 2004, S. 2 f.

[395] Vgl. hierzu Süß 2009, S. 51.

kels ist die Annahme, dass Organisationen in einen institutionellen Kontext eingebettet sind und dieser die organisationalen Strukturen prägt. Sie gründen ihr Verständnis von Institutionen[396] dabei auf der Wissenssoziologie von BERGER und LUCKMANN.[397] Damit stellen sie sich der damals landläufigen Meinung entgegen, dass Organisationen sich nach rein technologischen und effizienzorientierten Gründen organisieren.[398] Ihre Annahme fußt dabei auf der Meinung, dass Organisationen tatsächlich ein Abbild ihrer formalen Strukturen sind, wie sie bspw. in Organigrammen abgebildet sind. Die Autoren nennen diese formalen Strukturen *Blaupausen* der Organisation. Diese Blaupausen sind in ihrer Ausgestaltung von der Gesellschaft geprägt. So konstatieren MEYER/ ROWAN:

„Many of positions, policies, programs, and procedures of modern organizations are enforced by public opinion, by the views of important constituents, by knowledge legitimated through the educational system, by social prestige, by the laws, and by the definitions of negligence and prudence used by the courts."[399]

Sie stellen damit die verschiedenen Institutionen[400] als Einflussfaktoren für Organisationen in den Fokus ihrer Untersuchungen. Auch der Titel des Beitrages *Formal Structure as Myth and Ceremony* zeugt von dem eben beschriebenen Verständnis der Autoren von Blaupausen als Mythen. Diese Mythen, welche in Form von institutionellen Einflüssen die organisationale Struktur prägen, kommen dabei, wie oben beschrieben, aus der Gesellschaft.[401] Sie formen die Organisation, ohne dass ihnen ein Mehrwert für die Produktivität nachgewie-

---

[396] Vgl. Meyer/ Rowan 1977, S. 341.

[397] Vgl. Berger/ Luckmann 1980, S. 58.

[398] Diese Sichtweise formulieren sie folgendermaßen: *„Prevailing theories assume that the coordination and control of activity are the critical dimensions on which formal organizations have succeeded in the modern world."* Meyer/ Rowan 1977, S. 342.

[399] Meyer/ Rowan 1977, S. 343.

[400] Ihr Verständnis von Institutionen lässt dabei bereits eine Schwerpunktsetzung auf kognitive sowie normative Aspekte erahnen, aber auch die regulativen, manifestiert durch das Gesetz, beschreiben sie als abhängig von *„the definitions of negligence and prudence used by the courts"*. Sie weisen damit darauf hin, dass auch regulative Dimensionen von Institutionen kognitiv verankert sind und die kognitive Dimension also die Metadimension darstellt. Vgl. hierzu auch Senge/ Hellmann 2006, S. 60 f. Damit beziehen Meyer/ Rowan bereits die drei als relevant erachteten Arten von Institutionen in ihre Betrachtung ein: regulative, normative sowie kognitive Institutionen. Ausführlicher dazu weiter hinten in diesem Kapitel und bspw. Scott 2008.

[401] Dabei können diese Rationalitätsvorstellungen abhängig von den Akteuren der organisationalen Umwelt auch voneinander abweichen und sogar widersprüchlich sein. Dies rührt daher, da die unterschiedlichen Anspruchsgruppen mit ihren eigenen Vorstellungen von einer rationalen Organisationsgestaltung an die Unternehmen herantreten.

sen werden kann oder muss. Sie werden alleine deswegen übernommen, da die Organisation durch sie Legitimität erlangt.[402] Das bedeutet, weichen Organisationen von diesen Erwartungen ab, werden sie negativ sanktioniert.[403] So verfügen bspw. viele Organisationen über einen Gleichstellungsbeauftragen, aber nicht zwangsläufig aus dem Grund, dass dies zwingend notwendig wäre, sondern vielmehr, weil es heutzutage von einer Organisation erwartet wird eine solche Stelle zu besetzen. MEYER und ROWAN selbst führen hierzu als Beispiel ökonomische Analysen und Kennzahlen an:

„The rise of professionalized economics makes it useful for organizations to incorporate groups of economists and econometric analyses. Though no one may read, understand, or believe them, econometric analyses help legitimate the organization´s plans in the eyes of investors, customers ... , and internal participants. Such analyses can also provide rational accountings after failure occur: managers whose plans have failed can demonstrate to investors, stockholders, and superiors that procedures were prudent and that decisions were made by rational means."[404]

Es wird in diesem Beitrag deutlich, welch großen Einfluss die Gesellschaft respektive die gesellschaftliche Einbettung von Organisationen auf dieselben hat. So ist nicht mehr nur allein die Produktivität und Zielerreichung von Organisationen für sie relevant, sondern auch die Legitimierung und Akzeptanz durch die Gesellschaft, der *soziale Fit*.[405] Dabei kann

---

[402] Vgl. hierzu bspw. Kaduk 2008, Walgenbach/ Meyer 2008, S. 26 und 68 und Walgenbach 2006, S. 359. In diesem Zusammenhang prägten die Autoren den Begriff der Rationalitätsmythen. Dieser Begriff verweist auf die Tatsache, dass es keine eindeutige Rationalitätsvorstellung von Organisationen gibt, sondern vielmehr mehrere sich unterscheidende. Verschiedene Anspruchsgruppen haben damit unterschiedliche Rationalitätsvorstellungen. Vgl. hierzu ausführlicher Walgenbach 2006, S. 359 und auch Jörges-Süß/ Süß 2004, S. 2 f.

[403] Vgl. Jörges-Süß/ Süß 2004, S. 2.

[404] Meyer/ Rowan 1977, S. 350.

[405] Schwierigkeiten ergeben sich an dieser Stelle, da Organisationen von verschiedenartigen Umweltsegmenten beeinflusst werden, die unterschiedliche, sich möglicherweise ausschließende Erwartungshaltungen haben, die auch einer effektiven und effizienten Leistungserbringung entgegenstehen können. Organisationen übernehmen dann dem Anschein nach die erwarteten Strukturen und Verhaltensweisen. Tatsächlich entkoppeln sie aber die Arbeitsabläufe von den institutionellen Erwartungen. Vgl. Jörges-Süß/ Süß 2004, S. 3 f.

die Wirkung von Institutionen auf das Handeln von Akteuren so stark werden, dass es sogar dann angewendet wird, wenn es offensichtlich keinen Mehrwert hat.[406]

DIMAGGIO/ POWELL gehen noch konkreter auf diesen Ansatz ein.

DiMaggio und Powell 1983

Ähnlich wie MEYER/ ROWAN beschäftigen sich DIMAGGIO/ POWELL in ihrem Beitrag *The Iron Cage*[407] *revisited: Institutional Isomorphism and collective Rationality in organizational Field* mit Erwartungshaltungen aus der organisationalen Umwelt an die Unternehmen. Dabei spezifizieren sie allerdings das Feld der relevanten Umwelten etwas genauer als diese. Wie der Titel ihrer Arbeit bereits verrät, beschreiben sie diese Umwelten als organisationale Felder. Dabei ist das Konzept der organisationalen Felder weiter gefasst als bspw. das der Branche. WALGENBACH/ MEYER definieren es folgendermaßen:

„*Das Konzept des organisationalen Feldes steht* [...] *für eine Gruppe von Organisationen, die in ein gemeinsames Sinnsystem eingebunden ist und durch aufeinander bezogene Handlungen und gemeinsame Regulationsmechanismen erkennbar wird.*"[408]

Dabei unterliegt bereits die Definition von organisationalen Feldern einer gewissen Institutionalisierung:

„*Fields only exist to the extent that they are institutionally defined.*"[409]

Die erwähnten gesellschaftlichen Erwartungshaltungen manifestieren sich darin, wie ebenfalls im Titel ersichtlich, in Isomorphismen[410]. Je weiter ein organisationales Feld dabei institutionalisiert und strukturiert ist, desto eher führt dies zu einer Strukturangleichung

---

[406] Vgl. DiMaggio/ Powell 1991, S. 4.

[407] Den Begriff des *iron cage* prägte Parsons, als Übersetzung des stahlharten Gehäuses der Hörigkeit von Weber. Kritik an dieser Übersetzung übt bspw. Kaesler 2012.

[408] Walgenbach/ Meyer 2008, S. 33.

[409] DiMaggio/ Powell 1983, S. 148 und vgl. weiters Walgenbach/ Meyer 2008, S. 34.

[410] Unter Isomorphie ist hier Gleichförmigkeit zu verstehen. Der Begriff des Isomorphismus stammt aus dem Bereich der Mathematik und meint eine spezielle, eindeutig umkehrbare Abbildung einer algebraischen Struktur auf eine andere. Vgl. Duden 2005, S. 483.

der Organisationen in diesem Feld. Organisationen passen sich also anderen Organisationen an, die denselben Rahmenbedingungen ausgesetzt sind.[411] DIMAGGIO/ POWELL beschreiben dies folgendermaßen:

„*The concept that best captures the process of homogenization is* ***isomorphism****.* [...] *isomorphism is a constraining process that forces one unit of a population to resemble other units that face the same set of environmental conditions* [Hervorhebung i. O.]."[412]

Die Autoren unterscheiden bzgl. des sie interessierenden Phänomens der Isomorphie grundsätzlich zwei Formen: Zum Einen Isomorphie die auf Wettbewerb, und zum Anderen Isomorphie die auf Institutionen beruht. Erstere lässt sich durch den Wettbewerb um gleiche Ressourcen und Kundengruppen erklären. Die institutionelle Isomorphie stellt hingegen eine Ergänzung zur wettbewerbsbezogenen Strukturangleichung dar:

„[...] *organizations compete not just for resources and customers, but for political power and institutional legitimacy, for* ***social*** *as well as economic fitness* [Hervorhebung EK]."[413]

Damit verweisen auch DIMAGGIO/ POWELL ebenfalls, wie bereits WEBER und MEYER/ ROWAN auf den Einfluss der gesellschaftlichen Erwartungshaltung gegenüber Organisationen.[414] Sie machen deutlich, dass nicht nur die ökonomische, sondern auch die soziale Eignung, bzw. Akzeptanz durch die Gesellschaft eine wesentliche Rolle für das Bestehen und Überleben von Organisationen spielt. Unter ihrem Begriff der sozialen Tauglichkeit subsumieren sich all diejenigen Aspekte, welche die Anschlussfähigkeit der Organisation an die Gesellschaft gewährleisten. Sie, bzw. ihre Notwendigkeit, werden durch die verschiedenen Arten von Isomorphie, die DIMAGGIO/ POWELL definieren, spürbar.[415] Sie grenzen insgesamt drei Arten von Isomorphismus ab: Isomorphismus durch Zwang, mimetischen sowie normativen Isomorphismus.

---

[411] Vgl. Walgenbach/ Meyer 2008, S. 34 f.

[412] DiMaggio/ Powell 1983, S. 14.

[413] DiMaggio/ Powell 1983, S. 150.

[414] Vgl. den vorausgehend beschriebenen Beitrag von Meyer und Rowan.

[415] Vornehmlich wird die Notwendigkeit der sozialen Anschlussfähigkeit durch zwei der drei Arten von Isomorphismus aufgezeigt: der Isomorphismus durch Zwang sowie der normative Isomorphismus. DiMaggio und Powell weisen außerdem darauf hin, dass diese drei Dimensionen lediglich analytischer Natur sind und sich überschneiden können. Vgl. hierzu DiMaggio/ Powell 1983, S. 150 und weiter im Kapitel.

Isomorphismus durch Zwang resultiert sowohl aus formellen als auch aus informellen Zwängen, bspw. kulturellen Erwartungen der Gesellschaft. Diese Zwänge können durchaus sehr subtil sein und müssen nicht zwangsläufig so explizit sein, wie es der Name vermuten lassen würde.[416]

Der mimetische Isomorphismus resultiert aus Unsicherheit. Organisationen orientieren sich dabei an anderen Organisationen, die denselben Umweltbedingungen ausgesetzt sind, um die Unsicherheit zu bewältigen. Die Übernahme von bestimmten Praktiken oder Strukturen kann bspw. indirekt über Personaltransfer oder direkt über Unternehmensberatungen stattfinden.[417]

Die dritte Art von Angleichung beruht den Autoren nach auf normativem Druck. Dieser basiert hauptsächlich auf Professionalisierung. Darunter verstehen DIMAGGIO und POWELL:

„[...] *the collective struggle of members of an occupation to define the conditions and methods of their work, to control* ***the production of producers*** *and to establish a cognitive base and legitimation for their occupational autonomy* [Hervorhebung i. O.]."[418]

Damit verbunden fungieren auch Ausbildungsstätten wie bspw. Universitäten als wichtige Generatoren von organisationalen Normen die den zukünftigen Organisationsmitgliedern vermittelt und durch diese in die Organisationen getragen werden. Darüber hinaus wirkt sich das zunehmende Ausmaß der Professionalisierung per se als zusätzlicher Treiber aus. Dies führt nach Ansicht der Autoren zu:

„[...] *a pool of almost interchangeable individuals who occupy similar positions across a range of organizations and possess a similiarity of orientation and disposition that may override variations in tradition and control that might otherwise shape organizational behavior.*"[419]

---

[416] Vgl. DiMaggio/ Powell 1983, S. 150 f. Vgl. zu Isomorphismus aus Zwang auch die vorausgegangene Beschreibung der Arbeit von Meyer/ Rowan 1977. Meyer und Rowan prägten in diesem Zusammenhang den Begriff der Rationalitätsmythen.

[417] Vgl. DiMaggio/ Powell 1983, S. 151.

[418] Ebenda, S. 152.

[419] Ebenda.

Und weiters:

„To the extent managers and key staff are drawn from the same universitites and filtered on a common set of attributes, they will tend to view problems in a similar fashion, see the same policies, procedures and structures as normatively sanctioned and legitimated, and approach decisions in much the same way. [...] *when organizations in a field are similar and occupational socialization is carried out in trade association workshops, in-service educational programs, consultant arrangements, employer-professional school networks, and in the pages of trade magazines,* ***socialization acts as an isomorphic force*** [Hervorhebung EK].*"*[420]

Mit ihrer normativen Dimension von Isomorphismus verweisen die Autoren eindeutig auf die wesentliche Bedeutung, die Sozialisation in diesem Kontext einnimmt.[421] Sie vertiefen diesen Aspekt in ihrer Arbeit zwar nicht weiter, interessanterweise beschäftigen sie sich allerdings zum Abschluss ihres Beitrages mit Implikationen ihrer Erkenntnisse für die Sozialtheorie und weisen damit auf die gesamtgesellschaftliche Einbettung von Organisationen in die Gesellschaft hin.[422]

Der Aspekt des normativen Drucks spielt auch in dieser Arbeit eine Rolle. Er erklärt, dass die Strukturiertheit von Professionen zu einer Sozialisation ihrer Mitglieder führt, die dann bestimmte Vorstellungen, Erwartungen und Methoden des professionellen Verhaltens verinnerlicht haben und erwarten, dies auch in Organisationen anzutreffen und anwenden zu können.

---

[420] DiMaggio/ Powell 1983, S. 153.

[421] Vgl. hierzu auch S. 84 ff. in dieser Arbeit.

[422] Vgl. DiMaggio/ Powell 1983, S. 156 f. Im Original stellen sie die provokante Frage: *„How can it be that the confused and contentious bumblers that populate the pages of organizational case studies and theories combine to construct the elaborate and wellproportioned social edifice that macrotheorists describe?"* Mit dieser Frage weisen sie auf die Divergenz zwischen den Feststellungen in der Organisationstheorie hin, die eine Abkehr von rationalen Motiven der Unternehmenslenker vermuten lässt und des immer noch (damals) vorherrschenden Bildes einer vernunftgetriebenen und rationalen Gesellschaft in der Sozialtheorie.

„Je stärker sich eine Organisation bei der Auswahl ihrer Mitglieder auf akademische Zeugnisse verlässt, desto größer ist das Ausmaß, in dem sie sich anderen Organisationen in ihrem Feld angleicht.“[423]

Damit kann davon ausgegangen werden, dass innerhalb von organisationalen Feldern eine gewisse Gleichförmigkeit bzgl. der Organisationen besteht, die auch durch Sozialisation der Organisationsmitglieder durch (Aus-)Bildungsinstitutionen zustande kommt. Zusammenfassend kann ich an dieser Stelle die Kernbezüge der beiden ersten Basisbeiträge zum Thema dieser Arbeit folgendermaßen festhalten:

Sowohl MEYER/ ROWAN als auch DIMAGGIO/ POWELL stellen einen wesentlichen Einfluss der institutionellen Umwelt auf die Organisationen fest, der im Verhalten und Strukturierung der Organisationen auszumachen ist. Organisationen sind demnach als offene Systeme zu betrachten, die in einen gesamtgesellschaftlichen Zusammenhang eingebettet sind. In diesem Zusammenhang kommt der Sozialisation durch (Aus-)Bildungsinstitutionen eine gesonderte Rolle zu.

Die Anforderungen aus der institutionellen Umwelt und die Notwendigkeit des sozialen Fit führen zu Gleichförmigkeit der Organisationen.

Zucker 1977

Lynne ZUCKER widmet sich in ihrem Beitrag *The role of institutions in cultural persistence*, anders als die Autoren der bisher beschriebenen Beiträge, nicht der zunehmenden Gleichförmigkeit von Organisationen welche durch die institutionelle Unternehmensumwelt bzw. die Makrostruktur der Organisationen beeinflusst wird.[424] Sie richtet ihr Augenmerk stattdessen auf den grundsätzlichen Begriff der Institution und auf die Frage, wann diese tatsächlich *handlungsleitend* werden.[425] Damit geht sie im Neoinstitutionalismus einen

[423] Walgenbach/ Meyer 2008, S. 39.
[424] Vgl. ebenda, S. 42.
[425] Für Zucker sind Institutionen nur als solche definiert, wenn sie per se tatsächlich handlungsleitend werden. Konkreter hierzu im weiteren Verlauf dieses Teilabschnittes. Innerhalb der institutionellen Forschung von

analytischen Schritt weiter als die Autoren der vorausgehend vorgestellten Artikel. Konkret betrachtet sie das Merkmal der relativen Beständigkeit von Institutionen und verweist damit auf HUGHES:

„The only idea common to all usages of the term ***institution*** *is that of some sort of establishment of relative permanence of a distinctly social sort* [Hervorhebung i. O.].“[426]

Sie rückt damit das Kennzeichen von Institutionen in den Mittelpunkt ihrer Betrachtung, welches so gut wie jeder Definition derselben zueigen ist: die Dauerhaftigkeit. Für sie bestehen dabei unterschiedliche Grade von Institutionalisierung, die sich entsprechend auf die Beständigkeit der Institutionen auswirken. Institutionen die tatsächlich handlungsleitend sind und wie selbstverständlich ausgeführt werden, weisen einen hohen Grad an Institutionalisierung auf. Zucker bezeichnet sie als soziale Fakten, die von einer Generation an die nächste weitergegeben werden und so zur Beständigkeit einer Kultur beitragen.[427]

Diese Perspektive baut sie in ihrer Arbeit der folgenden Jahre weiter aus. So zeigt sie in ihrem Beitrag von 1983, dass der erste Fokus bzgl. Institutionen und Organisationen auf dem Einfluss von Institutionen *aus* der Umwelt *auf* die Organisation lag.[428] So ist nach Ansicht ZUCKERs das Verhalten von Organisationen in den Konzepten von MEYER/ ROWAN und DIMAGGIO/ POWELL zu einem Großteil durch Zwang und Erwartungsdruck aus der Organisationsumwelt zu erklären.[429] Der Grad an Institutionalisierung dieser Verhaltensweisen ist, ihres Erachtens nach, folglich nicht sehr groß. Wie bereits erwähnt sind für sie Verhaltensweisen und Handlungen von größerem Interesse, die aus sich selbst heraus handlungsleitend sind, von den Akteuren als selbstverständlich betrachtet werden und dementsprechend einen hohen Institutionalisierungsgrad aufweisen. Sie konstatiert:

Meyer/ Rowan sowie DiMaggio/ Powell sieht sie eine Entkoppelung der Arbeitsabläufe von den institutionellen Erwartungen. Demzufolge besteht keine echte Handlungsleitung durch die von diesen Autoren thematisierten Institutionen. Zucker konstatiert: *„Organizational conformity to the institutional environment simultaneously increases positive evaluation, resource flows, and therefore survival chances,* ***and*** *reduces efficiency* [Hervorhebung i.O.].“ Zucker 1987, S. 445.

426 Hughes 1936, S. 180.

427 Vgl. Walgenbach/ Meyer 2008, S. 41 sowie Zucker 1987, S. 447.

428 Vgl. Zucker 1983, S. 444 ff. Vgl. auch die vorangehend vorgestellten Beiträge zum Neoinstitutionalismus

429 So unterscheidet sie auch zwischen zwei Betrachtungsweisen: Einmal der Umwelt als Institution und einmal der Organisation selbst als Institution. Vgl. Zucker 1987, S. 444 ff. Zu Organisationen als Institution auch ausführlicher weiter unten in diesem Teilkapitel.

"[...] *institutionalization is rooted in conformity – not conformity engendered by sanctions (whether positive or negative), nor conformity resulting from a "black-box" internalization process, but conformity rooted in* ***the taken-for-granted aspects*** *of everyday life* [Hervorhebung EK]."[430]

Mit der Fokussierung auf die Selbstverständlichkeiten des Alltags schlägt ZUCKER eine Brücke zum Begriff der kognitiven Institutionen. Unter ihren *taken-for-granted aspects of everyday life* lassen sich denn Konstruktionen der sozialen Wirklichkeit subsumieren, die in den Kognitionen des Einzelnen manifestiert sind.[431] Sie legt damit den Fokus in ihrer Arbeit vornehmlich auf die kognitive Dimension von Institutionen und die Mikroebene, d.h. die Vorstellungswelt des jeweiligen Akteurs.[432] Kognitive Institutionen sind für sie damit *echte* Institutionen, da diese keinerlei Sanktionen benötigen, um eingehalten zu werden.[433] ZUCKER macht mit ihrer Arbeit damit den Institutionsbegriff in der Organisationstheorie weiter und leistet so einen ersten Schritt zur Schärfung des Begriffs.[434] Für die weitere Betrachtung von Institutionen im organisationalen Kontext halte ich an dieser Stelle fest:

Kognitive Institutionen sind echte Institutionen, da sie keinerlei Sanktionen benötigen, um eingehalten zu werden.

Die vorausgegangene Betrachtung der drei grundlegenden Beiträge des Neoinstitutionalismus hat gezeigt, dass in allen dreien unreflektiertes und routinemäßiges Vorgehen sowie

---

[430] Zucker 1983, S. 5. Sie spricht damit implizit die wesentliche Bedeutung von Sozialisationsprozessen für die Institutionalisierung an. Die Gesellschaft hat so auch für sie einen bedeutenden Einfluss auf die Ausbildung von Institutionen, allerdings vielmehr subtiler, d.h. eben auf kognitiver Ebene. Ausführlicher zur Unterscheidung der verschiedenen Institutionsarten vgl. Scott 2008 und im folgenden Teilkapitel dieser Arbeit.

[431] Vgl. hierzu die Ausführungen zur Erkenntnistheorie in Kapitel 1.3.

[432] Vgl. Walgenbach/ Meyer 2008, S. 42.

[433] Zucker weist an dieser Stelle bereits auf die Gefahr einer Pfadabhängigkeit von kognitiven Institutionen hin: „*The resulting stability increases effectiveness when it is linked to goals of the organization by creating* ***routines*** *that reduce search and evaluation costs. But stability decreases effectiveness if more efficient ways of organizing are ignored, often because they are literally not perceived* [Hervorhebung i.O.]". Vgl. Zucker 1987, S. 446.

[434] Ausführlicher zu Unschärfen des organisationstheoretischen Institutionsbegriff und des Umgangs damit im weiteren Verlauf dieses Kapitels.

die Erkenntnis, dass sonstige, nicht institutionalisierte Einflüsse auf die Organisationen zurückgedrängt werden,[435] im Vordergrund stehen.[436]

Allerdings zeigen sich im Detail doch gewisse Unterschiede, die sich vor allem auf die Ursachen des routinemäßigen Verhaltens und damit auf die Verortung der institutionellen Einflüsse beziehen. Damit einher geht eine fehlende Schärfe der zentralen Begrifflichkeiten, allen voran die des Institutionenbegriffs, welche als Kritikpunkt an der neoinstitutionalistischen Organisationstheorie häufig vorgebracht wird.[437] Im Folgenden möchte ich diese beiden Punkte etwas näher betrachten und dem Versuch einer Verdichtung unterziehen.

2.3.1.2 Verdichtung I – Verortung der institutionellen Einflüsse

Das routinemäßige Verhalten lässt sich prinzipiell zwei verschiedenen Quellen zuordnen, abhängig von der Forschungsperspektive. So zeigt die Herangehensweise von MEYER/ ROWAN sowie DIMAGGIO/ POWELL, dass sie die Institutionen vorwiegend in der Umwelt der Organisationen sehen. ZUCKER erweitert bzw. verschiebt diese Perspektive und betrachtet Organisationen, bzw. die Vorstellungswelt der in ihnen agierenden Akteure, selbst als Institutionen. Dabei steht nicht mehr die Reproduktion von sozialen Artefakten im Vordergrund, sondern vielmehr die Generierung derselben durch die Organisation und ihre Mitglieder.[438] Institutionen entstehen dabei, ZUCKER zufolge, im organisationalen Kontext

---

[435] Es wird der neoinstitutionalistischen Theorie diesbezüglich der Vorwurf entgegengebracht, ein übersozialisiertes Bild der Akteure zu zeichnen, die ausschließlich durch äußere Einflüsse beeinflusst handeln. Vgl. Zucker 1987, S. 454. Gemeint ist damit die Ausblendung von weiteren Einflussfaktoren auf das Verhalten der Organisationsmitglieder, wie z.B. Macht, persönliche Interessen sowie strategisches Handeln. Es seien eben nicht nur institutionalisierte Elemente und Praktiken der Umwelt die übernommen würden, sondern darüber hinaus auch weitere Aspekte. Scott stellt hierzu fest, dass es dabei allerdings nicht darum geht, nur von rationalen Akteuren auszugehen, wie in rational-choice-Ansätzen, sondern vielmehr darum, dass Akteure deren Interessen und Strategien institutionell festgelegt sind, innerhalb des Theoriegebäudes Eingang finden sollen: *„Individuals do construct and continuously negotiate social reality in everyday life, but they do so within the context of wider, preexisting cultural systems: symbolic frameworks, perceived to be both objective and external, that provide orientation and guidance."* Scott 1995, S. 41. Er hebt damit die gesellschaftliche und kulturelle Einbettung von Institutionen hervor.

[436] Vgl. Walgenbach/ Meyer 2008, S. 49.

[437] Vgl. Walgenbach 2002, S. 163 f. und Senge/ Hellmann 2006, S. 7.

[438] Vgl. Zucker 1987, S. 444.

eher als in anderen sozialen Kontexten solange es sich um echte, d.h. kognitive Institutionen handelt, die auf Routinen basieren:[439]

„Borrowing from ethnomethodology [...], *the argument can be made that acts and structures embedded in organizations (where the ‚routines' and roles are highly formalized and have continuity over time) are more readily institutionalized than those embedded in alternative informal social coordination structures."*[440]

Dies führt zu Stabilität und Effizienz innerhalb der Organisation, solange etwaige effizientere Alternativen nicht ignoriert werden.[441] Ihrer Meinung nach verlagert sich der Fokus hin zu: Organisationen als Institutionen mit einem entsprechenden Einfluss auf ihre Umwelt und das soziale System.[442] Sie stellt fest:

„Organizations are the preeminent institutional form in modern society."[443]

Organisationen selbst haben demnach einen wesentlichen Anteil an der Schaffung von sozialen Fakten, die die Gesellschaft bestimmen. Dieser entscheidende Unterschied in den Perspektiven der Autoren der Basis-Beiträge liegt also, so kann man sagen, in der tendenziellen Verortung in der Makro- bzw. Mikroebene.[444] Dabei ist unter Makroebene allerdings nicht nur *environment as institution*[445] zu verstehen, sondern vielmehr auch:

---

[439] Vgl. ebenda, S. 446.

[440] Ebenda.

[441] Vgl. Zucker 1987, S. 447. Genau diese Forderung ist elementar. Denn oftmals führt Institutionalisierung eben dazu, dass mögliche effizientere Handlungsalternativen ignoriert oder nicht mehr wahrgenommen werden. Vgl. hierzu auch die Ausführungen zum allgemeinen Institutionsbegriff im Kapitel 2.2.

[442] Vgl. Zucker 1983, S. 7.

[443] Ebenda, S. 1.

[444] In der Makroperspektive im Neoinstitutionalismus sind gemeinhin die gesellschaftlichen Institutionen welche sich in der Unternehmensumwelt befinden als Makro-Entitäten zu verstehen. Dementsprechend steht in der Mikroperspektive die individuelle Interaktions- und Handlungsebene im Vordergrund. Zucker ist hier Vorreiterin und greift dabei auf das Institutionenverständnis von Berger/ Luckmann zurück, in dem die soziale Welt und die darin vorhandenen Institutionen von den Menschen selbst intersubjektiv konstruiert werden. Vgl. hierzu Klatetzki 2006, sowie in dieser Arbeit Kap. 2.2.

[445] Die Arbeiten von Meyer/ Rowan sowie DiMaggio/ Powell werden als *environment as institution*-Ansätze bezeichnet. In Abgrenzung dazu wird der Ansatz von Zucker *organization as institution* bezeichnet. Vgl. hierzu Walgenbach/ Meyer 2008, S. 48.

„[...] *die Annahme, dass institutionalisierte Erwartungen und Regeln die Organisation durchdringen und den Organisationsmitgliedern gleichsam eine* ***eingefärbte und an den Seiten geschlossene Brille*** *aufsetzen."*[446]

Damit verweisen WALGENBACH und MEYER bereits auf den kognitiven Aspekt der auch in der Makroperspektive zu finden ist. Einflüsse aus der institutionellen Umwelt werden von den Organisationsmitgliedern aufgenommen, *internalisiert*[447] und in Handlungsmuster überführt. Dieser Makroperspektive lassen sich die Beiträge von MEYER/ ROWAN und DIMAGGIO/ POWELL zuordnen.[448] Die Mikroperspektive hingegen bezieht stärker das Individuum und Selbstverständlichkeiten der jeweiligen sozial konstruierten Wirklichkeit ein.[449]

So betrachtet zeigt sich, dass der Stellenwert des Begriffs der Kognition im Neoinstitutionalismus eine wesentliche Bedeutung einnimmt, sowohl in der Mikro- als auch in der Makroperspektive, denn:[450] Einflüsse aus der Organisationsumwelt können nur dann Realität werden, wenn sie von den Organisationsmitgliedern kognitiv aufgenommen und in Handlung umgesetzt werden. Damit ist eine starke kognitive Verankerung im Neo Institutionalismus verbunden die WALGENBACH und MEYER in Handlungsweisen manifestiert sehen, die:

„[...] *unsere Wirklichkeit und Wirklichkeitswahrnehmung bestimmen."*[451]

Sie konstatieren weiter:

„Die kulturelle oder institutionelle Umwelt befindet sich insofern nicht ‚da draußen', sondern in den Köpfen der Organisationsmitglieder."[452]

Dabei ist wichtig festzuhalten, dass die Mikroperspektive nicht ausschließlich die Tätigkeit innerhalb einer Organisation im Sinne der Betriebswirtschaftslehre meint. Vielmehr betrifft

---

446 Walgenbach/ Meyer 2008, S. 50.
447 Vgl. das Sozialisationskonzept von Berger/ Luckmann, S. 84 ff. in dieser Arbeit.
448 Vgl. Walgenbach/ Meyer 2008, S. 51 f.
449 Vgl. hierzu die obigen Ausführungen zu den Arbeiten von Zucker.
450 Vgl. Walgenbach/ Meyer weiter oben.
451 Walgenbach/ Meyer 2008, S. 42.
452 Ebenda, S. 50.

der Einfluss von Institutionen das gesamte soziale Leben. So stellen auch ORTMANN/ SYDOW und TÜRK eine Theorielücke fest, betreffend des

„(..) unvermeidlichen Einflusses von Organisationen auf fast alle Bereiche des gesellschaftlichen Lebens."[453]

Auch Organisationen selbst sind *Gesellschaft.* Und damit institutionenbildend.[454]

2.3.1.3 Verdichtung II – Das Drei-Säulen-Modell von Scott

In den verschiedenen Beiträgen zum Neoinstitutionalismus wird der Begriff der Institution uneindeutig verwendet. Die fehlende Schärfe der zentralen Begrifflichkeit macht daher eine weitere Verdichtung notwendig.[455] So befindet bspw. TÜRK:

„Der Institutionenbegriff ist [...] *sehr weit gefasst und umschließt letztlich jede Art von (dauerhaft) reproduzierten sozialen Praktiken, die sich in der Empirie für Organisationen als bedeutungsvoll herausgestellt haben."*[456]

Einen umfassenden Verdichtungsbeitrag bzgl. des Kernbegriffs nimmt SCOTT in seinem Drei-Säulen-Modell vor.[457] Er betrachtet hierbei Institutionen aus ökonomischer, politischer sowie sozialer Perspektive und entwickelt daraus ein integriertes Modell in welchem er die verschiedenen Institutionsarten zusammenführt.[458] Der Basis des Modells von SCOTT liegt

---

[453] Ortmann/ Sydow/ Türk 1997, S. 18.

[454] Vgl. ebenda, S. 17.

[455] Vgl. Walgenbach 2002, S. 163 f. und Senge/ Hellmann 2006, S. 7.

[456] Türk 1978, S. 47. Nun kann man fragen, welche Praktiken sich als bedeutungsvoll erwiesen haben und welche nicht. Legt man den Gesellschaftsbegriff von Luhmann zugrunde, so dürften für Organisationen sämtliche Praktiken relevant sein, insoweit sie für ihre Mitglieder verbindlich und damit handlungsleitend sind. Luhmann spricht von einer Gesellschaft, wenn konformes bzw. nonkonformes Verhalten im Hinblick auf Normen und Werte festgelegt ist und entsprechende Erwartungen und Reaktionen festgelegt sind. Vgl. Luhmann 1975, S. 11 f.

[457] Vgl. Scott 2008. Der genannte Beitrag von Scott ist die bislang umfassendste Bestandsaufnahme von Institutionentheorien. Das daraus von ihm entwickelte Drei-Säulen-Modell der Institutionen stellt einen der etabliertesten Bezugsrahmen des Neoinstitutionalismus dar. Vgl. hierzu auch Senge 2006, S. 38.

[458] Der integrative Aspekt ist hierbei vor allem im Zusammentragen des verschiedenen Verständnisses des Institutionenbegriffs innerhalb der betrachteten Disziplinen zu suchen. Bzgl. der drei Institutionsarten geht Scott allerdings differenziert vor und betrachtet diese jeweils isoliert voneinander. Vgl. hierzu auch Scott 2008, S. 51.

eine allgemeine Konzeption von Institutionen zugrunde, die die Vielschichtigkeit des Begriffs aufzeigt:

„Institutions are comprised of regulative, normative and cultural-cognitive elements that, together with associated activities and resources, provide stability and meaning to social life."[459]

In diese Definition schließt SCOTT viele Aspekte ein, die im Verlauf dieser Arbeit bereits angesprochen wurden. Institutionen sind demnach dauerhafte soziale Strukturen, die von Generation zu Generation weitergegeben werden, auf diese Weise beibehalten und reproduziert werden. Darüber hinaus kategorisiert er drei Arten von Institutionen, wie sie auch bereits in den Beiträgen von MEYER/ ROWAN, DIMAGGIO/ POWELL und ZUCKER deutlich wurden: regulative, normative sowie kulturell-kognitive Institutionen. Diese Einteilung ist die in der Organisationstheorie weitläufig am häufigsten gebrauchte. Sie stellen für SCOTT die drei Säulen seines Institutionenmodells dar, welches in nachfolgender Abbildung dargestellt ist:

INSTITUTIONSARTEN NACH SCOTT

Institution	Wirkmechanismus	Durchsetzungs-mechanismus	Empirisches Phänomen
Regeln, Gesetze, Verträge, Verfügungsrechte	Regulativ	Zwang	Regelhafte Handlungen
Normen, Werte	Normativ	Moralischer Druck/ Verpflichtung	Regelhafte Handlungen
Geteilte Vorstellungen der sozialen Wirklichkeit, Glaubens- und Bedeutungssysteme	Kognitiv	Selbstverständlichkeit (wird nicht hinterfragt)	Regelhafte Handlungen

Abb. 2-2[460]

[459] Ebenda, S. 48. Vgl. hierzu auch Scott 2006, S. 209. Grundlage des Modells ist die Betrachtung von Organisationen als offene Systeme, als mehr als nur *„instrumental production systems"*. Er betrachtet die Entwicklung des Neoinstitutionalismus in der Organisationstheorie als Konsequenz aus den Konzeptionen der Organisation als offenes System. Vgl. Scott 2008, S. x. Sie sind nach diesem Verständnis auch soziale und kulturelle Systeme. Vgl. hierzu auch Scott 2006. Insofern erwächst für die gesellschaftliche Umwelt der Organisation eine zunehmende Bedeutung, welche sich in Institutionen ausdrückt.

Der Differenzierung in die drei Mechanismen legt Scott ein Kontinuum zugrunde, welches

„[...] *from the conscious to the unconscious, from the legally enforced to the taken for granted,*“[461]

reicht. Mittels der drei Säulen seines Modells will SCOTT dieses Kontinuum in seiner gesamten Breite abdecken.[462] Der regulative Mechanismus lässt sich hier auf der bewussten und rechtlich durchsetzbaren Seite des Kontinuums verorten. Er manifestiert sich in Regeln, Gesetzen sowie Verträgen und Verfügungsrechten u. ä., d.h. Handlungen werden durch die explizit formulierten Regeln und Gesetze herbeigeführt, da bei Nichtbeachtung Sanktionen zu erwarten sind, bzw. Belohnungen bei Beachtung.

Normativen Institutionen liegen Werte und Normen zugrunde. Handlungen werden demnach durch Regeln generiert, die festlegen, welches Verhalten als wünschenswert bzw. unerwünscht gilt. Eine Nichtbeachtung der Werte und Normen wird, anders als bei regulativen Institutionen, nicht durch eine legale Autorität abgestraft, sondern mittels Sozialkontrolle, die sich durch eine moralische Erwartung ausdrückt. Auf dem Kontinuum ist dieser Mechanismus in der Mitte zu verorten.

Die kognitiven Institutionen umfassen die Art und Weise, wie Wirklichkeit durch die Akteure erfahren wird. Dies umfasst vor allem die geteilte Vorstellung der sozialen Wirklichkeit sowie gemeinschaftliche Glaubens- und Bedeutungssysteme.[463] SENGE übersetzt diese kognitiven Institutionen als *Skripte* und ergänzt, dass diese Bezeichnung auf die routinemäßige und quasiautomatische, nicht mehr hinterfragte Durchführung von Handlungen verweist.[464] Die kognitiven Institutionen liegen im Kontinuum auf der *unconscious* und *taken*

---

[460] Darstellung angelehnt an Scott, entnommen aus Senge 2006, S. 39.
[461] Scott 2008, S. 50.
[462] Vgl. Walgenbach/ Meyer 2008, S. 57.
[463] Giddens formuliert dieses Wissen als *praktisches Bewusstsein*. Es umfasst dabei alles, was Handelnde stillschweigend darüber wissen, wie in den Kontexten des gesellschaftlichen Lebens zu verfahren ist, ohne dass sie in der Lage sein müssten all dem einen direkten diskursiven Ausdruck zu verleihen. Er sieht dabei, wie Senge, eine enge Verbindung des praktischen Bewusstseins mit dem Begriff der Routinisierung. Vgl. Giddens 1997, S. 36.
[464] Vgl. Senge 2006, S. 39.

for granted Seite. Ergebnis aller Institutionsarten sind dabei für Scott, wie SENGE feststellt, immer regelhafte Handlungen.[465]

Obwohl das Modell von SCOTT bislang das bedeutendste bzgl. der Verdichtung des Institutionenbegriffs ist, birgt es selbst Anlass zur Kritik. So stellt SENGE fest, dass die von ihm unterstellte Hierarchiefreiheit bzgl. der regulativen, normativen und kognitiven Institutionen bei genauer Betrachtung zu hinterfragen ist.[466] So beinhaltet die kognitive Säule des SCOTTschen Modells:

„[...] *shared conceptions that constitute the nature of social reality and the frames through which meaning is made.*"[467]

Für SENGE bedeutet dies, dass prinzipiell alle Phänomene der sozialen Welt so konstituiert und wahrgenommen werden; folglich auch Gesetze, Regeln, Normen und Werte. Insofern ist die kognitive Dimension der Institutionen als Metabene zu betrachten, welche die beiden anderen Ebenen unter sich subsumiert. SENGE stellt damit die wesentliche Bedeutung der kognitiven Institutionen heraus.[468] Ich schließe mich abschließend der Sichtweise von ZUCKER und SENGE an und stelle fest:

Die kognitive Ebene ist die Metaebene im Neo-Institutionalismus. Alle Institutionen sind letztlich kognitiv verankert.

2.3.2 Implikationen der bisherigen Erkenntnisse für das weitere Vorgehen

In dieser letztgemachten Erkenntnis manifestiert sich die wesentliche Bedeutung der *kognitiven* Institutionen im Neoinstitutionalismus und in der Organisationstheorie die darin liegt, dass alle beschriebenen Arten von Institutionen nur dann ihre Wirkung entfalten

---

[465] Vgl. ebenda, S. 39.

[466] Vgl. ebenda, S. 41. Allerdings verweist Scott selbst in Bezug auf die Soziologie sowie die Organisationswissenschaften auf die besondere Bedeutung der kognitiven Dimension innerhalb des Neoinstitutionalismus: "*My use of the hyphenated label* ***cognitive-cultural*** *recognizes that* ***internal*** *interpretive processes are shaped by* ***external*** *cultural frameworks* [Hervorhebung i. O.]." Scott 2008, S. 57. Nichtsdestotrotz betrachtet er die institutionellen Säulen seines Modells voneinander isoliert.

[467] Scott 2008, S. 57.

[468] Vgl. Senge 2006, S. 41. Vgl. auch, allerdings etwas abgeschwächt, Walgenbach/ Meyer 2008, S. 63.

können, wenn sie durch die Organisationsmitglieder *kognitiv* aufgenommen und dann in Handlung umgesetzt werden. Die neoinstitutionalistische Organisationstheorie stößt mit dieser Feststellung, die sicherlich nicht abzuwerten ist, allerdings an ihre Grenzen. Denn die Frage wie Institutionalisierungsprozesse vor sich gehen und damit potentielle Ansatzpunkte für ein aktives Eingreifen, bleiben außen vor. Diese Kritik findet sich auch innerhalb der Literatur.[469] U. a. weist ZUCKER darauf hin, dass zu wenig Aufmerksamkeit auf Institutionalisierungsprozesse gerichtet worden sei.[470] Ihrer Ansicht nach ist hier ein interdisziplinäres Vorgehen notwendig, um zu einer vollständigeren Theorie gelangen zu können, die auch den Einfluss vorwegnehmender Annahmen der einzelnen beteiligten Disziplinen womöglich in Frage stellen könnte.[471]

Grundsätzlich gilt die vielfache Begegnung eines Ausdrucks an verschiedener Stelle als aussichtsreicher Weg, um zu einem umfassenderen Verständnis der Gestaltqualität und des Stellenwertes dieses Begriffs zu gelangen und es eröffnet sich die Chance die kontextabhängigen Bedeutungsmöglichkeiten des Begriffs kennenzulernen, um so über eine lediglich abstrakte und gleichbleibende Bedeutung hinauszukommen.[472] Insofern möchte ich mit dieser Arbeit einen Beitrag hierzu leisten und mittels einer interdisziplinären Betrachtung zur Analyse von Ermöglichungsbedingungen sowie Rekonstruktionsansätzen von kognitiven Institutionen einen weiteren theoretischen Schritt in der Organisationstheorie tun. Meiner Ansicht nach ist dieser Schritt essentiell, um in den Wirtschaftswissenschaften eine Möglichkeit zu schaffen, sich der eigenen kognitiven Institutionen und vor allem der Rolle der Organisationen in der Gesellschaft bewusst werden zu können. Wenn man die kognitive Ebene der Institutionen betrachtet und deren Stellung als Metadimension im Gefüge der neoinstitutionalistischen Organisationstheorie ernst nimmt, sollte sich die Betriebswirtschaftslehre in Beziehung zu anderen relevanten Disziplinen, wie der Soziologie, Psycholo-

---

[469] Vgl. Walgenbach 2002, S. 164 sowie Tolbert/ Zucker 1996. Eine Ausnahme bildet hier allerdings bspw. Süß 2009.

[470] Vgl. Walgenbach/ Meyer 2008, S. 89 ff. Einzig Tolbert und Zucker haben eine Konzeptualisierung von Institutionalisierung vorgenommen. Vgl. Tolbert/ Zucker 1996. Dabei haben sie versucht den Institutionalisierungsprozess wie von Berger und Luckmann beschrieben für die Organisationstheorie zu adaptieren.

[471] Vgl. Zucker 1987, S. 460. Ausführlicher zum interdisziplinären Vorgehen siehe auch Abschnitt 3.1 in dieser Arbeit.

[472] Vgl. Adorno 1973, S. 33 f.

gie oder Neurowissenschaften setzen, ansonsten könnten möglicherweise Weiterentwicklungspotentiale in Wirtschaft und Gesellschaft verloren gehen.[473]

[473] Vgl. Giddens, S. 31. Er setzt in seinem Beitrag allerdings die Beziehung von Sozialwissenschaften und Philosophie in den Vordergrund.

3. INTERDISZIPLINÄRE BETRACHTUNG VON KOGNITIVEN INSTITUTIONEN

„Wir studieren ja nicht Fächer,
sondern Probleme."[474]

In diesem Abschnitt soll nun, wie von ZUCKER gefordert, eine interdisziplinäre[475] Perspektive eingenommen werden, um die Entstehung von kognitiven Institutionen zu beleuchten. Wie weiter oben beschrieben gibt der Neoinstitutionalismus als Teil der Organisationswissenschaft zwar Hinweise für die Begründung von Institutionalisierung, allerdings erreicht er keine befriedigende Erklärung für Institutionalisierungs- und Deinstitutionalisierungsprozesse.[476] Um Institutionen, insbesondere kognitive, verstehen zu können scheint es daher unabdingbar, weitere Disziplinen, die einen Erklärungsbeitrag hierzu leisten können einzubeziehen wie z.B. die Soziologie, die Anthropologie und andere die sich mit dem Konstrukt Institution beschäftigen.[477] ZUCKER beschreibt den Mehrwert einer solchen mehrperspektivischen Betrachtung folgendermaßen:

„Clearly, a combination of insights would produce a more complete institutional theory, more testable, and significantly more explicit, since the hidden disciplinary assumptions would necessarily be questioned."[478]

Dieser Mehrwert eines disziplinenübergreifenden Ansatzes ist indes nicht nur theoretischer Art, sondern trägt auch für das praktische Verständnis von menschlichem Handeln und

[474] Popper 1994, S. 97.
[475] Der Begriff der Interdisziplinarität wird gemeinhin als Sammelbegriff für die verschiedenen Arten von disziplinenübergreifender Zusammenarbeit verwendet und soll an dieser Stelle nicht weiter präzisiert werden. Auch ich verwende ihn in diesem Sinne. Die unter diesem Begriff subsumierten Abgrenzungsbegriffe werden bspw. bei Balsiger genauer aufgeführt. Vgl. Balsiger 2005, S. 142 ff.
[476] Vgl. Süß 2009, S. 20 f.
[477] Vgl. ausführlicher hierzu das folgende Teilkapitel.
[478] Zucker 1987, S. 460. Sie weist hier ebenfalls auf die oben genannte inhärente Problematik von Disziplinen hin.

Verhalten bei, das durch kognitive Institutionen determiniert ist.[479] Hierzu stellt der Psychologe GIGERENZER fest:

„Menschliches Verhalten lässt sich nur verstehen, wenn man sowohl die kognitiven Rahmenbedingungen als auch die Umwelt betrachtet.“[480]

Dass ein umfassenderes Verständnis auch und insbesondere in den Wirtschaftswissenschaften notwendig ist, zeigt das – zumindest dann, wenn man *hinter* den Vorhang anderslautender Bekenntnisse in Leitbildern etc. blickt – bis heute vorherrschende Menschenbild des *homo oeconomicus*.[481] Es reduziert fahrlässig die stets kulturell *vorbelastete* betriebliche Realität und klammert so insbesondere individuelle und soziale Aspekte aus. Da letztere nun aber, so wie in der Eingangsthese formuliert,[482] die Grundlage für die notwendige Vielfalt darstellen, müssen sie verstärkt Eingang in die Wirtschaftswissenschaft finden. Den Ausweg hierfür stellt die interdisziplinäre Zusammenarbeit relevanter Forschungsfelder dar, welcher bewusst für diese Arbeit eingeschlagen werden soll.

3.1 Interdisziplinarität

Dem interdisziplinären Ansatz dieser Arbeit liegen zwei Aspekte zugrunde, die im Folgenden näher erläutert werden sollen: Zum einen die spezifischen Eigenheiten des Themas der Arbeit, zum anderen das konstruktivistisch geprägte erkenntnistheoretische Fundament[483].

Die angesprochene Besonderheit liegt dabei in der gesamtgesellschaftlichen Bedeutsamkeit des Gegenstands welche über die üblichen betriebswirtschaftlichen Themen hinausreicht und die ich der Thematik zuschreibe. Denn ein umfassendes Verständnis für das Konstrukt der kognitiven Institutionen lässt sich schwerlich aus der Betriebswirtschaftslehre allein heraus schaffen. Kognitive Institutionen und ihr Beitrag zur Ausbildung von Gleich-

---

[479] Vgl. zur Determinierung des menschlichen Verhaltens durch kognitive Institutionen das vorangegangene Kapitel 2.
[480] Vgl. Gigerenzer 2008, S. 89.
[481] Zum Konzept des homo oeconomicus vgl. S. 52 ff. in dieser Arbeit.
[482] Vgl. S. 5.
[483] Vgl. hierzu auch Kap. 1.3 in dieser Arbeit.

förmigkeit gründen sowohl in individualpsychologischen als auch in gesellschaftlichen Prozessen. Die damit einhergehende Tragweite des Begriffs der kognitiven Institutionen macht deutlich, dass eine einzelne Disziplin für sich genommen keine umfassende Erklärung für ihre Entstehung und eine eventuelle Beeinflussung bestehender Institutionen möglich macht. Die Interdisziplinarität der Arbeit soll diese Herausforderung aufgreifen und ferner zeigen, dass die Betriebswirtschaftslehre in einen gesamtgesellschaftlichen Rahmen eingebettet ist. Hauptgegenstand des Interesses sind zwar Organisationen im betriebswirtschaftlichen Sinne, letztlich geht es aber um das Schaffen eines Verständnisses für die Entwicklung des Individuums Mensch im Kontext unserer heutigen Gesellschaft und dessen Bedeutung für die Disziplin der Wirtschaftswissenschaft. Insofern halte ich es für erforderlich, einen größeren und gesamtgesellschaftlichen Kontext zu eröffnen, um das Thema in diesen einzubetten.[484] Auf diese Weise wird es möglich, den Blick über den Tellerrand der eigenen Disziplin zu wagen und die Wechselwirkungen zwischen den relevanten gesellschaftlichen Bereichen, wie der Wirtschaft sowie Bildung und Erziehung, zu berücksichtigen.

Dieser angestrebte Rundumblick steht allerdings im Gegensatz zur momentan gelebten wissenschaftlichen Tradition der Forschung die vorwiegend im Zeichen der Beschäftigung der einzelnen Disziplin mit ihrem persönlichen Erkenntnisobjekt mittels eigener Methoden und innerhalb ihrer eigenen Paradigmen steht.[485] Diesem Verhalten liegt eine über lange Jahre gewachsene Tradition zugrunde, gewissermaßen die Institutionalisierung der eigenen Disziplin.[486]

---

[484] Ziel ist dabei die Schaffung eines Verständnisses für die komplexen Zusammenhänge bzgl. kognitiver Institutionen und deren Bedeutung für die Gesellschaft an sich und Organisationen im Besonderen.

[485] Vgl. hierzu Gergen/ Gergen 2009, S. 74 ff. Diese Tradition spiegelt sich bereits in den Wurzeln des Begriffs der Disziplin wider. Er stammt etymologisch vom lateinischen *disciplina* ab, was soviel wie Lehre, Zucht oder Schule bedeutet. Vgl. Kluge 2002, S. 503. Dieser ursprünglichen Bedeutung nach lässt sich der Begriff der Disziplin, m. E. nach, als eine Denkschule verstehen, die in einem bestimmten, durch Traditionen etablierten Feld dominiert. Die so entstehenden Disziplineninseln agieren weitgehend autark und verschließen sich stellenweise sogar dem Dialog mit anderen. Vgl. Gergen/ Gergen 2009, S. 74 f.

[486] Vgl. zur Kritik an der systematischen Aufteilung der Erfahrungswelt in Disziplinen Dahrendorf 1967, S. 51 ff. Auch Pareto stellt den Fachimperialismus der Disziplinen in Frage und bemerkt: *„Eine solche Definition ist sehr unvollkommen. Vielleicht könnte man sie vervollkommnen, aber nicht viel. Denn schließlich haben wir von keiner Wissenschaft eine strenge Definition, nicht einmal von den verschiedenen mathematischen Disziplinen. Und strenge Definitionen sind auch unmöglich, denn sie zerlegen nur für unseren Gebrauch den*

Allerdings erachte ich, gerade vor dem Hintergrund der Komplexität unserer Gesellschaft und auch der Vielzahl der Einflüsse auf den Einzelnen, interdisziplinäre Ansätze für unausweichlich und nutzenstiftend und dies vor allem im Hinblick auf die Humanwissenschaften. Dieser Ansicht lege ich zwei Argumente zugrunde: Zum einen kann durch einen interdisziplinären Austausch ein gesteigerter Mehrwert für die jeweilige Einzeldisziplin entstehen. Die Gefahr der Selbstoptimierung der Disziplinen und des ausbleibenden Hinterfragens von Grundprämissen kann so durch den Blick über den eigenen Tellerrand vermieden werden. So stellt auch GIDDENS die Bedeutung eines disziplinenübergreifenden Austauschs fest:

„[...] *die Annehmlichkeit etablierter Ansichten* [kann, Ergänzung EK] *leicht zum Deckmantel intellektueller Trägheit werden. Wenn Ideen interessant und erhellend sind, dann zählt mehr als ihr Ursprung, daß man imstande ist, sie so zu schärfen, daß ihre Nützlichkeit bewiesen werden kann, selbst wenn dies innerhalb eines ganz anderen Rahmens geschieht als dem, der sie hervorgebracht hat.*"[487]

Zum anderen ist nur durch einen disziplinenübergreifenden Austausch die Möglichkeit gegeben überhaupt eine Idee des gesamten Erkenntnisobjektes zu gewinnen. Denn hinterlegt man die Definition von Disziplin[488] zusätzlich mit einem konstruktivistischen Verständnis von Erkenntnisgewinnung, wie dies in dieser Arbeit der Fall ist, so zeigt sich, dass die einzelnen Disziplinen für sich sicherlich und unbenommen einen wertvollen Beitrag zur Wissensgenerierung leisten. Allerdings ist für den oben erwähnten Rundumblick mehr nötig: der Dialog zwischen den Einzeldisziplinen.[489] Eben dies gilt in besonderem Maße für komplexe Phänomene wie den Menschen. Die Notwendigkeit hierfür findet sich auch bei SCHELER erwähnt:

„[...] – *eine einheitliche Idee vom Menschen aber besitzen wir nicht. Die immer wachsende Vielheit der Spezialwissenschaften, die sich mit dem Menschen beschäftigen, verdeckt, so*

Gegenstand unseres Wissens in Teile, und eine solche Zerlegung ist künstlich und wechselt mit der Zeit." Pareto 1955, S. 9.

487 Giddens 1995, S. 35.

488 Vgl. Fußnote 485.

489 Hübenthal definiert Interdisziplinarität als Versuch der Überwindung von einzelnen Trennlinien zwischen den Fragestellungen verschiedener Disziplinen und damit als ganzheitlichen Erklärungsversuch für ein konkretes Phänomen. Vgl. Hübenthal 1991, S. 8.

wertvoll diese sein mögen, überdies weit mehr das Wesen des Menschen, als daß sie es erleuchtet.“[490]

BERGER/ LUCKMANN konstatieren weiter:

„Zweifelsohne können weder der Organismus noch gar das Selbst losgelöst von dem gesellschaftlichen Gebilde, in dem sie Gestalt angenommen haben, wirklich verstanden werden.“[491]

Sie verweisen damit bereits auf den besonderen Zusammenhang von Mensch und Gesellschaft und deren relationaler Beziehung, denn kaum etwas zeugt von größerer Komplexität. Und auch MEYER/ BOLDI/ THOMAS betonen in ihrer Arbeit, dass die Grenzen zwischen Akteur und Umwelt, wie eben zwischen Individuum und Gesellschaft bzw. Organisation als Teil der Gesellschaft, fließend bzw. grundsätzlich fragwürdig sind. Akteure, wie es auch Organisationen sind, existieren nicht nur aus sich heraus, sondern in einer gesellschaftlichen Symbiose in welcher die Gesellschaft die Akteure, wie eben Individuen und Organisationen, mit konstituiert.[492] Insofern, und vor allem aus dem Grund, dass das Wirtschaftsleben natürlicherweise von Menschen bestimmt wird, dürfen die Bedeutsamkeit und die Effekte von Institutionen auch für die Betriebswirtschaftslehre nicht unterschätzt werden.[493]

Neben dem Mehrwert, den ich einem interdisziplinären Vorgehen zuschreibe, besteht noch ein weiteres Argument für die Wahl eines interdisziplinären Vorgehens. Dieser zweite Aspekt, wie zu Beginn dieses Teilabschnittes bereits erwähnt, ist die dieser Arbeit zugrunde gelegte konstruktivistische Sichtweise.[494] GRÄFRATH/ HUBER/ UHLEMANN schreiben hierzu:

„Jede Disziplin hat ihren eigenen Zugang zur Welt, weist aber über sich selbst hinaus, insofern sie allein die (wissenschaftliche) Erfassung der Welt nicht zu leisten vermag. Wissen-

---

490 Scheler 1975, S. 9. Ein positives Beispiel für eine erfolgreiche interdisziplinäre Zusammenarbeit, die zum Verständnis eine der komplexesten Verhaltensweisen des Menschen geführt hat, ist die Sprachforschung. Dabei arbeitet die Neurobiologie mit anderen Disziplinen wie der Anthropologie, Entwicklungsbiologie sowie der klinischen Neurobiologie u.a. zusammen. Vgl. hierzu Kandel 1996, S. 648 und S. 664.

491 Berger/ Luckmann 1980, S. 53.

492 Vgl. Meyer/ Boldi/ Thomas 2005, S. 22 ff.

493 Vgl. hierzu nochmals den Prolog von Malik sowie die einführenden Bemerkungen im Kap. 1.1.

An dieser Stelle soll die konstruktivistische Perspektive dieser Arbeit nicht im Detail ausgeführt werden. Vgl. ausführlicher hierzu Kap. 1.3.

schaftliche [und auch andere, Anmerkung EK] *Probleme passen sich nicht den jeweils historisch gewachsenen disziplinären Grenzziehungen an; sie machen es vielmehr erforderlich, daß eine wissenschaftliche Disziplin und daß der einzelne Forscher den Blick für fächerübergreifende Fragestellungen freihalten.*"[495]

Ausgehend von einem konstruktivistischen Standpunkt besitzt nicht nur jede Disziplin, sondern jeder einzelne Mensch, ob Forscher oder Manager, einen eigenen Zugang zur Welt.[496] Von daher sollte man, bezogen auf die Thematik dieser Arbeit, von ausreichend kognitiver Vielfalt bei Menschen ausgehen können. Allerdings wird eben dieser individuelle Zugang, und damit das menschliche Handeln und Denken, durch kognitive Institutionen auf vorwiegend gewohnheitsmäßige Pfade beschränkt. Kognitive Institutionen ermöglichen so die Entstehung von blinden Flecken.[497] Ich versuche meinen blinden Flecken auszuweichen, indem ich den Ausweg über ein disziplinenübergreifendes Vorgehen suche.

An dieser Stelle möchte ich explizit hervorheben, dass ich Wirtschaftswissenschaftlerin und keine Expertin in einer der von mir betrachteten Disziplinen bin. Aus diesem Grund könnte der eine oder andere Aspekt dem aufgeklärten Leser als laienhaft, unzulänglich oder zusammenhangslos erscheinen. Ich bin allerdings überzeugt, dass eben nur ein interdisziplinäres Vorgehen und ein Dialog von verschiedenen Fachrichtungen in der betriebswirtschaftlichen Forschung die notwendigen Einblicke und Ansätze für eine Weiterentwicklung geben können. Die Grundlage für die Beschreitung dieses Weges ist die Annahme, dass der Versuch der Wirtschaftswissenschaft, erst in der Organisation Stellhebel für die (Re-)Installation von Vielfalt zu betätigen, zu spät ist. Ich erachte es für notwendig viel früher anzusetzen und sämtliche relevante Disziplinen, welche die Ausbildung von Gleichförmigkeit thematisieren, einzubeziehen. Die Untersuchung des Menschen als ein ganzheitliches Wesen und seiner kognitiven Bandbreiten lässt, meiner Meinung nach, nur diese, eben ganzheitliche Betrachtungsweise zu.

---

[495] Gräfrath/ Huber/ Uhlemann 1991, S. 3.
[496] Vgl. hierzu auch den Abschnitt zur Methodik Kap. 1.4 in dieser Arbeit.
[497] Vgl. Foerster 1985, S. 49 f.

Zur Sicherstellung der Qualität des interdisziplinären Ansatzes habe ich im Vorgang zu und im Verlauf dieser Arbeit mehrere Expertengespräche geführt, die das Ziel hatten das Thema der Arbeit in eben diesen disziplinenübergreifenden Kontext einzubetten und die Relevanz der jeweiligen Disziplinen zu untermauern.[498]

3.2 Weiteres Vorgehen und Zielsetzung des Kapitels

Kognitive Institutionen finden, wie bereits gesagt, im Neoinstitutionalismus ihren Rahmen. Allerdings findet innerhalb dieses Rahmens keine theoretisch umfassende Konzeption des Konstrukts selbst statt.[499] Dies scheint mir, in Anlehnung an ZUCKER, ein Forschungsdefizit zu sein, würde doch ein umfassenderes Verständnis für (De-)Institutionalisierungsprozesse eine Grundlage für ein Bewusstsein der eigenen kognitiven Institutionen und derer Dritter sowie für potentielle Überwindungsmöglichkeiten schaffen.[500] Aus diesem Grund möchte ich die Betrachtung aus der Organisationstheorie und damit aus den Wirtschaftswissenschaften[501] herauslösen und den Fokus damit vorerst nicht länger auf den Zusammenhang

---

[498] Diese Gespräche haben in erster Linie der Qualitätssicherung sowie der interdisziplinären Ausrichtung der Arbeit gedient. Aus diesem Grund sind in diese Arbeit keine direkten oder indirekten Zitate aus diesen Gesprächen eingegangen.

[499] Vgl. hierzu die Kritikpunkte zum Neoinstitutionalismus in Kap. 2.3.1.2 und 2.3.1.3.

[500] Vgl. hierzu Walgenbach/ Meyer 2008, S. 89 ff. sowie den vorangegangenen Abschnitt 2.3.1.2.

[501] Auch innerhalb der Wirtschaftswissenschaften besteht ein Forschungsfeld das sich mit strategischem Management aus einer kognitiven Perspektive heraus beschäftigt und die Wissensstrukturen sowie Denkprozesse von Managern zum zentralen Untersuchungsgegenstand erhebt. Das Forschungsfeld nennt sich *Managerial and Organizational Cognition*. Innerhalb dieses Forschungsfeldes wird zwischen zwei Ebenen der Betrachtung differenziert, die sich in dessen Bezeichnung widerspiegeln. Die Managerial Cognition setzt den Schwerpunkt der Betrachtung überwiegend auf die individuelle Ebene der Kognition ab, während die Organizational Cognition sich der kollektiven Ebene widmet. Vgl. Rogers-Wynands 2002, S. 1. Der erwartete Nutzen aus den Ergebnissen dieses Forschungsfeldes bezieht sich dabei vorwiegend auf die Möglichkeit, eingefahrene und stereotype Denkmuster zu identifizieren, die dafür verantwortlich gemacht werden , dass interne wie externe Chancen und Risiken verkannt werden und strategisches Handeln scheitert oder unterbleibt. Vgl. ebenda, S. 2. „*Einen wichtigen Nutzen sieht die kognitive Perspektive deshalb vor allem in der Identifikation und kritischen Reflexion oftmals nicht explizit bewußter, stereotyper und/ oder überholter Wissens- und Denkmuster* [Hervorhebung weggelassen, EK].“ Ebenda, S. 15. Allerdings lässt das Konzept der Managerial and Organizational Cognition genau wie das Konstrukt der Institutionen innerhalb des Neoinstitutionalismus eine eigene theoretische Konzeption vermissen. Innerhalb der Forschung zu Kognitionen in Rahmen von Organisationen bzw. zu Management und Führung greifen die Autoren also ebenfalls auf interdisziplinäre Erklärungsansätze zurück. Vgl. Weber, F. 1991, Schilling 2001 sowie Rogers-Wynands 2002.

von Organisation und Gesellschaft legen.[502] Vielmehr möchte ich den Schwerpunkt auf den Begriff der kognitiven Institution selbst legen und eine interdisziplinäre Perspektive, wie bereits vorgängig angekündigt, eröffnen.[503] Wie oben angedeutet ist der Bereich der Kognitionen[504] dabei generell für verschiedene Disziplinen von Interesse, vor allem vor dem Hintergrund der sogenannten *kognitiven Wende*[505], die sich in vielen Disziplinen vollzieht bzw. bereits abgeschlossen ist. Die damit einhergehende breite Streuung an Forschung am Interessensgegenstand der Kognition möchte ich im Folgenden für meine Arbeit nutzen.

An dieser Stelle möchte ich erneut auf den Umstand hinweisen, dass Disziplinen historisch gewachsen sind.[506] Problemfelder wie auch bestimmte Forschungsgegenstände orientieren sich allerdings nicht an Disziplinen.[507] Für den komplexen Interessensgegenstand dieser Arbeit halte ich es daher für sinnvoll, relevante interdisziplinäre Verbünde von Disziplinen anstatt von Einzeldisziplinen zur weiteren Erklärung heranzuziehen. Dazu werden aus diesen Disziplinenverbünden Äquivalente zum Begriff der kognitiven Institutionen identifiziert und anhand derer eine interdisziplinäre Betrachtung vorgenommen. Die Beschreibung soll dabei zum einen auf die Ermöglichungsbedingungen von kognitiven Institutionen, und zum anderen auf die Möglichkeit zur Rekonstruktion und damit Bewusstmachung der kognitiven Institutionen ausgerichtet sein und dadurch einen ersten Schritt zur Veränderung dar-

---

[502] Diesen wesentlichen Zusammenhang werde ich zu einem späteren Zeitpunkt in dieser Arbeit wieder aufgreifen und vertiefen. Vgl. Kap. 4.

[503] Ich möchte an dieser Stelle an den Umstand erinnern, dass der Neoinstitutionalismus, als Quelle des Begriffs der kognitiven Institution, seinen Ursprung vornehmlich in der Sozioökonomie Max Webers findet und damit selbst eine gewisse Interdisziplinarität birgt, die zwar nicht augenscheinlich sein mag, aber dennoch nicht geleugnet werden kann. Vgl. zur sozioökonomischen Perspektive den Beginn des Kap. 3 in dieser Arbeit sowie auch Prisching zitiert nach Bachinger/ Matis 2009, S. 9 f. Zudem habe ich bereits vorgängig die Bedeutung einer interdisziplinären Betrachtung für kognitive Institutionen erläutert, die bspw. auch Zucker fordert. Vgl. hierzu Kap. 2.3.1.2.

[504] Ich subsumiere den Begriff der kognitiven Institution unter den der Kognition. Dabei steht: *„Der Ausdruck „Kognition"* [...] *für all jene Prozesse, durch die Sinnesinformation umgewandelt, reduziert, ausgearbeitet, gespeichert, wiederverwendet und genutzt werden.*" Neisser 1976, zitiert nach Kandel et. al., 1996, S. 325 Dieses Vorgehen ist auch dem Umstand geschuldet, dass die kognitive Dimension im Kontext der Institutionen als Metaebene identifiziert wurde. Vgl. hierzu Abschnitt 2.3.1.2 in dieser Arbeit.

[505] Die kognitive Wende bezeichnet in der Psychologie eine Abkehr von rein behavioristischen Ansätzen, die davon ausgehen, dass menschliches Verhalten eindeutig linear kausal auf Reize aus der Umwelt zurückzuführen sei und ausschließlich unmittelbar beobachtbares Verhalten in den Fokus stellt. Der kognitive Ansatz geht dagegen davon aus, dass innere, mentale Prozesse verhaltenswirksam sind. Diese Prozesse stellen den Forschungsgegenstand des kognitiven Ansatzes dar. Vgl. die Quellenangaben in Fußnote 2 in Rogers-Wynands 2002.

[506] Vgl. den Abschnitt 3.1.

[507] Vgl. hierzu auch das Eingangszitat zu diesem Abschnitt.

stellen. Konkret soll dabei ihre Ausbildung auf individueller sowie auf gesellschaftlicher Ebene nachgezeichnet werden. Der Grund für dieses zweigeteilte Vorgehen liegt in der Besonderheit von kognitiven Institutionen: Sie sind in den Kognitionen des Einzelnen verortet allerdings sozial geteilt durch gemeinsame soziale Wirklichkeiten.[508]

Die relevanten Disziplinenverbünde lassen sich im Wesentlichen unter den Kognitionswissenschaften subsumieren. Im Folgenden möchte ich diesen Hintergrund näher betrachten und daran angeschlossen die Entwicklung meines Bezugsrahmens aufzeigen.

3.3 Die Kognitionswissenschaften – Analyse der gesellschaftlichen Konstruktion der Wirklichkeit[509]

Die Kognitionswissenschaften sind ein loser Verbund von Disziplinen, die sich im weitesten Sinne mit Kognitionen beschäftigen.[510] Sie stellen keine scharf umrissene eigene Disziplin dar, sondern sind vielmehr ein interdisziplinäres Interessensgebiet von verschiedenen Forschungsrichtungen, u.a. Psychologie, Neurowissenschaft, Soziologie, Philosophie und Anthropologie, und umfassen damit eine Vielzahl von nur teilweise miteinander vereinbaren Perspektiven.[511] Ziel ist es dabei die verschiedenen Beiträge der einzelnen Disziplinen die sich mit dem menschlichen Geist beschäftigen zusammenzuführen.[512] Nach diesem

---

[508] Vgl. hierzu ausführlicher die Auseinandersetzung mit kulturellen Modellen als Begriffsäquivalent für kognitive Institutionen. S. 139 ff.

[509] Die Bezeichnung als Analyse der gesellschaftlichen Konstruktion der Wirklichkeit ist dem Titel des Buches von Berger/ Luckmann 1980 entlehnt. Ich möchte dadurch, die m. E. nach, enge Verwandtschaft der Kognitionswissenschaften zur Wissenssoziologie sowie auch die vielleicht von dem einen oder anderen Leser unvermutete Breite des Feldes der Kognitionswissenschaften aufzeigen.

[510] Einen Überblick über die Entstehungsgeschichte der Kognitionswissenschaften gibt bspw. Strohner 1995, S. 4 ff.

[511] Vgl. Varela 1990, S. 19. Strohner zählt zu den Kognitionswissenschaften folgende Disziplinen: Philosophie, Psychologie, Linguistik, Informatik, Anthropologie sowie die Neurowissenschaften, jeweils in ihrer kognitiven Orientierung. Vgl. Strohner 1995, S. 10. Interessiert und beteiligt an den Kognitionswissenschaften sind nach Wassmann folgende Disziplinen: Die Philosophie, die Psychologie, die Erziehungswissenschaft, die Linguistik, die Ethnologie, die Erforschung artifizieller Intelligenz sowie die Neurologie. Vgl. Wassmann 2003, S. 324. Gardner zufolge fallen die Philosophie, die Linguistik, die Anthropologie, die Neurowissenschaften, die künstliche Intelligenz sowie die Psychologie in den Rahmen der Kognitionswissenschaften und bilden das sogenannte kognitive Sechseck. Vgl. Gardner 1989, S. 48 f.

[512] Vgl. Strohner 1995, S. 9.

Verständnis sind die Kognitionswissenschaften keine ausschließlich neuzeitliche Disziplin. So versteht bspw. GARDNER Kognitionswissenschaft:

„[...] *als einen zeitgenössischen Versuch, sehr alte erkenntnistheoretische Fragen auf empirischen Wege zu beantworten – vor allem die Fragen, welche sich mit der Natur des Wissens, dessen Komponenten, dessen Ursprüngen, dessen Entfaltung und dessen Anwendung befassen.*"[513]

Auch VARELA zufolge gab es zu allen Zeiten bereits Vorläufer zu dem was wir heute Kognitionswissenschaft nennen.[514] Die Pionierjahre der heutigen Kognitionswissenschaften waren allerdings primär von einem interdisziplinären Austausch verschiedener Forscher geprägt. Ziel war die Verbindung der Naturwissenschaften mit der Epistemologie, was auch die Vertretung der jeweiligen Disziplinen innerhalb der Kognitionswissenschaften erklärt.[515] Grundsätzlich weisen die Kognitionswissenschaften damit eine große Bandbreite an Interessensgebieten auf, die sich alle um den Begriff des Wissens, des menschlichen Geistes und Kognitionen drehen. Darauf rekurrierend meine ich festzustellen, mich mit der Thematik meiner Arbeit selbst in den Kognitionswissenschaften zu bewegen.[516] Im Folgenden möchte ich darlegen wie ich zu dieser Vermutung gelangt bin.

3.3.1 Das Erkenntnisobjekt: mentale Prozesse

Das Erkenntnisobjekt der Kognitionswissenschaften sind die mentalen Prozesse des einzelnen Individuums. WASSMANN definiert in diesem Zusammenhang Kognition als:

---

[513] Gardner 1989, S. 17 f. Vgl. auch Mérö 2002, S. 96.

[514] Vgl. Varela 1990, S. 16. Er begründet dies damit, dass der menschliche Geist nicht nur die Quelle von Wissen darstellt, sondern auch die unmittelbarste Verwirklichung von Wissen und Erkennen ist.

[515] U.a. Jean Piaget mit seiner genetischen Epistemologie, Konrad Lorenz mit der evolutionären Erkenntnistheorie und Warren McCulloch mit seiner experimentellen Epistemologie. Die Gesamtheit dieser Forschungsbemühungen flossen in einen damals neu geprägten Begriff, dem der Kybernetik, ein. Ziel der Kybernetik nach Varela war es eine Naturwissenschaft des Denkens und Erkennens zu schaffen. Vgl. Varela 1990, S. 32.

[516] So könnte man auch die Ökonomie als Teil der Kognitionswissenschaften ansehen. Die Grenzen der Kognitionswissenschaften verlaufen fließend, so dass eine genaue Disziplinenzuordnung nur schwer, bis überhaupt nicht möglich ist. Vor dem Hintergrund, dass auch die Wirtschaftswissenschaften sich mit Entscheidungsfindung und Problemlösungsverhalten beschäftigen, könnte auch diese Disziplin zu den Kognitionswissenschaften gezählt werden. Vgl. auch Kruse 2004, S. 45.

„[...] mentale Repräsentation von Wissen, dessen Erwerb und dessen Gebrauch und dies im weitesten Sinne."[517]

Der Begriff der Repräsentation[518] spiegelt dabei das frühe Verständnis von Kognition wider. So beschreiben die Kognitivisten, die frühen Kognitionstheoretiker, die Repräsentation als einen wesentlichen Begriff ihrer Theorie. Kognition wird dabei im Wesentlichen als Informationsverarbeitung verstanden.[519] D.h., für Objekte aus der Umwelt werden kognitive Repräsentationen gebildet bzw. Informationen aus der Umwelt als Input verarbeitet. Allerdings wurde in der Weiterentwicklung der Kognitionswissenschaften der Begriff der Kognition[520] immer weiter gefasst, wobei allerdings der Funktion der Informationsverarbeitung nach wie vor eine dominante Rolle beigemessen wird. VARELA stellt fest:

„Die Grundidee aber, daß das Gehirn ein informationsverarbeitender Apparat ist, der selektiv auf Merkmale der Umwelt reagiert, bleibt der dominante Kern der modernen Neurowissenschaften, aber auch der populären Vorstellungen in der Gesellschaft."[521]

Allerdings spielen nicht nur aktuelle Einflüsse aus der Umwelt, sondern auch eine Vielzahl anderer Größen eine Rolle.[522] So betrachtet ist Kognition mehr als nur Informationsverarbeitung.[523] STROHNER greift dies auf, indem er mindestens drei Ebenen der Kognition, nämlich die neuronale, die psychische sowie die soziale Ebene unterscheidet und damit auf die Vielschichtigkeit des Begriffs hinweist.

---

[517] Wassmann 1993, S. 12.

[518] Die Basis der Kognitionswissenschaften bildet die Annahme einer *Repräsentationsebene*, quasi die Ebene zwischen Input und Output von Information. Repräsentationen können dabei verschiedene Formen annehmen. Gardner nennt bspw. Symbole, Schemata, Vorstellungen und Ideen. Vgl. Gardner 1989, S. 50 f.

[519] Vgl. Varela 1990, S. 44.

[520] Zum Begriff der Kognition selbst vgl. Strohner 1995, S. 6 ff.

[521] Varela 1990, S. 52.

[522] Ausführlicher hierzu im weiteren Verlauf dieses Abschnittes.

[523] Dies zumindest solange Informationsverarbeitung wie im Zitat von Varela verstanden wird.

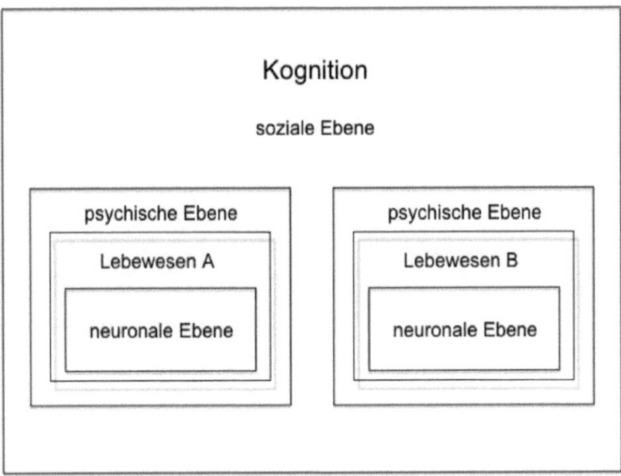

Abb. 3-1[524]

Die neuronale Ebene entsteht dabei durch die Interaktion der Komponenten des Nervensystems miteinander und mit den übrigen Organen des Lebewesens. Die Interaktion des Lebewesens mit den Objekten seiner Umwelt mittels sensorischer und motorischer Verhaltensweisen bildet die psychische Ebene. Die soziale Ebene manifestiert sich durch die Interaktion mehrerer Lebewesen im Rahmen ihrer gemeinsamen Umwelt. Auf allen Ebenen äußert sich Kognition unterschiedlich und wird dementsprechend auch mit verschiedenen Methoden und Konzepten untersucht.[525]

Auch VARELA zollt der Mehrschichtigkeit der Kognitionswissenschaften in seiner Beschreibung, auf die ich als Raster für das Thema dieser Arbeit zurückgreifen möchte, Tribut. Er konkretisiert diese Mehrdimensionalität durch den Einbezug des Verständnisses der Kognition als *Welterzeugung*.[526] Alle kognitiven Fähigkeiten sind ihm zufolge untrennbar mit der

---

[524] Strohner 1995, S. 8.

[525] Vgl. ebenda, S. 8.

[526] Vgl. Varela 1990, S. 88 ff. In den Anfängen der Kognitionswissenschaft wurde die Tatsache ausgeblendet, dass Probleme, die durch kognitive Prozesse gelöst werden müssen/ sollen, nicht einfach bestehen, sondern vielmehr durch Handeln erst erzeugt werden. Damit besteht eine deutliche Kritik an der Abbildungs-

Lebensgeschichte des jeweiligen Individuums verbunden. Die Aufgabe von Kognition besteht weiterhin, rekurrierend auf VARELA, nicht nur darin, vorgegebene Probleme zu lösen sondern vielmehr in der Hervorbringung einer Welt, deren einzige Bedingung ist, erfolgreiche Handlungen zu ermöglichen; letztlich also Viabilität.[527] Kognition gestattet demnach die Fortsetzung der Existenz des Lebewesens mit seiner spezifischen Identität.[528] In diesem Verständnis von Kognitionswissenschaft zeigt sich die enge Verbindung zur Thematik dieser Arbeit, welche sich vor allem in der Auffassung von Institutionen widerspiegelt, an die ich an dieser Stelle erinnern möchte:[529]

Institutionen sind soziale Regeln, die historisch gewachsen sowie für die Mitglieder der Gesellschaft verbindlich sind und als soziale Wirklichkeit unreflektiert übernommen werden.

Legt man nun dieses Verständnis von Kognitionswissenschaft zugrunde, so ist unter Kognition nun nicht mehr nur die Fähigkeit zum Problemlösen zu verstehen sondern die Fähigkeit, in eine mit anderen geteilte Welt einzutreten und dort überleben zu können. Gleichzeitig bezieht VARELA auch noch die Lebenszeitlichkeit als Aspekt mit ein und zwar als Spezies (Evolution), als Individuum (Ontogenese) und als gesellschaftliches Muster (Kultur). Er misst damit der Sozialisation und der Tradition eine hohe Bedeutung zu, die er folgendermaßen zum Ausdruck bringt:

„Wenn wir stattdessen zu akzeptieren gezwungen sind, daß Kognition ohne Berücksichtigung des Alltagswissens nicht angemessen verstanden werden kann, und dieses Alltagswissen in nichts anderem besteht als in unseren körperlichen und sozialen Geschichte, dann ist die unausweichliche Schlußfolgerung, daß der Erkennende und das Erkannte, Subjekt und Objekt, einander bedingen und bestimmen, daß sie gemeinsam entstehen.“[530]

---

vorstellung, vor allem durch Michel Focault, Maurice Merleau-Ponty und Martin Heidegger. Verstehen ist zirkulär, Handeln und Erkennen sind untrennbar miteinander verbunden. Varela bezieht sich auf diese totale Zirkularität, wenn er von einem handlungsbezogenen Ansatz der KWT spricht. Vgl. Varela 1990, S. 91. Vgl. hierzu auch die Beschreibung der Wissenssoziologie bei Berger/ Luckmann 1980.

527 Unter Viabilität ist Überlebensfähigkeit in komplexen Umwelten zu verstehen. Dabei können mehrere Vorgehensweisen zielführend sein, nicht nur die eine gelernte und ansozialisierte. Vgl. Glasersfeld 1992 S. 18 f. sowie der Abschnitt zur Erkenntnistheorie in dieser Arbeit, Kap. 1.3.

528 Vgl. Varela 1990, S. 110.

529 Vgl. hierzu ausführlich den Abschnitt 2.2, insbesondere S. 83.

530 Varela 1990, S. 98.

Auch POPPER stellt fest:

„Die Tradition ist – abgesehen von Wissen, das uns angeboren ist – bei weitem die wichtigste Quelle unseres Wissens, sowohl in quantitativer wie in qualitativer Hinsicht."[531]

In dieser Auffassung manifestiert sich zum einen der historische und zum anderen der *Jedermanns-Charakter*[532] von Wissen der auch im Begriff der kognitiven Institutionen zu finden ist. VARELA wird diesbezüglich noch deutlicher, indem er feststellt, dass:

„[...] *sogar die simpelste kognitive Handlung einen anscheinend unendlich großen Beitrag an Wissen* [erfordert, Ergänzung EK] [...], *den wir gewöhnlich stillschweigend voraussetzen (also für so selbstverständlich halten, daß er praktisch unsichtbar und unbeachtet bleibt)* [...]."[533]

Darüber hinaus attestiert er der Kognition einen weiteren Aspekt, der die Verknüpfung zum Begriff der kognitiven Institution widerspiegelt: Die Fähigkeit, Gesetzlichkeiten hervorzubringen.[534] So findet sich auch der zweite Teil der dieser Arbeit zugrundeliegenden Auffassung von Institutionen im Verständnis der Kognitionswissenschaften wider:

Institutionen haben einen limitierenden Einfluss auf die Denk- und Verhaltensweisen des Menschen.

Es zeigt sich, dass sich das Konstrukt der kognitiven Institutionen sehr gut innerhalb der Kognitionswissenschaften verorten lässt. Dabei legt die Bandbreite und Interdisziplinarität der Fachgebiete der Kognitionswissenschaften die Vermutung nahe, dass weiterführende Erklärungsbeiträge für Entstehungsbedingungen von kognitiven Institutionen und Ansätze zu ihrer Rekonstruktion erhalten werden können. Für ein besseres Verständnis werde ich im Folgenden versuchen anhand der Betrachtung anderer Disziplinen diese Begriffsbe-

---

[531] Popper 1994, S. 40.

[532] Vgl. die Bezeichung *JedermannsWissen* von Berger und Luckmann, Berger/ Luckmann 1980, S. 26 sowie in dieser Arbeit S. 80.

[533] Varela 1990, S. 94.

[534] Varela 1990, S. 18. Er bemerkt an dieser Stelle, dass Information keine an sich gegebene Ordnung darstellt, sondern erst durch kognitive Tätigkeit entsteht. Er schlägt damit eine Brücke zur erkenntnistheoretischen Position des Konstruktivismus.

schreibung zu konkretisieren und damit Ansätze für einen sinnvollen Umgang mit kognitiven Institutionen aufzuzeigen.

3.3.2 Konstruktion des Bezugsrahmen

Nachfolgend möchte ich meinen Bezugsrahmen darlegen, anhand dessen ich das Konstrukt der kognitiven Institutionen innerhalb der Kognitionswissenschaften einpassen möchte. Dazu bediene ich mich im ersten Schritt der Einteilung von GARDNER.[535] Die Kognitionswissenschaften werden ihm zufolge von der Neurowissenschaft sowie der Anthropologie als Grenzdisziplinen markiert.[536] Ich möchte diese Idee für meine Arbeit adaptieren: Die Neurowissenschaft als die Disziplin die sich mit dem Individuum beschäftigt, markiert die Untergrenze. Die Anthropologie, welche Erklärungsansätze für das menschliche Zusammenleben im Allgemeinen liefert, stellt die Obergrenze dar. Dazwischen liegend sehe ich die Kulturwissenschaften[537] sowie die Sozialisationsforschung, die beide zu weiten Teilen auch durch die Kognitionswissenschaften impliziert sind.[538]

In Abb. 3-2 ist der Zusammenhang zwischen den verschiedenen relevanten Disziplinen und deren Bedeutung für die Thematik dieser Arbeit veranschaulicht.

---

535 Vgl. Gardner 1989, S. 54 ff.

536 Vgl. ebenda, S. 303. Gardner sieht dabei in der Funktion der Untergrenze die Neurowissenschaft und in der Funktion als Obergrenze die Anthropologie.

537 Die Kulturwissenschaften sind aus den Geisteswissenschaften entstanden bzw. umgearbeitet worden. Auslöser dieses Vorgangs liegt in der Philosophie Diltheys, der eine historische und psychologische Auseinandersetzung mit dem Menschen forderte und damit das Monopol des Geistes in Frage stellte. Vgl. Aleksandrowicz et. al. 2004, S. 7 ff. Es handelt sich dabei also nicht um eine neue Disziplin sondern vielmehr um eine offene Verflechtung von Wissenschaften die neue Phänomene der Kultur untersuchen, die mit alten Disziplinengrenzen nur schwer zu erfassen sind. Vgl. ebenda, S. 9.

538 Vgl. hierzu Fußnote 511.

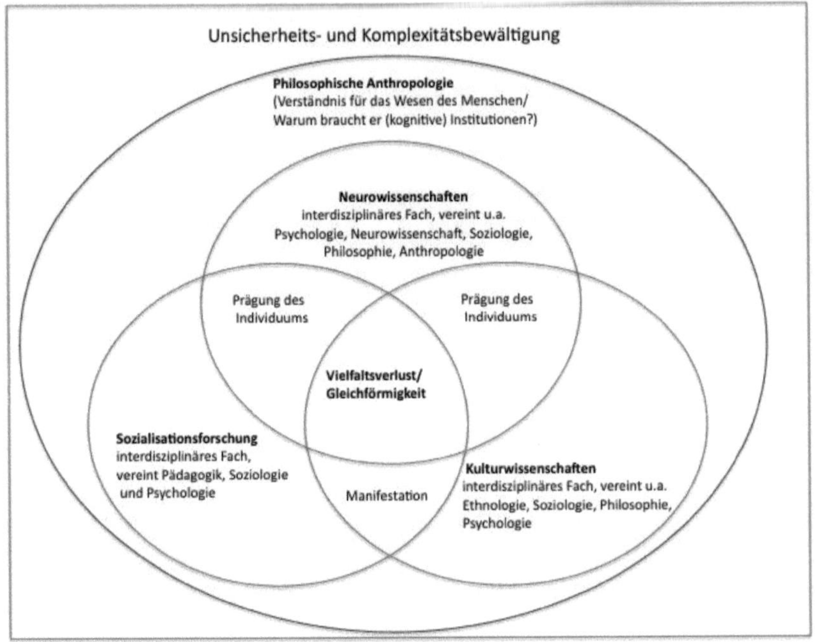

Abb. 3-2[539]

Philosophische Anthropologie

Die philosophische Anthropologie umfasst, als die Metadisziplin der Humanwissenschaft und Obergrenze der Kognitionswissenschaften, sämtliche von mir betrachteten und für diese Arbeit relevanten Disziplinen.[540] Für erhellende Erklärungsansätze in Bezug auf das Interessensobjekt *Institutionen* dient diese Disziplin als Ausgangspunkt. Diese rahmensetzende Disziplin wurde bereits in Kapitel 2 behandelt.

[539] Eigene Darstellung.
[540] Vgl. weiter oben Abb. 3.2.

Kognitionswissenschaften

Auf der Ebene der mentalen Prozesse des Einzelnen, d.h. des wesentlichen Interessensobjekts der Kognitionswissenschaft, ist besonders die Neurowissenschaft als Grundlagendisziplin interessant. Sie bietet Erklärungspotential für die Entstehung von kognitiven Institutionen auf individueller Ebene.

Kulturwissenschaften

Die Kulturwissenschaften, und hier im besonderen Maße die kognitive Ethnologie, bieten Erklärungsansätze für die Entstehung und Bedeutung von kognitiven Institutionen auf gesellschaftlicher Ebene.

Sozialisationsforschung

Die gesellschaftliche Komponente von kognitiven Institutionen beinhaltet auch den Aspekt der Sozialisation, dem durch den Einbezug der Sozialisationsforschung Tribut gezollt werden soll. Ansatzpunkt stellt hier vor allem die Kognitionspsychologie dar, die sich in diesem Kontext mit der Internalisierung von kognitiven Institutionen, respektive subjektiven Theorien[541], beschäftigt.

Im Folgenden werde ich die jeweiligen Disziplinenverbünde und die daraus entnommenen Begriffsäquivalente zu kognitiven Institutionen betrachten. Konkret werde ich dabei aus den vorliegenden theoretischen Ansätzen diejenigen Argumentationsfiguren herauszugreifen, die sich partiell aufeinander beziehen lassen und zusammen die zentralen Dimensionen des Interessensobjekts der kognitiven Institutionen abdecken.

---

[541] Zum Begriff der subjektiven Theorie als Begriffsäquivalent zu kognitiven Institutionen siehe ausführlich im Abschnitt 3.6.

3.4 Neurowissenschaften – innere Bilder[542]

Die Neurowissenschaften als untere Grenze der Kognitionswissenschaften beschäftigen sich mit den naturwissenschaftlichen Tatsachen der Funktionsweise des menschlichen Gehirns und bilden so, wie KANDEL et. al. im Vorwort ihres Werkes betonen, eine natürliche Brücke zwischen Geistes- und Naturwissenschaften.[543] Konkret stellen dabei das Verständnis der Hirnfunktionen und damit die Erklärung des menschlichen Verhaltens das Ziel der Neurowissenschaften dar.[544] Insofern sind Erklärungsbeiträge für die Entstehungsbedingungen von kognitiven Institutionen auf individueller Ebene das Ziel dieses Abschnitts.

Da ich mich selbst, wie auch die Zielgruppe dieser Arbeit, zur wirtschaftswissenschaftlichen Disziplin zähle, möchte ich an dieser Stelle nur einige für diese Arbeit wesentlichen Eindrücke aus den klinischen Neurowissenschaften anführen.[545]

---

[542] Die Begrifflichkeiten in den Kognitionswissenschaften, die keine homogene Disziplin, sondern vielmehr einen losen Disziplinenverbund darstellen, sind nicht einheitlich. Auch die komplexe Struktur der kognitiven Institution findet keine allgemeingültige Entsprechung. Dementsprechend habe ich vorgängig bereits von Begriffsäquivalenten gesprochen, die ich betrachten möchte. Ich möchte hierzu anmerken, dass verschiedentlich auch innerhalb eines betrachteten Disziplinenverbundes nicht nur ein Äquivalent zur Sprache kommen wird, sondern abhängig von den genutzten Quellen auch mehrere. So findet sich in der Literatur bspw. der Begriff des mentalen Modells, der dem des inneren Bildes recht ähnlich ist. Es werden darunter in der systemischen Literatur tief verwurzelte Annahmen, Handlungs- und Sichtweisen und Leitbilder verstanden, die als handlungsleitend gelten. Vgl. O'Connor/ McDermott 1998, S. 83. Zu ihrer Entstehung schreiben O´Connor und McDermott: „*Wir erzeugen unsere mentalen Modelle aus dem sozialen Verhaltenskodex, aus unserer Kultur und aus den Vorstellungen von Erwachsenen, die während unserer Kindheit für uns wichtig waren. Alles übrige erzeugen und behalten wir aus Lebenserfahrung* [...]." Ebenda. Auch Erlei benutzt den Begriff des mentalen Modells äquivalent zu dem der kognitiven Institution. Vgl. Erlei 2010, S. 76.

[543] Vgl. Kandel et. al. 1996, im Vorwort zur Originalausgabe. Dies spiegelt auch das Verständnis der Kognitionswissenschaften von Varela wider. Vgl. Varela 1990, S. 32.

[544] Prinzipiell werden in den Neurowissenschaften zwei Arten von Verhalten unterschieden: Instinktives und erlerntes Verhalten. Instinktives Verhalten ist dabei wesentlich enger an die genetische Grundausstattung gekoppelt. Gelerntes Verhalten ist nicht angeboren, ist nicht genetisch determiniert und variiert vor allem aufgrund der individuellen Erfahrungen, die der Mensch macht. Vgl. Kandel et. al. 1996, S. 565 sowie Ashby 1978, S. 2. Gelerntes Verhalten differenziert dabei dann nochmals in implizites und explizites Wissen. Explizit ist dann Wissen über das eigene Leben, die Welt und Sachwissen. Implizit sind dagegen motorische sowie wahrnehmungsbezogene Fähigkeiten. (Implizit heißt zu lernen, wie etwas zu tun ist, ohne dass dies ein bewusster Vorgang ist.) Vgl. Kupfermann/ Kandel 1996, S. 671 f.

[545] Die klinischen Neurowissenschaften befassen sich mit den neuronalen Mechanismen, die den kognitiven und psychischen Funktionen zugrunde liegen.

3.4.1 Neuronale Verschaltungen

Zum Verständnis des Gehirns und damit auch des menschlichen Verhaltens als eine Funktion des Hirns ist eine Annäherung auf zellulärer Basis vonnöten.[546] Allerdings reicht dies alleine nicht aus, um verstehen zu können wie Menschen denken, sich verhalten, fühlen, handeln und miteinander umgehen. Kurz: es ist notwendig, zu verstehen wie Ereignisse in einzelnen Zellen zu Kognition werden. Dies ist die Aufgabe der kognitiven Neurowissenschaften, die damit auf den rein zellulären Aspekten der Neurobiologie aufbaut.[547] KANDEL resümiert:

„Die größte Herausforderung der Neurowissenschaften besteht darin, zu verstehen, wie das Gehirn die bemerkenswerte Individualität hervorbringt, die für menschliches Verhalten typisch ist.“[548]

Für das Thema dieser Arbeit sind hierbei im ersten Schritt kortikale Karten von Interesse. Damit ist die Repräsentation der kortikalen Organisation der physischen Wahrnehmung gemeint, die einer Landkarte ähnelt.[549] Diese Karten unterscheiden sich von Individuum zu Individuum, je nachdem wie stark die unterschiedlichen Köperregionen beansprucht werden. Sie sind dabei dynamisch und zeitlebens veränderbar. Durch Training bestimmter Körperregionen kann eine Ausdehnung der entsprechenden Flächen des Cortex[550], in denen sensorische Reize eintreffen, erreicht werden.[551] Die Veränderungen hängen dabei davon ab, inwieweit periphere sensorische Leitungsbahnen benutzt werden oder brachliegen.[552]

---

[546] Vgl. Kandel 1996, S. 686.

[547] Vgl. Kandel/ Kupfermann 1996, S. 328 und Herrmann 2009a, S. 9. Die kognitiven Neurowissenschaften wurden aus einer Kombination aus Zellbiologie, systemorientierter Hirnforschung, kognitiver Psychologie, verhaltensorientierter Neurologie sowie Informatik entwickelt. Ziel ist dabei, die neuralen Mechanismen zu verstehen, aus denen Verhalten hervorgeht. Vgl. ebenda. Ausführlicher zu den der kognitiven Neurowissenschaft zugrundeliegenden Ansätzen vgl. ebenda, S. 330 f.

[548] Kandel et. al. 1996, S. 3. Die von Kandel im obigen Zitat angesprochene Individualität ist dabei als Ausprägung von kognitiver Vielfalt zu verstehen, die im Kontext dieser Arbeit als Gegenstück zur Gleichförmigkeit steht.

[549] So werden die Wahrnehmungen bspw. der Hand an einer bestimmten Stelle des Kortex abgebildet, die des Fußes an einer anderen.

[550] Hier ist der somatosenorische Cortex gemeint, der aus vier Feldern besteht, welche die Körperoberfläche des Menschen repräsentieren. Dies entspricht den korticalen Karten. Vgl. Kandel 2011, S. 708.

[551] Vgl. Kandel 2011, S. 710.

[552] Vgl. Kandel 1996, S. 708.

Zudem werden kortikale Karten nicht nur durch physische Ereignisse geformt sondern auch durch komplexere Fähigkeiten. Hierzu schreibt KANDEL:

*„Da jeder Mensch in einer etwas **unterschiedlichen Umgebung** aufwächst, **unterschiedlichen Reizkombinationen** ausgesetzt ist und seine motorischen **Fähigkeiten wahrscheinlich verschiedenartig nutzt, unterliegt die funktionale Architektur des Gehirns jeweils einer individuellen Formung**. Diese spezielle Veränderung der Hirnarchitektur in Verbindung mit der jeweils einzigartigen genetischen Ausstattung eines jeden Menschen bildet die biologische Basis der Individualität* [Hervorhebung EK].*"*[553]

KANDEL spricht dabei die neurowissenschaftliche Erkenntnis an, dass alltägliche Ereignisse, wie auch Lernvorgänge, eine effektive Schwächung bzw. Verstärkung von synaptischen Verbindungen bewirken und damit die individuelle Ausgestaltung des Gehirns. Die im Gehirn vorhandenen Verschaltungen bestimmen damit unsere Denk- und Verhaltensmuster.[554] Diese sind zeitlebens überformbar, was auf eine enorme erfahrungs- und nutzungsabhängige Plastizität des Gehirns hinweist.[555]

3.4.2 Innere Bilder

Gerald HÜTHER hat die Erkenntnisse der klinischen Neurowissenschaften für ein allgemeines Publikum, u.a. den Wirtschaftswissenschaften, zugänglich gemacht. In diesem Zusammenhang hat er den Begriff der inneren Bilder geprägt, die m. E. nach eine enge Verwandtschaft zu dem der kognitiven Institutionen aufweist und im Folgenden als Begriffsäquivalent verwendet werden sollen. Innere Bilder entsprechen ihm zufolge Visionen, Vorstellungen, Ritualen, Ideen und Strategien. Sie sind handlungsleitend und werden von Generation zu Generation tradiert.[556] Damit weisen sie eine hohe Kongruenz mit dem Begriff der

---

[553] Kandel 1996, S. 708.
[554] Vgl. Greenspan et. al. 1996.
[555] Vgl. Hüther 2006, S. 23, Hüther 2010, S. 65 sowie Kandel 1996, S. 18.
[556] Vgl. Hüther 2010, S. 46 und Hüther 2009a, S. 102.

kognitiven Institutionen auf. Sie bestehen dabei sowohl auf der Ebene des individuellen Geistes als auch auf der des kollektiven Bewusstseins.[557]

Die Grundlage für die Ausbildung innerer Bilder sieht HÜTHER in der Verschaltung von synaptischen Verbindungen.[558] Er beschreibt sie als Ergebnis der Ausbildung einer *Autobahn* aus verschalteten Nervenwegen, aufgrund der wiederholten Anwendung bestimmter Strategien zur Problembewältigung über einen längeren Zeitraum.[559] Er nennt dies die *„nutzungsabhängige Stabilisierung synaptischer Netzwerke"*.[560]

Er resümiert:

„Aus der primären Bewältigungsstrategie ist dann ein eingefahrenes Programm geworden, das das gesamte weitere Denken, Fühlen und Handeln der betreffenden Menschen bestimmt."[561]

Als *eingefahren* kann ein Programm in diesem Kontext charakterisiert werden, wenn es als bewährte Strategie für ähnliche Problemstellungen leicht abrufbar ist. Je öfter sich dabei eine Strategie bewährt hat, umso gefestigter sind die synaptischen Verschaltungen und alternative Handlungsoptionen werden weniger in Betracht gezogen.[562] Anders formuliert: Je breiter die *Synapsenautobahn* ist, desto schwerer sind die daraus resultierenden Denk- und Verhaltensmuster zu verändern.[563] Interessanterweise gilt dies insbesondere auch für ausgewiesene Experten in ihrem Fachgebiet. DÖRNER illustriert dies am Beispiel der Reaktor-Havarie von Tschernobyl.[564] Das Vorgehen, welches zum Unfall führte hatte s. E. nach Methode, es war zur Gewohnheit geworden:

„[...] *man machte es eben so, da es immer schon so gemacht worden war."*[565]

---

[557] Damit verweist er bereits auf die soziale Bedeutung der inneren Bilder die an späterer Stelle im Rahmen der Betrachtung der kognitiven Ethnologie gewürdigt werden soll.
[558] Vgl. hierzu die obigen Ausführungen und Verweise auf Kandel.
[559] Vgl. Hüther 2006, S. 62.
[560] Hüther 2009a, S. 100.
[561] Hüther 2006, S. 62 f.
[562] Vgl. hierzu ausführlicher Hüther 2010, S. 112 ff.
[563] Vgl. zur Autobahn-Metapher ebenda, S. 114.
[564] Vgl. Dörner 2008, S. 47 ff.
[565] Ebenda, S. 56.

Das gewohnheitsmäßige Handeln innerhalb fachlicher Kontexte wird dabei als alles andere als verwerflich betrachtet, sondern vielmehr als erwartet. MÉRÖ konstatiert:

„Er denkt, wie er sollte. Er ist ein Experte."[566]

Die Spezialisierung führt auch dazu, dass Handlungen ab einem bestimmten Zeitpunkt unbewusster[567] stattfinden.[568] Es ist dann auch umso schwieriger, es zu verändern. Dies zeigt sich vor allem bei der Betrachtung von implizitem Wissen zu welchen, ihrem Charakter nach, auch Alltagswissen und kognitive Institutionen zählen.[569] Innere Bilder können derart handlungsleitend werden, dass alternative Reaktionen kaum mehr möglich werden.

Dies findet nicht nur auf individueller, sondern, nachdem innere Bilder tradiert werden, auch auf kollektiver Ebene statt. So können von den Mitgliedern einer Gesellschaft tradierte und genutzte kollektive Bilder immer enger und starrer werden. Dies vor allem dann, wenn sich bestimmte Überzeugungen und Strategien über eine bestimmte Zeit als besonders erfolgreich erwiesen haben. HÜTHER nennt als Konsequenz eine kollektive Überbewertung des jeweiligen Erfolgsrezepts bis hin zu einer Abwertung alternativer Strategien. Vor allem die in eine solche Gemeinschaft hineinwachsenden Kinder werden dazu angehalten, wenn nicht sogar genötigt, ihr Hirn auf die von den anderen Mitgliedern für richtig befundene Weise zu nutzen. Insofern entstehen in ihrem formbaren Gehirn dieselben Verschaltungen.[570]

In ihrer Wirkung nicht zu unterschätzen sind in diesem Zusammenhang auch soziale Bindungen. Um diese nicht zu verlieren sind, Menschen bisweilen bereit ihr Denken, Fühlen

---

[566] Mérö 2002, S. 219. Vgl. hierzu auch die Ausführungen zum normativen Isomorphismus von DiMaggio/ Powell, S. 98 f. in dieser Arbeit.

[567] Die Unbewusstheit zeigt sich darin, dass Experten vielfach ihr Handeln nicht mehr erklären können, im Gegensatz zu Laien. Es wird Bromme zitiert: „[...], *daß Experten ihr aufgabenrelevantes Wissen ‚verdichten', d.h. daß bei ihnen die Analyse der Problemsituation ganz eng mit den Lösungsmöglichkeiten verbunden ist. Die Lösung wird praktisch ‚gesehen' beim Anblick des Problems! Deswegen können Experten ihre eigenen Denkprozesse nicht so ausführlich beschreiben wie etwa Anfänger.*" Bromme zitiert nach Groeben et. al. 1988, S. 182.

[568] Zur Entwicklung von explizitem zu implizitem Wissen vgl. Kupfermann/ Kandel 1996, S. 681. Ständige Wiederholung kann dazu führen, dass explizites Wissen in implizites umgewandelt wird, wie bspw. das Autofahren. Anfangs muss man noch ganz bewusst überlegen, mit der Zeit wird es zunehmend unbewusst durchgeführt.

[569] Vgl. Kupfermann/ Kandel 1996, S. 681.

[570] Vgl. zum gesamten Absatz Hüther 2010, S. 116 f.

und Handeln an die oft genug sehr einseitigen Vorstellungen, Erwartungen oder Forderungen derjenigen Menschen anzupassen, denen sie sich zugehörig fühlen. Es bilden sich dann zwangsläufig dieselben *Autobahnen* im Gehirn, die diese Personen besitzen. Zusätzlich unterstützt wird dieses Verhalten durch Belohnung oder Bestrafung.[571] HÜTHER resümiert hierzu:

„*Unser Gehirn ist* [...] *weniger ein Denk – als vielmehr ein Sozialorgan.*"[572]

Dies, und darin vor allem der Aspekt der Belohnung, mag ein Grund dafür sein, warum Menschen:

„*Zwanghaft* [...] *bemüht* [sind, Ergänzung EK], *immer wieder solche Bedingungen zu schaffen und aufrechtzuerhalten, unter denen sie die Zweckmäßigkeit ihrer einmal entwickelten Fähigkeiten unter Beweis stellen können.*"[573]

Gelingt dies, werden diese Personen immer besser und erfolgreicher. Sobald sich allerdings die äußeren Umstände verändern und sich neue Herausforderungen stellen, müssen sie feststellen, dass ihre eingefahrenen Denk und Verhaltensmuster nicht mehr nützen.[574] Dies gilt insbesondere für die Sphäre der Wirtschaft, wie HIRSCH herausstellt:

„*Gerade in einer Umwelt, die starken Veränderungen ausgesetzt ist, dürften bereits bekannte Regeln jedoch nur bedingt geeignet für aktuelle, bisher unbekannte Entscheidungsprobleme sein.*"[575]

---

[571] Vgl. Hüther 2010, S. 115. Als Belohnungssystem kann an dieser Stelle auch das Prinzip der Notenvergabe an unseren Bildungseinrichtungen betrachtet werden.

[572] Hüther 2006, S. 18.

[573] Hüther 2006, S. 62 f.

[574] Hüther schreibt hierzu: „*Entscheidend geändert hat sich aber all das, was bestimmte, wie und wofür Menschen ihre Gehirne nutzten: die gesellschaftlichen Beziehungen, das über den Erwerb von Sprache, Schrift und Datenspeichern akkumulierte und zur Weitergabe verfügbare Wissen, das Ausmaß an Kommunikation und die damit verbundenen Möglichkeiten für die Übertragung von Wissen, von Fähigkeiten und Fertigkeiten sowohl zwischen unterschiedlichen Kulturen als auch von einer Generation zur nächsten.*" Hüther 2006, S. 61.

[575] Hirsch 2007, S. 242.

Die Neurowissenschaften liefern somit für diese Arbeit Ansätze für das Verstehen der Ausbildung von kognitiven Institutionen auf individueller Ebene und verweisen durch die Arbeit von Gerald HÜTHER auch auf die Herausforderungen die mit ihnen einhergehen.

Kognitive Institutionen entstehen auf individueller Ebene durch neuronale Verschaltungen. Diese sind umso stabiler, je gewohnheitsmäßiger die ihnen zugrundeliegenden Denk- und Verhaltensweisen ablaufen und je erwünschter sie im Kontext der relevanten Gruppe gelten.

Dabei zeigt sich insbesondere die Relevanz von kognitiven Institutionen bzw. inneren Bildern innerhalb fachlicher Kontexte. Gerade bei der Bewältigung komplexer Aufgaben werden vor dem Hintergrund der Komplexitätsreduktion[576] einmal für richtig befundene Strategien immer wieder angewendet, was mit einer Ökonomisierung von Denk- und Handlungsweisen einhergeht.[577] Allerdings steht dies im Gegensatz zu der von MALIK und in der Eingangsthese dieser Arbeit formulierten Notwendigkeit für mehr Vielfalt.[578] HÜTHER schließt sich dem an:

„Je größer die Vielfalt individuell unterschiedlicher Denk-, Gefühls- und Handlungsmuster in einer menschlichen Gesellschaft ist, desto reichhaltiger ist der Schatz innerer Bilder, aus dem diese Gemeinschaft die geeignetste Lösung zur Bewältigung ihrer Probleme auswählen kann.“[579]

---

[576] Vgl. hierzu die Ausführungen zu Strategien der Komplexitätsreduktion in den Wirtschaftswissenschaften im Abschnitt 1.6.3.1.

[577] Vgl. zur Ökonomisierung in diesem Zusammenhang Kapitel 4.1.1.

[578] Vgl. Malik 2011 im Prolog dieser Arbeit und S. 5.

[579] Hüther 2009a, S. 103. Er resümiert weiters: *„Erst wenn diese einseitigen, von uns selbst geschaffenen Programmierungen schrittweise geöffnet werden, können wir die genetischen Potenzen zur Ausbildung eines zeitlebens lernfähigen Gehirns nutzen, zu einer subtileren Wahrnehmung und Verarbeitung von Veränderungen unserer äußeren Welt und zu immer intensiverem Austausch mit anderen Menschen, zur effizienteren Aufrechterhaltung unserer inneren Welt und nicht zuletzt zur Gestaltung optimaler Entwicklungsbedingungen für unsere Kinder.“* Hüther 2006, S. 67.

3.5 Kulturwissenschaften – Verknüpfung von Kognition und Kultur[580]

Kognitive Institutionen sind, wie die bisherigen Ausführungen zeigen, ein kulturelles und kein individuelles Phänomen. Bzgl. der Kognitionswissenschaften selbst stellt allerdings WASSMANN fest, dass sie vorwiegend das einzelne Individuum in seinem konkreten Umfeld[581] in den Mittelpunkt ihres Interesses stellen und nicht ein abstraktes Wissenskollektiv, welches als Kultur verstanden werden kann:

„[...] *sie* [die Kognitionswissenschaften; Ergänzung EK] *befassen sich pointiert mit dem einzelnen, handelnden Menschen in seinem spezifischen Alltag.*"[582]

Die kognitive Ethnologie versucht aus diesem Grund, die Kultur- mit den Kognitionswissenschaften zu verbinden.[583] Sie soll an dieser Stelle als Disziplin der Kulturwissenschaften näher betrachtet werden. Die Kulturwissenschaften vereinen dabei als interdisziplinäres Fach u. a. die Ethnologie, Soziologie, Philosophie sowie Psychologie. Ihre Betrachtung soll ein weiterführendes Verständnis für Gesellschaft und Kultur schaffen, deren Gegenstand Institutionen sind.[584] D`ANDRADE führt dies folgendermaßen aus:

„*Cognitive anthropology is the study of the relation between human society and human thought.*"[585]

Die Kernfrage der kognitiven Anthropologie lautet danach:

„*How do cultural messages get under people´s skin* [...]?"[586]

---

[580] Das Kulturverständnis Rüegg-Stürms zeigt die Relevanz derselben für kognitive Institutonen auf: „*Unsere Kultur – verstanden als das Zusammenwirken aller historisch gewachsenen Selbstverständlichkeiten – bildet den blinden Fleck unseres Denkens, Kommunizierens und Handelns.*" Rüegg-Stürm 2003, S. 3.

[581] Mit dem konkreten Umfeld deutet Wassmann an, dass die peer-groups des Einzelnen sehr wohl auch Einfluss auf die Genese des Einzelnen nehmen. Allerdings geht ihm das nicht weit genug. Vgl. Wassmann 2003, S. 323.

[582] Ebenda, S. 326.

[583] Vgl. ebenda, S. 323.

[584] Ausführlicher zu diesem Zusammenhang im Folgenden.

[585] D'Andrade 1995, S. 1. Strauss und Quinn schließen sich dem an, indem sie formulieren: „[...] *we need to know how the mind works in order to understand how people appropriate their experience and act on it, sometimes to recreate and other times to change the public social world.* [...] *We need to examine socialization in greater detail to learn the concrete forms of extrapersonal culture in learner´s worlds and to examine what learners internalize at different points in their lives from experiencing these things.*" Strauss/ Quinn 1997, S. 8.

Anders formuliert: Was muss man wissen oder glauben, um in einer angemessenen Art und Weise mit den Mitgliedern seiner Kultur umgehen zu können? WASSMANN protokolliert hierzu:

„Kultur ist so gesehen ein mentales Phänomen. Es ist das Wissen, das es braucht, um sich so zu verhalten, wie man sich normalerweise verhält; Dinge macht, wie sie gemacht werden; eigene Erfahrungen so interpretiert, wie sie interpretiert werden. Sie ist gelernt als gemeinsames Wissen, jedoch individuell repräsentiert."[587]

Und weiter:

*„Die kognitive Beschreibung einer Kultur beschreibt was in dieser speziellen Kultur als **angemessen** gilt und **erwartet** wird. Sie schreibt dadurch **richtiges** Verhalten als Norm fest* [Hervorhebung im Original]."[588]

Ziel der Ethnologen in den Anfängen der Kognitiven Ethnologie war es, andere Kognitionswissenschaftler unterschiedlichster Disziplinen von der Vernachlässigung der Rolle von kulturellen Annahmen in den Kognitionswissenschaften zu überzeugen.[589] Angestrebt wurde

---

[586] Strauss 1992, S. 1. Sie stellt weiter fest: [...] *culture is not `loaded in´ to us the way it is into a computer."* Ebenda, S. 2.

[587] Wassmann 1993, S. 98. Kronenberg sieht dies zusammengefasst in einem Wissenssystem: *„'Culture' refers to the shared system of knowledge, feelings, and behavior* [...] *that characterizes one human community versus another."* Kronenberg 2008, S. 78. Grundlage für die Aneignung dieses System ihm sind zufolge Erfahrungen. Ähnlich auch Goodenough: *„A society's culture consists of whatever it is one has to know or believe in order to operate in a manner acceptable to its members, and to do so in any role that people have in mind, their models for perceiving, relating, and otherwise interpreting them* [...] *Culture does not exist of things, people, behaviour, or emotions, but in the forms or organisations of the things in the mind of people."* Goodenough 1957 zitiert nach Wassmann 1993, S. 98.

[588] Wassmann 1993, S. 99. Vgl. hierzu auch North 1992, S. 43 f. Er definiert Kultur unter Rückgriff auf Boyd und Richardson, als: „[...] *Übertragung von Wissen, Werten und anderen verhaltensrelevanten Faktoren vermittels Lehre und Nachahmung von einer Generation auf die nächste*". Boyd/ Richardson 1985, S. 2 zitiert nach North 1992, S. 44.

[589] Wassmann, als Vertreter der Kognitiven Ethnologie gibt zu bedenken, dass: „[...] *die **deep structure** nachhaltiger von der **Kultur** beeinflusst werden könnte, als bisher angenommen. Innerhalb der Kognitionswissenschaften wird die Tatsache, dass ein Großteil der untersuchten mentalen Repräsentationen und Prozesse kultureller Natur sein könnten, kaum Beachtung geschenkt. Es wird häufig einfach Universalität postuliert, ohne die Möglichkeiten einer kulturellen Mit-Generierung in Betracht zu ziehen. Kognitionswissenschaftler für die anspruchsvolle Frage nach der Spannbreite kultureller Variabilität zu sensibilisieren, ist eine Aufgabe, für die keine Disziplin besser geeignet ist, als die Ethnologie* [Hervorhebung i. O.]." Wassmann 2003, S. 336 f.

dabei, jene mentalen Fähigkeiten transparent zu machen, welche die sozialen und kulturellen Eigenheiten der Gesellschaft verinnerlichen, in die sie hineingeboren werden.[590]

Kulturelle Modelle

Das im obigen Zitat[591] von WASSMANN genannte Wissen[592] manifestiert sich in kulturellen Modellen, die an dieser Stelle als Begriffsäquivalent zu den kognitiven Institutionen dienen sollen. Die Idee der kulturellen Modelle lässt sich auf DURKHEIM zurückführen.[593] Es sind ihm zufolge kollektive Repräsentationen[594], die sich als Vertretungen kollektiven Wissens auf individueller Ebene manifestieren und durch Erfahrungen in und mit der Gesellschaft angeeignet werden.[595] Innerhalb der kognitiven Anthropologie entwickelten vor allem HOLLAND und QUINN mit D`ANDRADE, das Konstrukt der kulturellen Modelle weiter und gelangten zu folgendem Begriffsverständnis:[596]

„*Cultural models are presupposed, taken-for-granted models of the world that are widely shared* [...] *by the members of a society and that play an enormous role in their understanding of that world and their behavior in it.*“[597]

KRONENBERG schließt sich dem an und versteht unter kulturellen Modellen:

[...] *the distributed cognitive models which I presume to embody cultural knowledge of how to behave* [...] *and how to interpret the behavior of others* [...].[598]

---

590 Vgl. Wassmann 2003, S. 324.

591 Vgl. S. 138 oben.

592 Damit ist auch nicht mehr nur die Sprache als Wissensträger relevant, sondern auch nonverbales Wissen, das sich in Handlungen manifestiert. Vor allem gewohnheitsmäßige Handlungen stehen hierbei im Vordergrund. Wassmann schreibt hierzu: „[...] *es ist jetzt an der Zeit, das* ***andere Wissen****, das, nicht hierarchisch gegliedert, sich in den praktischen Anforderungen des Alltags verwirklicht, strukturiert und vermittelt, ins Zentrum zu rücken* [Hervorhebung i. O.].“ Wassmann 2003, S. 326.

593 Vgl. Kronenberg 2008, S. 40 ff.

594 Der Begriff der kollektiven Repräsentationen geht auf Durkheim zurück. Vgl. Durkheim 1984.

595 Vgl. Kronenberg 2008, S. 41 und 169 sowie Durkheim 1984, S. 111.

596 Vgl. Kronenberg 2008, S. 31 und 164 sowie Holland/ Quinn 1987 und D'Andrade/ Strauss 1992. Vgl. hierzu auch konkret die Beschreibung kultureller Modelle bei D´Andrade 1992, S. 230.

597 Quinn/ Holland 1987, S. 4.

598 Kronenberg 2008, S. 30.

Kulturelle Modelle sind demnach sozial konstruiert.[599] Dabei werden kulturelle Elemente vom Einzelnen passiv aufgenommen, aktiv angewendet und gegebenenfalls verändert.[600] Folglich stellen sie das Grundgerüst der sozialen Wirklichkeit dar, wie sie auch in der Begriffsbestimmung der kognitiven Institutionen in dieser Arbeit auftaucht, an die ich an dieser Stelle erinnern möchte:[601]

Sie sind soziale Regeln, die historisch gewachsen sowie für die Mitglieder der Gesellschaft verbindlich sind.

Auf diese Weise reproduziert und erhält sich die Gesellschaft.[602] Kulturelle Modelle erfüllen somit eine wesentliche und gesellschaftskonstituierende Funktion. Gleichzeitig repräsentieren und konstituieren sie die Alltagswelt und sind dadurch Selbstverständlichkeiten, die nicht hinterfragt werden.

Sie sind objektive Wirklichkeit und damit selbstverständlich.

Kulturelle Modelle lassen sich nur in den Kognitionen einzelner Individuen verorten.[603] Allerdings sind sie, wie KRONENBERG feststellt, sozial geteilt:[604]

„*Since culture* [...] *is intrinsically social and only exists as a social device, it cannot be identical to what is in any single head, but has to consist of socially shared forms. But since culture has no existence outside of our individual representations of it, and since these representations are variable, there exists no single place where the whole of any culture is stored or represented. Thus culture is necessarily and intrinsically a distributed system.*“[605]

---

[599] Vgl. Kronenberg 2008, S. 31. Vgl. zur Konstruktion von sozialer Wirklichkeit auch den Abschnitt 1.4.

[600] Vgl. Kronenberg 2008, S. 33. Er schreibt hierzu: *Cultural models* .[..] *are more or less routinized and do embody reciprocal roles and activities. Cultural models are continually being adapted and extended by their users* [...] Kronenberg 2008, S. 38. Und weiters: „*I do see culture as a congeries of collectively invented systems.*“ Ebenda.

[601] Vgl. hierzu die Ausführungen im Abschnitt 2.2.1.2, insbesondere S. 83.

[602] Vgl. Strauss 1992, S. 8. Sie schreibt hierzu weiters: "[...] *social action is the result of a process by which public events are turned into private representations and acted on, thereby creating new public event* [...]." Strauss 1992, S. 16.

[603] Vgl. Kronenberg 2008, S. 84.

[604] Vgl. auch das Zitat von Quinn/ Holland 1987, S.4 auf S. 142 in dieser Arbeit.

[605] Kronenberg 2008, S. 79.

Letztlich kann ich in den Begriffsbeschreibungen von kulturellen Modellen eine Verwandtschaft zu kognitiven Institutionen erkennen, insofern als kulturelle Modelle für die Mitglieder einer Gesellschaft verbindlich sind und als soziale Wirklichkeit unreflektiert übernommen werden. Der kognitive Aspekt tritt in der Verortung der kulturellen Modelle zutage. Ich halte fest:

Kulturelle Einflüsse prägen wesentlich die kollektiven Repräsentationen, manifestiert in kulturellen Modellen, und damit das Denken und Handeln des Einzelnen.

Auch HÜTHER thematisiert kulturelle Modelle, wobei er seinen Begriff der inneren Bilder auf die kollektive Ebene hebt.[606] Genauso sieht er Herausforderungen im Umgang mit eben diesen Mustern, denn wie die einmal angelegten inneren Bilder im Hirn eines einzelnen Menschen so können auch kollektive Vorstellungen bisweilen äußerst beständig werden.[607] Darüber hinaus können kollektive Vorstellungen einer Gemeinschaft auch dazu führen, dass die Wahrnehmungen und die Suche nach neuen Erkenntnissen ihrer Mitglieder zumindest über einen gewissen Zeitraum in eine ganz bestimmte Richtung gelenkt werden. Dies führt dann dazu, dass:

„[...] *manche Phänomene von den Mitgliedern einer solchen Gemeinschaft besonders intensiv verfolgt und beachtet, andere aber kaum wahrgenommen werden.“*[608]

Ein solches Phänomen stellt bspw. das Maschinendenken und damit einhergehend die Ökonomisierung der Gesellschaft dar, wie sie zu Beginn der Arbeit thematisiert wurde.[609] Deren Leitbilder manifestieren sich im Bestreben nach Effektivitäts- und Effizienzsteigerung

[606] Er bezeichnet sie als kollektives Gedächtnis, und meint damit die von einer menschlichen Gemeinschaft tradierten und genutzten handlungsleitenden Kenntnisse, Vorschriften und Orientierung bietenden Ideen und Visionen. Vgl. Hüther 2010, S. 108.

[607] Vgl. hierzu die Ausführungen zu inneren Bildern im Kap. 3.4.2.

[608] Hüther 2010, S. 81.

[609] Vgl. den Abschnitt 1.1. Liessmann bringt das Maschinendenken und die Ökonomisierung der Gesellschaft mit dem Zeitalter des Industrialismus in Verbindung. Die Ableitung von geltenden Normen von Industrienormen steht dabei im Vordergrund. Vgl. Liessmann zitiert nach Lotter 2008, S. 66. Ausführlicher zum Zusammenhang von auf bestimmte gesellschaftliche Sphären bezogene Normen und gesamtgesellschaftlich geltenden Normen siehe das Kap. 4.

und damit einhergehend in zunehmenden Normierungs- und Standardisierungsmaßnahmen und letztlich Gleichförmigkeit.[610] HÜTHER resümiert:

„Aber diese alten, von unseren jeweiligen Vorfahren entwickelten und über Generationen hinweg erfolgreich benutzten Welt-, Feind- und Menschenbilder haben sich tief in die Gehirne der Nachkommen eingegraben, sie sind noch immer so fest im kollektiven Gedächtnis [...] *verankert und werden durch Gesetze, Glaubens- und Verhaltensregeln und Vorschriften so stark befestigt, dass sie die inzwischen notwendige über alle Unterschiede hinausgehende, gemeinsame Suche nach Lösungen bis heute weitgehend verhindern."*[611]

Damit verweist er auf die wesentliche Bedeutung von kulturellen Modellen sowie dann auch von kognitiven Institutionen für gleichförmiges Denken. An dieser Stelle möchte ich darauf hinweisen, dass der Begriff der Kultur hier nicht rein gesellschaftsbezogen, i. S. v. lokal begrenzt, zu betrachten ist. Insbesondere in der heutigen Weltgesellschaft[612] kann davon nicht mehr die Rede sein. Vielmehr beruht der Treiber für Gleichförmigkeit in den uniformen Erfahrungen, welche die Menschen machen, vor allem im Bereich der sekundären Sozialisation. Dabei werden Erfahrungen in verschiedensten Bereichen gesammelt und der Einzelne kann dasselbe Schema[613] haben wie jemand der am anderen Ende der Welt lebt solange er dieselben Erfahrungen gemacht hat, wie bspw. das Durchlaufen einer Regelschule.[614] STRAUSS und QUINN schreiben hierzu:

„[...] *a schema is cultural to the extent that it is the product of humanly mediated experiences."*[615]

Der Abschnitt hat gezeigt, dass es nicht ausreicht am Einzelnen zu arbeiten, sondern dass es gilt gesellschaftliche Veränderungen herbeizuführen.

Kognitive Institutionen sind in hohem Maße durch die kulturellen Rahmenbedingungen der jeweiligen Gesellschaft geprägt. Wesentlich dabei sind biographische Erfahrungen.

---

610 Vgl. hierzu die Ausführungen in Kap. 1.1.
611 Hüther 2010, S. 101.
612 Vgl. Luhmann 1975, S. 51 ff.
613 Die Begrifflichkeiten Schema und kulturelles Modell werden an dieser Stelle äquivalent verwendet.
614 Vgl. Strauss/ Quinn 1997, S. 7.
615 Ebenda.

STRAUSS stellt überdies fest, dass es für ein Verständnis der handlungsleitenden kulturellen Voraussetzungen nicht ausreicht, die kulturellen Phänomene, wie bspw. das Maschinendenken im Rahmen der zunehmenden Ökonomisierung selbst zu kennen. Vielmehr ist es notwendig, zu verstehen, wie der Einzelne diese kulturellen Phänomene internalisiert.[616]

3.6 Sozialisationsforschung – Subjektive Theorien

Rekurrierend auf die obig gemachte Feststellung von STRAUSS finden auch Aspekte der Sozialisation ihre Relevanz, denen ich mit der Betrachtung der Sozialisationsforschung Tribut zollen möchte. Die Sozialisationsforschung selbst ist wieder ein interdisziplinärer Verbund, der sich aus Pädagogik, Psychologie und Soziologie zusammensetzt. Die Pädagogik bzw. Erziehungswissenschaften sind dabei als konkrete Ausgestaltung der sekundären Sozialisation zu betrachten, d.h. dem tatsächlichen Ort der Weitergabe von erwünschtem und als für wichtig erachtetem Wissen.[617] Der Fokus soll hier auf der sekundären, in Abgrenzung zur primären Sozialisation liegen, da diese für den Bereich des Berufslebens und damit für den Kontext der Betriebswirtschaftslehre m. E. nach schwerer wiegt.[618] Denn, obwohl im Fokus dieser Arbeit besonders das berufliche Leben und die dort routinemäßig angewandten Verhaltensweisen und Fertigkeiten stehen, so haben wir uns doch jenes Rüstzeug im Laufe unseres Lebens *auf dem Weg* zum Erwerbsdasein, also zu der gesellschaftlichen Sphäre, für welche die Wirtschaftswissenschaften Orientierung geben wollen, angeeignet. Aus diesem Grund möchte ich nun auch die Sozialisationsforschung bemühen, um für das Konstrukt der kognitiven Institution ein umfassenderes Verständnis zu gewinnen.

---

616 Vgl. Strauss 1992, S. 4. Wassmann differenziert diesbezüglich in kulturelle Phänomene, die sich materiell manifestieren und kulturelle Inhalte, die sich mental manifestieren. Kulturelle Inhalte beruhen dabei immer auf mentalen Repräsentationen. Vgl. Wassmann 2003, S. 323.

617 Vgl. hierzu ausführlicher auch weiter oben die Ausführungen zu den Kulturwissenschaften, insbesondere der kognitiven Ethnologie.

618 Zur Unterscheidung von primärer und sekundärer Sozialisation vgl. bspw. Berger/ Luckmann 1980, S. 140 f.

Die erkenntnisleitende Idee der Sozialisationsforschung ist dabei die Nachzeichnung der gesellschaftlichen Bedingtheit von individuellen Entwicklungsprozessen.[619] GRUNDMANN schreibt hierzu:

„Denn offensichtlich ist der Sozialisationsprozeß durch das Wechselspiel sozialer und individueller (sowie biologischer) Konstruktionsprozesse geprägt, die sich parallel zueinander und relativ selbständig voneinander entwickeln und sich dennoch gegenseitig beeinflussen."[620]

Insofern kann die Sozialisation als Zwischenstück zwischen individueller und sozialer Entwicklung betrachtet werden.[621] Innerhalb der Sozialisationsforschung soll nun das Konzept der subjektiven Theorie als Begriffsäquivalent zur kognitiven Institution an dieser Stelle näher beleuchtet werden.

3.6.1 Das Forschungsprogramm Subjektive Theorien

Die Erforschung von Alltagsvorstellungen in der Psychologie, zu welchen ich auch kognitive Institutionen und damit auch subjektive Theorien zählen möchte,[622] hat ihren Beginn in den 50er Jahren und ist vor allem mit Fritz HEIDER sowie George KELLY in Verbindung zu bringen.[623] Die Arbeiten hierzu lassen sich heute fast durchweg unter dem Terminus der subjektiven Theorien subsumieren. Neben diesem Begriff finden sich alternative Bezeich-

---

[619] Die beteiligten Disziplinen nähern sich dem in komplementärer Weise an. Zum einen auf individueller, zum anderen auf der gesellschaftlichen Ebene. Vgl. Hurrelmann/ Ulich 2002a, S. 4.

[620] Grundmann 1999, S.11. Grundmann sieht Sozialisation, in Anlehnung an die Strukturationstheorie von Giddens, als doppelten Strukturierungsprozeß, in dem sich die Handlungsstrukturen und das Handlungswissen gegenseitig beeinflussen. Damit legitimiert sich eine konstruktivistische Betrachtungsweise. Vgl. Grundmann 1999, S. 11.

[621] Der Begriff der Sozialisation ist dabei als ein kategorialer Oberbegriff zu verstehen, dessen Ziel es ist die menschliche Subjektwerdung im weitesten Sinne zu verstehen. Sie kann „[...] *als jener lebenslange und in seinem Ergebnis offene Prozeß verstanden werden, durch welchen ein Individuum vermittels der aktiven Auseinandersetzung mit seiner menschlichen und dinglichen Umwelt soziale Zugehörigkeit und persönliche Eigenart ausbildet und Handlungsfähigkeit erwirbt."* Liegle 2002, S. 215.

[622] Vgl. hierzu noch einmal das Verständnis von kognitiven Institutionen als Manifestation von sozialer Wirklichkeit in dieser Arbeit. Vgl. S. 78 ff.

[623] Vgl. Schilling 2001, S. 28.

nungen, die ebenfalls der *„Theorie-Metapher verbunden sind."*[624] Im deutschsprachigen Raum haben diese Forschungsbemühungen vor allem durch die naive Verhaltenstheorie von LAUCKEN einen Aufschwung erfahren.[625] Allgemein hat sich inzwischen die Bezeichnung subjektive Theorie durchgesetzt, was nicht zuletzt auf den Einfluss des Forschungsprogramms Subjektive Theorie (FST) zurückzuführen ist, auf welches ich im Folgenden näher eingehen werde:[626]

In der Kognitionspsychologie bietet das Konzept der subjektiven Theorien einen grundsätzlichen Zugang zu dem, was gedanken-, entscheidungs,- sowie handlungsleitend für Menschen ist. Dabei ist zu betonen, dass unter Handeln hier absichtsvolle und sinnhafte Verhaltensweisen verstanden werden, im Gegensatz zu rein reaktivem Verhalten.[627] Es entstand in Anlehnung an das von KELLY formulierte Bild des Menschen als Wissenschaftler, welches vom Vorhandensein differenzierter Wissens- und Konzeptsysteme des Menschen über sich selbst sowie seiner Umwelt ausgeht.[628] Dieses Menschenbild des *„man, the scientist"*[629] manifestiert sich nicht zuletzt in der Bezeichnung der relevanten Wissensstrukturen als subjektive *Theorien*. WEBER formuliert dies wie folgt:

„Mit dem Konstrukt der subjektiven Theorie wird ein Wissensbestand einer Person, der einen bestimmten Realitätsausschnitt oder Inhaltsbereich kognitiv repräsentiert, in Analogie zu einer wissenschaftlichen Theorie gesehen als ein System miteinander verknüpfter Aussagen, die Schlussfolgerungen ermöglichen."[630]

Der Begriff der subjektiven Theorie bezeichnet damit das durch persönliche Erfahrung und praktische Belehrung aufgebaute Wissen.[631] Charakteristisch für subjektive wie auch für wissenschaftliche Theorien ist die Kausallogik die sich in einer Wenn-dann-Struktur aus-

---

[624] Schilling 2001, S. 28. Dann führt hierzu bspw. folgende Bezeichnungen auf: implizite Persönlichkeitstheorie, naive Entwicklungstheorie, Alltagstheorie, Berufstheorien, Common-sense-Psychologie. Vgl. auch Dann 1983, S. 77.

[625] Vgl. Dann 1983, S. 77 und Schilling 2001, S. 28.

[626] Vgl. Schilling 2001, S. 28.

[627] Vgl. Schilling 2001, S. 27.

[628] Vgl. hierzu auch Rogers-Wynands 2002, S. 49 f.

[629] Groeben et. al. fassen dieses Menschenbild als epistemologisches Subjektmodell zusammen. Vgl. Groeben et. al. 1988, S. 11 ff.

[630] Weber F. 1991, S. 3.

[631] Vgl. Krapp/ Weidenmann 2006, S. 56.

drückt.[632] Ziel der Erforschung subjektiver Theorien ist es, dieses Wissenssystem aufzudeken und zu analysieren. Das FST mit eben dieser Zwecksetzung wurde von GROEBEN et. al. initiiert, um einen Wechsel in der Forschung der Psychologie zu setzen. Dabei war das Hauptanliegen die Einführung eines Menschenbild des reflexiven Subjekts im Gegensatz zum behavioristischen Menschenbild der Psychologie bis dato.[633]

Bei Betrachtung des Forschungsstandes im deutschsprachigen Raum lässt sich feststellen, dass sich das begriffliche Verständnis subjektiver Theorien überwiegend an den im Rahmen des FST getroffenen Begriffsbestimmungen orientiert.[634] Unter subjektiven Theorien wird dabei innerhalb des FST ein Konstrukt verstanden, welches der Binnenstrukturierung auf dem Gebiet der Kognitionspsychologie dient. Dies schien den Autoren aufgrund der relativen Unbestimmtheit des Begriffs der Kognition notwendig, da er eine gewisse Schwammigkeit aufweist und quasi als ein Sammelbegriff verstanden werden kann. Nach dem Verständnis des Begriffs in der Psychologie können Kognitionen in ihrer Struktur von einfach bis komplex strukturiert sein. Hier greift die Spezifizierung mittels des Begriffs der subjektiven Theorie:

Sie meint komplexere Aggregate von Konzepten, deren Struktur und Funktion in Parallelität zu wissenschaftlichen Theorien konzipiert bzw. postuliert werden.[635] D. h. sie enthalten zumindest implizite Argumentationsstrukturen.[636] Damit wird gleichzeitig unterstellt, dass es sich bei subjektiven Theorien um relativ überdauernde mentale Strukturen handelt, die als handlungsleitende Wissensbestände gelten.[637] Insofern können subjektive Theorien als

---

[632] Vgl. Beck/ Krapp 2006, S. 56.

[633] Groeben selbst spricht diesbezüglich von seiner Präferenz der Bezeichnung eines Paradigmenwechsels, den er allerdings zugunsten der Mitautoren nicht zum Titel gemacht hat. Vgl. Groeben et. al. 1988, S. 9 und S. 30.

[634] Vgl. Schilling 2001, S. 29.

[635] Die Unterscheidung in subjektive und wissenschaftliche Theorien verweist auf die Autorenschaft der jeweiligen Theorie. Vgl. Schilling 2001, S. 29. Zu Unterschieden zwischen subjektiven und objektiven bzw. wissenschaftlichen Theorien siehe bspw. Beck/ Krapp 2006, S. 56 und Weber, F. 1991, S. 13 ff.

[636] Vgl. Groeben et. al. 1988, S. 18 und Rogers-Wynands 2002, S. 53.

[637] Vgl. Groeben et. al. 1988, S. 18 sowie Dann 1983, S. 8 und S. 80. Rogers-Wynands weist in diesem Zusammenhang explizit auf die theoretische Einbettung des FST in die Handlungstheorie hin. Insofern ergeben sich folgende Bereiche als diejenigen, für die das FST keinen Geltungsanspruch erhebt: Automatismen, Intransparenzsituationen wie bspw. Panik und Zuständen der Desintegration von Kognition und Verhalten wie bspw. Suchtverhalten. Bzgl. Routinen, die abgesunkene Handlungen darstellen, wird allerdings das Vorliegen von subjektiven Theorien bejaht. Vgl. Rogers-Wynands 2002, S. 54 f.

Sammelbezeichnung für naive Verhaltenstheorien, implizite Theorien, subjektives Wissen, Deutungsmuster und Überzeugungen verstanden werden.[638] HOF, die sich auch auf das FST bezieht, begründet dies eben mit dem:

„[...] *Vorhandensein ‚relativ stabiler kognitiver Strukturen' die in Form von vorbewussten Selbstverständlichkeiten oder unreflektierten Überzeugungen das Deuten und Handeln der Subjekte beeinflussen."*[639]

Hierin wird die Verwandtschaft zum Begriff der kognitiven Institution insofern ersichtlich, als dass ein handlungsleitender Einfluss dieses kognitiven Konstrukts besteht, ohne dass der Erwerb desselben bewusst stattgefunden hat.[640] BECK und KRAPP stellen fest, dass:

„[...] *gerade das das Problem der subjektiven Theorien* [ist; Ergänzung EK]*: Sie wurden auf unkontrollierte Weise internalisiert und sind handlungsleitend geworden, ohne dass sie dabei stets und ständig als solche im Bewusstsein gehalten werden müssten."*[641]

Dieser Problematik versuchen GROEBEN et. al. in ihren Begriffsfassungen der subjektiven Theorie Rechnung zu tragen. Die Autoren des FST explizieren den Begriff der subjektiven Theorie einmal als weite und einmal als enge Variante. Der weiten Begriffsfassung nach sind subjektive Theorien:

„- Kognitionen der Selbst- und Weltsicht,

- als komplexes Aggregat mit (zumindest impliziter) Argumentationsstruktur,

- das auch die zu objektiven (wissenschaftlichen) Theorien parallelen Funktionen,

- der Erklärung, Prognose, Technologie erfüllt."[642]

---

[638] Vgl. Hof 2001, S. 19.

[639] Ebenda.

[640] Ich erinnere an dieser Stelle erneut an das vorgängig erarbeitete Begriffsverständnis kognitiver Institutionen: Institutionen sind soziale Regeln, die historisch gewachsen sowie für die Mitglieder der Gesellschaft verbindlich sind und als soziale Wirklichkeit unreflektiert übernommen werden. Vgl. Die Ausführungen auf den S. 78 ff. in dieser Arbeit.

[641] Beck/ Krapp 2006, S. 56.

[642] Groeben et. al. 1988, S. 19.

Subjektive Theorien dienen demnach der Einordnung und Deutung von Ereignissen[643], der Vorhersage von Ereignissen auf der Grundlage von zu Aussagen verarbeiteten Erfahrungen[644], und der praktischen Anwendung subjektiv-theoretischer Überzeugungen in Handlungen[645].[646]

Die enge Begriffsfassung wird ergänzt um die Aktualisier- und Rekonstruierbarkeit der subjektiven Theorie sowie die Prüfbarkeit ihrer Akzeptanz als objektive Erkenntnis.[647] Damit wird deutlich, dass das methodische Vorgehen im FST auf eine Rekonstruktion von subjektiven Theorien abzielt wobei die Autoren des FST letztlich auf eine empirische Validierung der untersuchten subjektiven Theorien abstellen. Insofern ist die bevorzugte Variante der Autoren des FST die letztgenannte enge Version.[648] Grundsätzlich lässt sich allerdings festhalten, dass die engere Definition von GROEBEN et. al. den Begriff der subjektiven Theorie stark auf die spezifische Konzeption des FST einschränkt, wodurch das von verschiedener Seite hervorgehobene Integrationspotential des Ansatzes verloren geht.[649] Die weite Begriffsfassung hingegen erlaubt eine Subsumierung weiterer komplexer Kognitionsaggregationen, mit der sich die kognitive Psychologie beschäftigt.[650]

---

643 Dies entspricht der Funktion der Erklärung im obigen Zitat.

644 Dies entspricht der Funktion der Prognose im obigen Zitat.

645 Dies entspricht der Funktion der Technologie im obigen Zitat.

646 Vgl. Schilling 2001, S. 31 sowie Weber 1991, S. 4. Hof formuliert dies wie folgt: *„Im weiteren Sinne können subjektive Theorien somit verstanden werden als relativ überdauernde mentale Strukturen der Selbst- und Weltsicht, die analog zu wissenschaftlichen Theorien ‚die Funktionen a) der Situationsdefinition i. S. einer Realitätskonstituierung, b) der nachträglichen Erklärung (und oft der Rechtfertigung) eingetretener Ereignisse, c) der Vorhersage (oder auch nur der Erwartung) künftiger Ereignisse, d) der Generierung von Handlungsentwürfen oder Handlungsempfehlungen zur Herbeiführung erwünschter oder zur Vermeidung unerwünschter Ereignisse' erfüllen."* Hof 2001, S. 20.

647 Vgl. Groeben et. al. 1988, S. 22. Unter der Aktualisierbarkeit ist dabei die Bewusstmachung der jeweiligen subjektiven Theorie zu verstehen.

648 Der Forschungsprozess im FST ist in zwei Phasen geteilt: Die erste Phase ist als hermeneutisch-deskripitiv, die zweite Phase als empirisch-explanativ gekennzeichnet. Die zweite Phase hat zum Ziel zu überprüfen, ob die subjektive Theorie auch als objektiv gelten kann. Die Frage, die dieser Zweiteilung zugrunde liegt ist: *„Wie sollen also die für menschliches Handeln spezifischen Merkmale, welche der direkten Beobachtung nicht zugänglich sind, erfaßt werden?"* Groeben et. al. 1988, S. 24. Bei der Konzeption des Forschungsdesigns gingen die Autoren von der Annahme aus, dass weder die Nicht-Übereinstimmung noch die Übereinstimmung von externen und subjektiven Erklärungen für beobachtetes Verhalten eine positive Evidenz für (k)einen Zugang eines Einzelnen zu seinen Kognitionen liefert. Vgl. Groeben et. al. 1988, S. 132. Insofern bietet die alleinige Rekonstruktion der Innensicht ohne Validierung am Falsifikationskriterium keine ausreichende Evidenz der Gültigkeit der erhobenen subjektiven Theorie.

649 Vgl. Schilling 2001, S. 32.

650 Vgl. Groeben et. al. 1988, S. 19 und Schilling 2001, S. 32.

Da nun in Anbetracht meines interdisziplinären Vorgehens gerade das Integrationspotential für verwandte Ansätze interessant ist, möchte ich mich im Weiteren auf die weite Begriffsfassung der subjektiven Theorie beziehen. Nichtsdestotrotz beinhaltet die enge Begriffsfassung wertvolle Hinweise für eine mögliche Explanierung von subjektiven Theorien.[651]

Das Konstrukt der subjektiven Theorien bietet Ansatzpunkte zur Aktualisierung und Rekonstruktion von kognitiven Institutionen.

3.6.2 Subjektive Theorien in der Pädagogik

Bezüglich der Literatur zu subjektiven Theorien fällt auf, dass dieses Konstrukt vor allem innerhalb der Pädagogik Anwendung findet.[652] Die Relevanz der subjektiven Theorien von Lehrkräften wird dabei mit dem speziellen Charakteristikum dieses beruflichen Alltagshandelns begründet das in vielfältiger Weise mit der Beeinflussung anderer Menschen in Zusammenhang steht.[653] Denn gerade im Bereich Erziehung und Bildung werden prägende Erfahrungen gesammelt. Die liegt in dem Umstand, dass jeder selbst lange Jahre das Objekt von Erziehung ist, durch die man Erziehungs- und Bildungsstile in Familie, Kindergarten, Schule sowie außerschulischen Einrichtungen erfährt. Diese Erfahrungen prägen wiederum die Vorstellungen des Einzelnen. Bleiben nun diese biographischen Erfahrungen bei angehenden Pädagogen unreflektiert, so besteht das Risiko, dass sie im pädagogischen Handeln übernommen werden. In diesem Fall kann es nicht an wissenschaftlichen Standards pädagogischer Professionalität ausgerichtet werden, die auf eine optimale Förderung von Schülern ausgerichtet sein sollte.[654]

---

[651] Vgl. Schilling 2001, S. 32.

[652] Vgl. ebenda, S. 33. Mittlerweile gibt es auch Ansätze der Integration subjektiver Theorien in den Wirtschaftswissenschaften. Siehe hierzu bspw. Schilling 2001, Weber 1991, Rogers-Wynands 2002.

[653] Vgl. Fussangel 2008, S. 73.

[654] Vgl. Heller/ Schwarzer 2010, S. 1. Grundsätzlich lassen sich mehrere Bereiche identifizieren, in denen bedeutsame subjektive Theorien das Denken und Handeln von Lehrern beeinflussen. Calderhead beschreibt folgende: (1) Lernende und das Lernen, (2) das Lehren, (3) das Unterrichtsfach, (4) das Lernen des Lehrens sowie (5) auf das Selbst und die Rolle als Lehrperson. Vgl. Calderhead 1996 zitiert nach Fussangel 2008, S. 75.

Die Relevanz von subjektiven Theorien bzw. kognitiven Institutionen und ihrer möglichen Auswirkungen ist demnach in der Pädagogik Thema. Interessanterweise ist damit der Bildungssektor der Schulen offensichtlich einen Schritt weiter, was eine Auseinandersetzung mit diesen Konstrukten betrifft. Das Bewusstsein für einen Zusammenhang zwischen subjektiven Theorien von Lehrenden und deren Auswirkungen auf die Lernenden ist dabei gewiss dem Umstand ihrer gestaltenden und sozialisierenden Aufgabe geschuldet und vor diesem Hintergrund recht und billig.

Die Betrachtung des Konstrukts der subjektiven Theorie speziell im Bereich der Pädagogik weist damit Anhaltspunkte für eine mögliche Rekonstruktion von kognitiven Institutionen auf. Dies stellt die Voraussetzung für eine Bewusstmachung derselben und den Schlüssel zur Veränderung dar.

Ich möchte den Blick allerdings weiter öffnen und zwar dahingehend, dass wir ganz grundsätzlichen subjektiven Theorien, oder eben kognitiven Institutionen ausgesetzt sind, die wir nicht als solche wahrnehmen. Vor diesem Hintergrund sind nicht nur die subjektiven Theorien von Lehrern einer kritischen Prüfung bzw. einer Bewusstmachung zu unterziehen, sondern eben auch die gelehrten Inhalte der Lehrpläne, die gesellschaftlich verankerte kulturelle Modelle vermitteln. Denn für die transgenerationale Weitergabe von bisher gesammeltem Wissen und bisher gemachten Erfahrungen sind bestimmte Einrichtungen geschaffen worden: Die Schulen.[655]

Im Verlauf der bisherigen Arbeit scheint die Tatsache evident, dass wir nicht nur im Rahmen von Schule und Ausbildung per Lehrplan sozialisiert werden, sondern im Gesamtzusammenhang von Gesellschaft und deren sozialen Wirklichkeiten, die sich in kognitiven Institutionen manifestieren und unbewusst auf den Einzelnen wirken. Insofern besteht die Herausforderung der Bewusstseinsschaffung für kognitive Institutionen und ihrer sozialen Ursprünge auf breiterer Ebene. [656] Denn es braucht, um erneut auf die Eingangsthese der

---

[655] Vgl. Hüther 2009, S. 41.

[656] Vgl. Gruber/ Prenzel/ Schiefele 2006, S. 122. Die Autoren schreiben hierzu wörtlich: *„Die Auffassung, dass die Entwicklung aller mentalen Prozesse auf soziale Ursprünge zurückzuführen ist und dass die geistige Tätigkeit eines Individuums nur verstanden werden kann, indem die sozialen und kulturellen Prozesse untersucht werden, denen sie entspringen, wurde vor allem von dem russischen Forscher Vygotsky (1978) pro-*

Arbeit zu verweisen, mehr Vielfalt und ein anderes Wissen, um bestehenden und kommenden Herausforderungen entsprechen zu können.[657] HÜTHER beschreibt diese Schlüsselqualifikation für morgen als das:

„.[...] *was ‚Arbeitgeber' schon heute händeringend suchen, und was den Menschen in unserer technisierten, hektischen und leistungsorientierten Gesellschaft offenbar zunehmend abhanden zu kommen droht: psychosoziale Kompetenz, also die Fähigkeit mit anderen Menschen nach tragfähigen Lösungen für die Bewältigung gegenwärtiger und zukünftiger Herausforderungen zu suchen.*"[658]

Dabei handelt es sich um eine Form von Wissen die auf eigener Erfahrung beruht.[659] Die nachfolgende Abbildung veranschaulicht die Zusammenhänge der Erklärungswerte der betrachteten Disziplinenverbünde.

---

pagiert. Er postulierte das scheinbare Paradox, dass die Analyse der Funktionsweise und der Entwicklung des Individuums außerhalb des Individuums ansetzen muss."

657 Vgl. S. 5 in dieser Arbeit.

658 Hüther 2009, S. 42.

659 Vgl. ebenda.

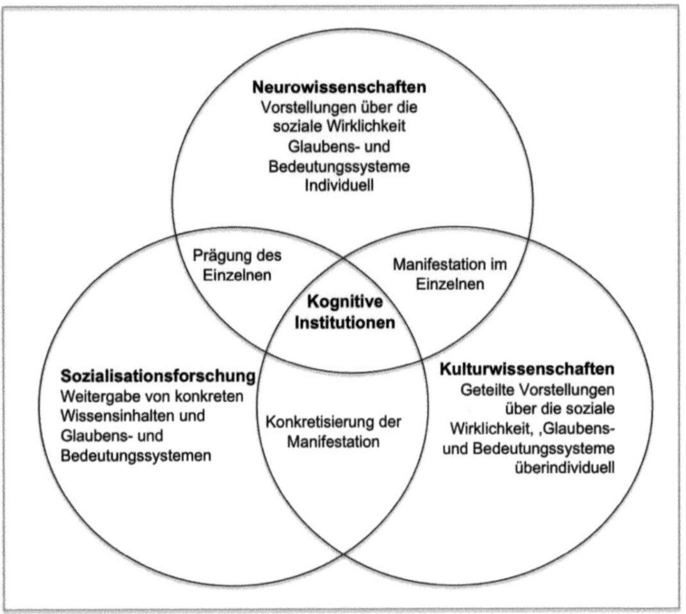

Abb. 3-3[660]

3.7 Zwischenzusammenfassung und weiteres Vorgehen

In diesem Kapitel habe ich versucht mittels Begriffsäquivalente kognitiver Institutionen die interdisziplinäre Relevanz dieses Konstrukts aufzuzeigen. Insofern halte ich, durch die disziplinenübergreifende Bedeutung des Begriffs, und die Tragweite der Kognitionswissenschaften als solche, die gesamtgesellschaftliche Bedeutsamkeit kognitiver Institutionen für untermauert. Dabei hat sich gezeigt, dass die Bedeutung kultureller Elemente für den Einzelnen auf kognitiver Ebene eine erhebliche Rolle spielt und eine sorgsame Betrachtung derselben, gerade in Bereichen der Sozialisation, angezeigt ist. Die Frage danach, ob und in-

[660] Eigene Darstellung.

wieweit kulturelle Modelle grundsätzlich Einfluss nehmen, scheint damit geklärt. Allerdings stellt sich an dieser Stelle die Frage welche konkrete Art von kognitiven Institutionen unsere heutige Gesellschaft dominiert, welche Auswirkungen damit einhergehen und wie wir damit umgehen können. Insbesondere möchte ich der Frage nachgehen, welche gesellschaftliche Relevanz Organisationen in diesem Zusammenhang tragen, vor allem vor dem Hintergrund des Postulates eines gesellschaftlichen Primats der Wirtschaft.

Die bisherigen Erkenntnisse aus der vorliegenden Arbeit lassen zumindest vermuten, dass Organisationen einen nicht zu unterschätzenden Einfluss auf die Institutionen der Gesellschaft haben.[661] Auch Organisationen sind Gesellschaft und damit institutionenbildend.[662] Wir leben in einer Welt, in welcher der Einfluss von Organisationen und der Wirtschaft als gesellschaftlichem Teilsystem auf das Leben deutlich spürbar ist.[663]

Im folgenden Kapitel möchte ich diese Vermutung weiter ausbauen und fundieren und damit die bisherigen Erkenntnisse in ihrem Zusammenhang verdeutlichen. Im bisherigen Verlauf der Arbeit habe ich nicht viel mehr getan als die themenkonstituierenden Begrifflichkeiten und ihre Antonyme[664] bzw. Äquivalente[665] zu betrachten. Im Folgenden aber werde ich diesen Beobachterstatus aufgeben und die gewonnenen Erkenntnisse nutzen und dahingehend verdichten, um die Wirtschaft als funktionelles Teilsystem der Gesellschaft und deren Primat im Hinblick auf die Entstehung von Gleichförmigkeit zu analysieren und meine eigenen Gedanken in diesem Zusammenhang zu äußern, die mich zu dieser Arbeit angeregt haben.

---

661 An dieser Stelle möchte ich an den Umstand erinnern, dass die Ebene der kognitiven Institutionen die Metaebene in diesem Kontext darstellt und damit alle anderen Institutionsarten unter sich subsumiert. Vgl. hierzu S. 102 ff. in dieser Arbeit sowie auch insbesondere die Ausführungen von Zucker 1987.

662 Vgl. Zucker 1983, S. 1.

663 Unter Wirtschaft ist hier die gesellschaftliche Sphäre zu verstehen, die Wirtschaftsorganisationen, also Unternehmen, ihren Raum gibt. Insofern erlaube ich mir die äquivalente Verwendung der Begrifflichkeiten.

664 Dies bezieht sich auf den Begriff der Gleichförmigkeit und ihres Antonyms der Vielfalt, wie er zu Beginn der Arbeit thematisiert worden ist.

665 Dies bezieht sich auf die im vorausgegangenem Kapitel betrachteten Begriffsäquivalente zum Begriff der kognitiven Institution.

4. DER GESELLSCHAFTLICHE PRIMAT DER WIRTSCHAFT ALS KOGNITIVE INSTITUTION

„Eine Kritik herrschender Denkformen will ein Bewußtsein davon schaffen, daß Wirklichkeiten gewollt werden können und daß über die Entscheidung, welche Wirklichkeit wir wollen, zumindest diskutiert werden sollte."[666]

Im bisherigen Verlauf der Arbeit war ich bemüht darzulegen, welche große Rolle Institutionen, insbesondere kognitive Institutionen, für unsere Gesellschaft und Organisationen spielen. Sie bedeuten uns, zumeist mit unsichtbarer Hand, was zu tun ist und erleichtern uns das Zusammenleben bzw. -arbeiten. An dieser Stelle möchte ich allerdings auf den Beginn dieser Arbeit zurückkommen: Dort habe ich einen Primat der Wirtschaft postuliert, dessen Ausprägungen, vor allem zweier Symptome, mich zu dieser Arbeit angeregt haben.[667] Allerdings habe ich bislang vorenthalten was ich genau unter diesem Primat der Wirtschaft verstehe. Dies und die Verknüpfung mit der Thematik der kognitiven Institutionen möchte ich im Folgenden darlegen. Hierfür werde ich im ersten Schritt der Frage nach einem Primat der Wirtschaft nachgehen sowie nachfolgend die Zusammenhänge desselben zur Entstehung von Gleichförmigkeit innerhalb der Gesellschaft zusammenführen.

4.1 Die Konstitution eines Primats der Wirtschaft

Um zu einem Verständnis eines Primats der Wirtschaft gelangen zu können ist es zu Beginn notwendig, einige gesellschaftstheoretisch relevante Voraussetzungen hierfür zu schaffen. Eine Gesellschaft besteht demnach aus mehreren Teilsystemen, die verschiedene gesellschaftliche Funktionen übernehmen und auf diese Weise den Bestand der Gesellschaft si-

---

[666] Schiewe 2000, S. 8.
[667] Vgl. Abschnitt 1.1.

chern. Die Wirtschaft ist ein solches Teilsystem der Gesellschaft.[668] Dieses und die anderen Teilbereiche stehen innerhalb einer funktional differenzierten Gesellschaft grundsätzlich gleichberechtigt nebeneinander.

Allerdings wird in der Literatur trotzdem verschiedentlich die Frage diskutiert, ob ein Teilbereich die anderen dominieren, also ob ein Primat desselben bestehen kann. Hierzu findet sich allerdings keine einhellige Meinung. HURRELMANN beispielsweise nennt die Frage nach dem Primat eines gesellschaftlichen Teilsystems müßig und begründet dies mit dem funktional interdependenten Zusammenspiel der Teilssysteme.[669] Auch LUHMANN weist prinzipiell einen Primat eines Teilsystems zurück.[670] Allerdings finden sich durchaus Autoren, die, direkt oder indirekt, eine Dominanz des wirtschaftlichen Teilsystems innerhalb der Gesellschaft postulieren.[671] Vor dem Hintergrund dieser Uneindeutigkeit möchte ich diese Frage erneut angehen und dabei vor allem auch das Augenmerk darauf richten, was unter Wirtschaft in diesem Zusammenhang konkret zu verstehen ist.[672]

Besteht ein gesellschaftlicher Primat der Wirtschaft? Was ist dabei unter Wirtschaft konkret zu verstehen?

---

668 Diesem Verständnis einer funktional differenzierten Gesellschaft liegen vor allem die Gesellschaftstheorien von Parsons und Luhmann zugrunde. Andere Teilbereiche innerhalb einer funktional differenzierten Gesellschaft wären bspw. Kunst, Wissenschaft, Medizin, Bildung, usw. Vgl. hierzu auch Luhmann 1981, S. 392.

669 Vgl. Hurrelmann 1975, S. 43 f.

670 Er schreibt hierzu: *„Wenn es zutrifft, daß alle diese Funktionen erfüllt werden müssen, um die Gesellschaft auf ihrem jetzigen Entwicklungsniveau zu halten, und wenn es damit zutrifft, daß jedes Funktionssystem gesellschaftlich vermittelt von allen anderen abhängt, schließt das die Prominenz einer von ihnen als die herrlichste* [...] *und auch jede feste Rangordnung unter ihnen aus."* Luhmann zitiert nach Schimank 2008, S. 8. Vgl. hierzu auch Luhmann 1987, S. 34 f.

671 Hierzu zählen bspw. Schimank und indirekt Luhmann, der zwar für eine Theorie der Gesellschaft einen Primat eines Teilsystems als schwierig ansieht, aber gleichzeitig sowohl einen politischen als auch einen wirtschaftlichen Primat der Wirtschaft einräumt. Vgl. Luhmann 1974, S. 142. Baecker zufolge gibt es zwei Positionen der Beschreibung der Wirtschaft als funktionales Teilsystem der Gesellschaft. Die erste Position versteht und beschreibt die Ausdifferenzierung der Wirtschaft in der Gesellschaft als eine gesellschaftliche Tatsache. Die zweite Position begreift Wirtschaft als ein System, das insofern funktioniert, als es die Gesellschaft den eigenen Zwecksetzungen, die von dieser Soziologie als Abweichung von wünschenswerten Zuständen der Gesellschaft betrachtet werden, unterworfen hat. Vgl. Baecker 2008, S. 111.

672 Grundsätzlich wird es als problematisch betrachtet, wenn innerhalb der Gesellschaftstheorie nach einer funktionalen Differenzierung der Wirtschaft und nach den Voraussetzungen und Folgen dieser gefragt wird. Vor allem wenn eine Dominanz der Wirtschaft unterstellt wird und somit außer Acht gelassen wird, inwieweit sich diese von Entwicklungen anderer Teilsysteme der Gesellschaft beeinflussen bzw. dominieren lässt. Vgl. Baecker 2008, S. 116. Diese Ansätze lassen sich v. a. in der Kapitalismustheorie finden. Vgl. hierzu auch Luhmann: *„Alles wirtschaftliche Handeln ist soziales Handeln, daher ist alle Wirtschaft immer auch Vollzug von Gesellschaft"*. Luhmann 1994, S. 8.

Im ersten Schritt ist unter Wirtschaft, als funktionalem Teilsystem der Gesellschaft, die Gesamtheit aller Organisationen und Handlungen die den Zweck der planvollen Deckung von Bedürfnissen haben zu verstehen.[673] Insofern ist die Wirtschaft ein System von Warenaustausch. Dem ökonomischen Handeln in einer Marktwirtschaft[674] liegt dabei das erwerbswirtschaftliche Prinzip zugrunde, d.h. das Bestreben, bei der Leistungserstellung und -verwertung das Gewinnmaximum zu erreichen.[675] Ausgehend von dieser kurzen Darlegung des Verständnisses von Wirtschaft möchte ich der Frage nach einem Primat der Wirtschaft nun nachgehen und dazu den Begriff der Ökonomisierung[676] bemühen, den ich als Basis desselben zu erkennen glaube.

4.1.1 Ökonomisierung als Basis eines Primats der Wirtschaft

Die Thematik einer Ökonomisierung[677] der Gesellschaft ist in der Literatur zunehmend anzutreffen, sie ist mittlerweile zu einem Dauerthema geworden.[678] Allerdings, folgt man KRÖNIG, wird der Begriff der Ökonomisierung nur selten eindeutig abgegrenzt.[679] Indes ist den Beobachtungen meist eines gemeinsam: Eine kritische Bewertung von Ökonomisierung.[680] Eine solche Beurteilung ist allerdings selbst als problematisch einzuschätzen, da sich der Ökonomisierungsbegriff grundsätzlich als nicht kritisierenswert darstellt, legt man dem Ökonomisierungsbegriff ein allgemeines Verständnis zugrunde, wie es KRÖNIG tut.[681]

---

673 Der Duden definiert Wirtschaft wie folgt: *„Gesamtheit der Einrichtungen, Maßnahmen und Vorgänge, die mit der Produktion, dem Handel und dem Konsum von Waren, Gütern in Zusammenhang stehen."* Vgl. Duden 2002, S. 1054.

674 Polanyi definiert Marktwirtschaft als ein selbstregulierendes System von Märkten. Er konkretisiert dies als eine Wirtschaftsform, die einzig und allein von Marktpreisen gesteuert wird. Polyani zitiert nach Hellmann 2011, S. 177.

675 Vgl. Wöhe 1990, S. 6 und S. 42. Allerdings erfährt das Gewinnmaximierungsprinzip innerhalb der Betriebswirtschaftslehre nicht ausschließlich Zustimmung. Vgl. hierzu die von Wöhe zusammengestellten Einwände, ebenda, S. 43 ff.

676 Der Begriff Ökonomie ist synonym zum Begriff der Wirtschaft zu verstehen. Ökonomisierung kann demnach als Begriffsäquivalent zu einem gesellschaftlichen Primat der Wirtschaft verstanden werden. Ausführlicher hierzu im weiteren Verlauf dieses Abschnitts.

677 Vgl. zur Begriffsgeschichte der Ökonomisierung Manzeschke 2011.

678 Vgl. Krönig 2007, S. 12.

679 Vgl. ebenda.

680 Vgl. Krönig 2007, S. 12 sowie Manzeschke 2011, S. 67.

681 Vgl. Krönig 2007, S. 13. Er versteht dabei unter Ökonomisierung die schlichte Wirtschaftlichkeit im Sinne von effizientem Umgang mit Geld, Zeit und Ressourcen. Vgl. ebenda.

So lassen sich unter Ökonomisierung prinzipiell Denk- und Handlungsmuster verstehen, die auf Effizienzsteigerung ausgelegt sind.[682] Auch KETTNER konstatiert:

„Unter dem Begriff der Ökonomisierung möchte ich jedes Denk- und Handlungsmuster bringen, das primär mit der erwünschten Steigerung von Effizienz zu tun hat: Erwünschte Effekte sollen möglichst zielführend und möglichst sparsam erzielt werden, idealiter also umweglos und verschwendungsfrei.[683]

Betrachtet man nun das erwerbswirtschaftliche Prinzip aus der obigen Begriffsbestimmung von Wirtschaft aus dieser Perspektive, so lässt es sich selbst als Ökonomisierung verstehen, ist sein Ziel doch die Maximierung von Gewinn und Nutzen. Insofern kann Wirtschaft, verstanden als freier Markt mit Wettbewerb, als per se effizient bezeichnet werden. Die Prinzipien der Gewinn- und der Nutzenmaximierung laufen hier zusammen und führen so zu einem effizienten Markt.[684] Dies gelingt allerdings nur unter bestimmten hypothetischen Bedingungen.[685] Auch HEINZLMAIER schließt sich dieser Betrachtungsweise an, indem er unter Ökonomisierung eine Verallgemeinerung der Marktwirtschaft versteht.[686]

Ein gesellschaftlicher Primat der Wirtschaft manifestiert sich demnach in Ökonomisierungsprozessen durch die marktwirtschaftliche Prozesse, insbesondere der Effizienzgedanke, in andere Teilbereiche der Gesellschaft vordringen und diese entsprechend verändern. Diese Veränderung äußert sich dabei in einer Umgestaltung oder Überlagerung der

---

[682] Vgl. bspw. Kettner 2011, S. 5, Giovanola 2011, S. 22 und Manzeschke 2011, S. 70 f. Kettner zufolge ist dabei Ökonomisierung nicht automatisch mit Wirtschaftsaspekten gleichzusetzen. Er entwirft ein ganz grundsätzliches Verständnis von Ökonomisierung, das auf einem allgemeinen Effizienzstreben aufbaut.

[683] Kettner 2011, S. 5.

[684] Dies gelingt, indem sich diejenigen Produkte und Dienstleistungen, die am meisten Nutzen stiften, durchsetzen zu einem marktgerechten Preis. Vgl. Binswanger 2012, S. 14 und S. 23 ff., insbesondere auch die Seiten 27-32. Dieser Mechanismus beruht auf der Idee der *invisible hand* von Adam Smith. Ausführlicher hierzu vgl. Smith 1974, S. 48 ff.

[685] Vgl. Binswanger 2012, S. 30 f.

[686] Vgl. hierzu folgendes Zitat von Heinzlmaier: *Die Ökonomisierung des Sozialen ist die Folge einer Verallgemeinerung der Marktwirtschaft, d.h. ökonomische Imperative ufern aus, verlassen ihren angestammten Bereich, die Sphäre der Ökonomie, und greifen auf nahezu alle anderen Sphären der Gesellschaft über* [...]. *Die Ökonomisierung des Sozialen zieht die Ökonomisierung des Denkens nach sich."* Heinzlmaier 2013, S. 10. Vgl. hierzu auch S. 10 in dieser Arbeit, vor allem die Ausführungen zur Kette der Ökonomisierung.

Eigenlogik der betroffenen Teilsysteme.[687] Was bedeutet dies nun aber konkret? Welche Elemente der Marktwirtschaft bzw. des Effizienzgedankens gehen tatsächlich in die anderen Teilsysteme über und wie findet eine Veränderung der Teilsysteme statt?

Um diese Fragen beantworten zu können ist es hilfreich die Schnittstellen zwischen den einzelnen gesellschaftlichen Teilsystemen aus einer marktwirtschaftlichen Perspektive zu betrachten.[688] Zu diesem Zweck möchte ich auf einen Aspekt des Effizienzgedankens hinweisen, der im weiteren Verlauf noch an Bedeutung gewinnen wird und dafür KETTNER bemühen:

Wenn die Steigerung von Effizienz beim Erzielen erwünschter Effekte ***messbar*** *werden soll* [...] *geht Ökonomisierung mit der Einführung von Metriken, mit mehr oder weniger ausgefeilten Kulturtechniken des Berechenbarmachens einher*. [Hervorhebung i.O.]"[689]

Dieser Aspekt des *Berechenbarmachens* legt einen Ansatzpunkt für die nachfolgenden Ausführungen. Er wird dabei durch zwei Ebenen konstituiert, die im Folgenden näher betrachtet werden sollen: Eine marktbezogene Ebene, die ein generalisiertes Tauschmedium erfordert und eine wettbewerbsbezogene Ebene, die Vergleichbarkeit notwendig macht.[690]

4.1.1.1 Geld – das generalisierte Tauschmedium

Grundsätzlich sind im Rahmen einer funktional differenzierten Gesellschaft, wie zu Beginn dieses Kapitels erwähnt, die einzelnen Teilsysteme miteinander interdependent verwoben. Sie tauschen ihre jeweiligen Produkte und Dienstleistungen über Märkte untereinander aus. Dieser Austausch muss aufgrund der Vielzahl der Außenbeziehungen eines jeden Teilsystems über ein generalisierbares Medium stattfinden, so dass sämtliche funktionalen

---

[687] Dies wird auch als *ökonomischer Imperialismus* bezeichnet. Vgl. Giovanola 2011, S. 22. Vgl. hierzu auch Manzeschke 2011, S. 87.

[688] Diese marktwirtschaftliche Perspektive konstituiert sich auf zwei Ebenen wie sich im weiteren Verlauf konkretisieren wird. Zum einen auf einer wettbewerbsbezogenen Ebene, die Vergleichbarkeit zum Kriterium hat und zum anderen auf marktbezogener Ebene, die ein Tauschmedium notwendig macht.

[689] Kettner 2011, S. 5.

[690] Zu einer kritischen Bewertung der Beziehung von Markt und Wettbewerb vgl. bspw. Binswanger 2012, S. 32 ff.

Teilsysteme damit arbeiten können.[691] Ein solches generalisiertes Tauschmedium stellt bspw. Geld dar.[692] Es ist, so SIMMEL:

„[...] *das absolute Mittel* [...].“[693]

Seine Teilbarkeit sowie seine unbeschränkte Verwertbarkeit liefern die Grundlage für seinen hohen Generalisierungsgrad und damit das Fundament für den Handel in einer Marktwirtschaft.[694] Damit ergibt sich, folgt man WILLKE sowie einer nüchternen Betrachtung unserer Gesellschaft:

„[...] *eine Gesellschaftsordnung* ***im Modus des Geldes*** [Hervorhebung i. O.] [...].“[695]

Prüft man nun diese Art der Gesellschaftsordnung genauer, so zeigt sich, dass der Wirtschaft hierin eine ganz spezielle Rolle zukommt, denn: Nur die Wirtschaft bringt Geld in die Gesellschaft. Sie und nur sie versorgt die gesamte Gesellschaft mit Geld.[696] Dieser Umstand ist der Tatsache geschuldet, dass die Wirtschaft dasjenige Teilsystem der Gesellschaft ist, welches den Markt repräsentiert. Dies wird auch in der binären Codierung LUHMANNs deutlich, der für das Wirtschaftsystem die Codierung *Zahlen/ Nicht-Zahlen* festgelegt hat.[697] Weiter stellt LUHMANN fest, dass alle Organisationen, egal welchem Teilbereich der Gesellschaft sie zuzuordnen sind, im System der Wirtschaft operieren, da sie Geldgehälter zahlen. Insofern kann man sagen, dass alle Teilbereiche der Gesellschaft marktwirtschaftlich ausgerichtet sind und einer gewissen Ökonomisierung unterliegen:

---

[691] Georg Simmel stellt die Abhängigkeit des Einzelnen von der Gesellschaft in einer Geldwirtschaft plakativ heraus. Daraus ergibt sich auch die Abhängigkeit der einzelnen gesellschaftlichen Teilsysteme voneinander. Vgl. Simmel 1977, S. 314 ff.

[692] Vgl. Luhmann 1982, S. 171. Die Generalisierbarkeit des Geldes liegt dabei in der Tatsache begründet, dass sich damit allen Gütern und Dienstleistungen ein berechenbarer monetärer Wert gegenüberstellen lässt.

[693] Simmel 1977, S. 241. Ausführlicher zur psychologischen Bedeutung des Geldes vgl. ebenda sowie Kraemer 1997, S. 139 ff.

[694] Vgl. Simmel 1977, S. 307 f.

[695] Willke 2006, S. 10.

[696] Vgl. Schimank 2008, S. 9.

[697] Er identifiziert für das System der Wirtschaft Zahlungen als ihre Operationen und schreibt: „*So sind Zahlungen stets wirtschaftsinterne Operationen, auch wenn sie an die Staatskasse oder an private Haushalte gerichtet sind* [...].“ Luhmann 1987, S. 39. Vgl. hierzu auch Luhmann 1994, S. 14 ff. und insbesondere S. 52 ff. sowie Beckert 1997, S. 307 ff.

„Jede Organisation [unabhängig davon, welchem gesellschaftlichen Teilsystem sie angehört, Ergänzung EK] *muss bei ständigem Abfluss von Geld dafür sorgen, dass sie wieder zu Geld kommt. Das gibt dem Wirtschaftssystem, das allein für Geld sorgen und insbesondere die Bereitschaft zur Annahme von Geld sicherstellen kann, eine überragende Bedeutung* [...].[698]

SCHIMANK verdeutlicht dies noch folgendermaßen:

„Dieser unvergleichliche Generalisierungsgrad des Geldes verschafft dem Teilsystem, aus dem es herstammt, Möglichkeiten der Infiltration aller anderen Teilsysteme [...].“[699]

Dieser Aspekt des Geldes ist für SCHIMANK ein möglicher Grund für das Bestehen eines Primats der Wirtschaft.[700] Allerdings stellt er eine notwendige Bedingung für das Funktionieren der Marktwirtschaft dar und kann so kaum einer kognitiven Dimension zugerechnet werden, die das Thema dieser Arbeit ist.

Insofern möchte ich dies nicht weiter ausführen, sondern vielmehr das Augenmerk auf die wettbewerbsbezogene Dimension des Effizienzgedankens richten, der an dieser Stelle andockt. Sie manifestiert sich in den Kulturtechniken des Berechenbarmachens, die wiederum der Begründung von Mess- und Vergleichbarkeit dienen.[701] Diese Ausprägungen sind für das Thema dieser Arbeit als relevanter einzustufen, da auf diesem Pfad eine mögliche Bedeutung eines Primats der Wirtschaft für die Ausbildung von Gleichförmigkeit im Denken und Handeln nachvollzogen werden könnte.

---

[698] Luhmann 2000, S. 467. Vgl. auch ebenda S. 405. Allerdings distanziert sich Luhmann, trotz der zitierten Aussagen, von einem Primat der Wirtschaft innerhalb der Gesellschaft, indem er von optischen Verzerrungen spricht. Vgl. hierzu Luhmann 2000, S. 467 f. Schimank kritisiert diese Relativierung und skizziert die Luhmann'sche Argumentationslinie zugunsten eines Primats der Wirtschaft. Vgl. Schimank 2008, S. 11 f.

[699] Schimank 2008, S. 9.

[700] Vgl. Schimank 2008, S. 9. Kraemer betont die herausragende gesellschaftliche Bedeutung des Geldes rekurrierend auf Heinemann. Er bemerkt, *„daß Geldbesitz und Geldgebrauch nicht bloß die ökonomischen, sondern zugleich viele soziale Chancen und Möglichkeiten festlegen oder eröffnen und damit zum zentralen, quantitativen Indikator gesellschaftlicher Positionen werden.“* Kraemer 1997, S. 138.

[701] Vgl. Kettner 2011, S. 5.

4.1.1.2 Messbarkeitsillusion – Wettbewerb als Treiber von Effizienz

In der Ökonomie besteht die Theorie, dass eine freie Marktwirtschaft selbständig für Gleichgewicht sorgt und damit effizient ist.[702] Allerdings ist Voraussetzung für das Funktionieren eines solchen Marktes die vollständige Transparenz aller Marktteilnehmer über sämtliche Bedingungen.[703] Eine solche Transparenz, insbesondere das Angebot betreffend, soll über Vergleichbarkeit hergestellt werden. Ziel ist es, Wettbewerb zu schaffen und damit effiziente Märkte zum Wohl aller Beteiligten zu ermöglichen. Die Grundlage dieser Annahme ist, dass mehr Wettbewerb dazu führt, dass sich der oder das Beste durchsetzt.[704] Das angesteuerte Ziel der Nutzenmaximierung, für den Einzelnen wie auch für die Gesamtwohlfahrt, soll auf diesem Weg erreicht werden. Basierend auf diesem, grundsätzlich erstrebenswerten Ziel, wird allerdings immer öfter Vergleichbarkeit gefordert, wo diese gar nicht möglich ist. BINSWANGER zufolge führt dies zu einer Messbarkeitsillusion:[705]

„Das Problem ist [...], *dass die heute in Wirklichkeit wichtigen Leistungen sich einer quantitativen Messbarkeit entziehen, da es dort in erster Linie um Qualität und nicht um Quantität geht."*[706]

Nichtsdestotrotz steht die messbare Leistung in unserer heutigen komplexitätsreduzierenden Leistungsgesellschaft im Vordergrund. Bestimmte Indikatoren werden festgelegt und gemessen, die mit der nicht genau definierbaren Qualität einer Leistung möglichst stark korrelieren sollen.[707] Dieses Vorgehen findet sich auch in der Anwendung von betriebswirtschaftlichen Modellen, die anhand solcher messbarer Kriterien versuchen, Situationen oder sogar Personen zu steuern und zu optimieren.[708] BINSWANGER stellt diesbezüglich folgende Problematik fest:

---

702 Vgl. hierzu die Ausführungen zur ökonomischen Theorie, S. 50 ff. in dieser Arbeit sowie Abschnitt 4.1. Die Effizienz eines Marktes misst sich dabei im erwerbswirtschaftlichen Prinzip dessen Grundlage das Streben nach dem Gewinn- und Nutzenmaximum ist. Vgl. Wöhe 1990, S. 6 und S. 42.

703 Vgl. Binswanger 2012, S. 30 und Beckert 1997, S. 19.

704 Vgl. Binswanger 2012, S. 44 und Fußnote 686 in dieser Arbeit.

705 Vgl. Binswanger 2012, S. 67 ff.

706 Ebenda, S. 67.

707 Vgl. ebenda, S. 69.

708 Vgl. bspw. die Anwendung von Balanced Scorecard und Benchmarking. Vgl. außerdem Mohr 2006, S. 29.

„Je genauer man bestimmte Aspekte der Qualität einer Leistung zu messen versucht, umso mehr verliert man andere, weniger gut messbare Aspekte aus dem Auge."[709]

Damit ist diese Konzentration auf messbare Faktoren direkt einer Strategie der Komplexitätsreduktion zuzurechnen, die letztlich zu einer Ausbildung von Gleichförmigkeit führt.[710] Vor dem Hintergrund eines möglichen Primats der Wirtschaft ufert nun diese Messbarkeitsillusion, gemäß der Kette der Ökonomisierung HEINZLMAIERs, von der Sphäre der Wirtschaft auf andere gesellschaftliche Teilbereiche aus.[711]

Ökonomisierung manifestiert sich also konkret in der marktwirtschaftlichen Bestrebung der Optimierung und Effizienzsteigerung, die durch Mess- und Vergleichbarkeit erreicht werden soll. Für den Moment halte ich fest:

Der Begriff der Ökonomisierung subsumiert Denk- und Handlungsmuster die auf Effizienzsteigerung ausgelegt sind. Das erwerbswirtschaftliche Prinzip fällt qua definitionem darunter.

Um mich nun auf diesem Pfad der kognitiven Dimension eines Primats der Wirtschaft zu begeben, ist der Kapitalismus für die weiterführende Betrachtung der Wegweiser.[712] Grundlage für das Einschlagen dieses Pfades ist die Annahme, dass eine ökonomisierte Gesell-

---

[709] Binswanger 2012, S. 70.

[710] Vgl. hierzu Abschnitt 1.6.3.2.

[711] Dies bildet sich bspw. in der Ausgestaltung des Bildungswesens wie Schulen und Universitäten ab, dort v.a. auch im spezifischen System der Notenvergabe bzw. der Feststellung der Schuleignung wie sie bspw. von Czerny beschrieben wird. Vgl. Czerny 2010, S. 348 sowie die Ausführungen auf S. 9 ff. in dieser Arbeit.

[712] Das Attribut kapitalistisch wählte auch Schimank als Grundlage für seinen Entwurf einer Theorie zu einem wirtschaftlichen Primat der Gesellschaft. Vgl. Schimank 2008. Er begründet diese, etwas ausführlich, wie folgt: *„Die Kennzeichen dieser Wirtschaftsform* [des Kapitalismus, Ergänzung EK] *sind bekannt* [...]: *erstens die Verselbständigung einer als Gewinnstreben angelegten Tauschwertorientierung als Leitwert gegenüber einer Orientierung an der Produktion von Gebrauchswerten, und zweitens die Überführung aller Produktionsfaktoren – Natur, Kapital und Arbeit – in Waren, die gemäß dieser Tauschwertlogik ge- und behandelt werden. Nun sind dies genau diejenigen Merkmale, die – aus der Perspektive einer Theorie gesellschaftlicher Differenzierung betrachtet – strukturell die gesellschaftliche Ausdifferenzierung des Wirtschaftssystems tragen. In Tauschwertorientierung und Warenförmigkeit der Produktionsfaktoren manifestiert sich die ‚Entbettung' des Wirtschaftsgeschehens aus allen anderen gesellschaftlichen Sphären – anders gesagt: die teilsystemische Autonomie der Wirtschaft. Insoweit stimmt also die differenzierungstheoretische Perspektive auf die moderne Wirtschaft mit deren Kennzeichnung als kapitalistisch überein: Eine funktional ausdifferenzierte* ***ist*** *eine kapitalistische Wirtschaft. Ist aber deshalb eine funktional differenzierte eine kapitalistische* ***Gesellschaft*** [Hervorhebung i.O.]?" Schimank 2008, S. 3.

schaft einer kapitalistischen Gesellschaft gleichgesetzt werden kann.[713] Auch SCHIMANK und VOLKMANN bezeichnen Ökonomisierung als einen Vorgang, durch den Strukturen, Prozesse, Orientierungen und Effekte, die man gemeinhin mit einer modernen *kapitalistischen*[714] Wirtschaft verbindet, gesellschaftlich wirkmächtiger werden.[715] SCHIMANK fasst dies folgendermaßen zusammen:

„Erst wenn intrasystemisches Geschehen der Wirtschaft intersystemisch folgenreich in alle anderen gesellschaftlichen Teilsysteme ausstrahlt, kann man davon sprechen, dass eine kapitalistische Wirtschaft eine kapitalistische Gesellschaft ergibt.“[716]

SWEDBERG zufolge scheint es eindeutig zu sein, dass die Wirtschaftssoziologie[717] den Kapitalismus in den Mittelpunkt ihrer Analysen stellen sollte, stellt der Kapitalismus doch die dominierende Art und Weise der rechtlichen, politischen und sozialen Organisation der Wirtschaft in der heutigen Welt dar.[718] Um diesem Ausgangspunkt nachzugehen bedarf es an dieser Stelle allerdings einer Klärung des Begriffs *kapitalistisch* bzw. *Kapitalismus.*[719] Denn was bedeutet *kapitalistisch* auf ökonomischer Ebene und am Ende der Kette der Ökonomisierung[720] auf gesellschaftlicher Ebene? Welche Strukturen, Prozesse, Orientierungen sowie Effekte werden damit relevant, vor allem auf kognitiver Ebene?

Was ist Kapitalismus? Welche Bedeutung hat er für Ökonomisierungsprozesse innerhalb der Gesellschaft?

---

[713] Vgl. hierzu die kommenden Ausführungen, v. a. im nachfolgenden Abschnitt 4.2.

[714] Die Thematisierung von Geld innerhalb eines gesellschaftlichen Kontextes, wie weiter oben geschehen, wird vermutlich bei den meisten Lesern die Verknüpfung zu einer *kapitalistischen* Gesellschaftsordnung auslösen. Eine solche Vermutung liegt nahe, da der Begriff des Kapitalismus mit dem des Geldes eng verwoben ist. Das Wort Kapitalismus leitet sich ab von Kapital. Hierzu bestehen zwei Entlehnungen: It. Capitale, dies entlehnt aus lat. Capitalis = das Haupt bzw. den Kopf betreffend. Das Wort meint zunächst die Kopfzahl des Viehbestandes im Gegensatz zum Zuwachs durch die frisch geworfenen Tiere (die gewissermaßen die Zinsen darstellen). Vgl. Kluge 2002, Spalte 468.

[715] Vgl. Schimank/ Volkmann 2008, S. 382. Dabei differenzieren die Autoren in die gesellschaftlichen Teilbereiche der Ökonomie selbst sowie in die nicht-ökonomischen Teilbereiche. Eine Ökonomisierung der Ökonomie stellt sich dabei als eine immer weitergehende Alleinstellung des Gewinnmotivs dar. Vgl. zur Maxime des Gewinnmaximierungsprinzips in diesem Zusammenhang auch S. 9 in dieser Arbeit, Fußnote 27.

[716] Schimank 2008, S. 7.

[717] Vgl. hierzu die Beschreibung des Zusammenhangs von Wirtschaft und Gesellschaft im Hinblick auf die Sozioökonomie Webers im Abschnitt 4.2.

[718] Vgl. Swedberg 2009, S. 86.

[719] Zur Uneindeutigkeit des Kapitalismusbegriffs vgl. z.B. Leidinger 2008, S. 13 ff., insbesondere auch S. 17.

[720] Vgl. S. 10 in dieser Arbeit.

4.2 Dekonstruktion des kapitalistischen Gesellschaftsmodells[721]

Der Begriff des Kapitalismus ist schwer zu fassen, er ist vielgestaltig und er subsumiert verschiedene Unterscheidungen unter sich.[722] Allerdings finden sich durchaus allgemeine Auffassungen, wie z.B. von BACHINGER und MATIS:

„*In allgemeinster Weise begreift man Kapitalismus als eine Gesellschafts- und Wirtschaftsordnung, die auf* ***Privateigentum an den Produktionsmitteln*** *beruht und über den* ***Marktmechanismus*** *gesteuert wird* [Hervorhebung im Original].“[723]

LEIDINGER schließt sich an:

„[...] *der Kapitalismus* [definiert sich, Ergänzung EK] *nicht bloß als Wirtschaftssystem, sondern auch als Gesellschaftsmodell, das auf dem Streben nach Profit sowie deren Vermehrung hierfür eingesetzter Mittel durch Produktion, Kauf und Verkauf von Waren beruht. Die Marktwirtschaft bildet dabei die Basis* [...]“.[724]

Demnach bildet die Marktwirtschaft die Grundlage für den Kapitalismus. In ihr werden alle für die Gesellschaft, mehr oder weniger notwendigen, Produktions- und Konsumgüter sowie Dienstleistungen gehandelt.[725]

---

[721] Dekonstruktion der in unserer Gesellschaft herrschenden Gesellschaftsform des Kapitalismus: Dekonstruktion bezeichnet dabei ein Verfahren, welches die unausgesprochenen Voraussetzungen einer Theorie oder eines Modells aufdeckt und dadurch deren innere Widersprüchlichkeit sichtbar werden lässt. Vgl. Junge 2008, S. 207.

[722] Vgl. hierzu bspw. Leidinger 2008, S. 13 ff. insbesondere S. 17 sowie die Übersicht über Kapitalismus-Definitionen von Willke 2006, S. 19.

[723] Bachinger/ Matis 2009, S. 76. Vgl. auch Leidinger 2008, S. 18 und S. 20.

[724] Leidinger 2008, S. 20. Vgl. Berger 2008, S. 363. Er versteht unter Kapitalismus eine Wirtschaftsordnung, deren zentrales Merkmal darin besteht, dass die Eigentümer von Produktionsmitteln in Produktionsprozessen beliebiger Art die Arbeitskraft von Personen die kein solches Eigentum besitzen, mit dem Ziel verwenden, die Ergebnisse der Produktion gewinnbringend auf Märkten abzusetzen. Nach diesem Verständnis ist der an Produktionsmitteln mittellose Arbeitnehmer allein auf seine Arbeitskraft angewiesen und damit auf eine Anstellung in einer Unternehmung, um seinen Lebensunterhalt verdienen zu können. Dieser Aspekt ist einer der wesentlichsten des modernen Kapitalismus. Vgl. Berger 2008, S. 364. Berger ordnet diese Erkenntnis Karl Marx zu.

[725] Für diesen Handel aller Produktions- und Konsumgüter sowie Dienstleistungen ist ein generalisiertes Tauschmedium wie Geld notwendig. Hierin zeigt sich die Beziehung von Kapitalismus und Marktwirtschaft. Zu den Produktionsmitteln wird dabei auch die Arbeitskraft gezählt. Das Bestehen eines Arbeitsmarktes ist somit ein wesentlicher Aspekt des Kapitalismus der für den Einzelnen kaum vermeidbar ist. Vgl. Berger 208, S. 365 sowie Leidinger 2008, S. 66 und Luhmann 1981, S. 403. Luhmann hält an dieser Stelle fest, dass nur das Wirtschaftssystem in der Lage ist Zukunftsvorsorge für den Einzelnen sowie die

Um aber nun von Kapitalismus sprechen zu können, reicht das Bestehen einer Marktwirtschaft alleine nicht aus.[726] Denn Marktwirtschaften finden und fanden sich in allen Regionen der Welt, dies alleine markiert die jeweiligen Gesellschaften allerdings nicht automatisch als kapitalistisch. Vielmehr konstituiert sich der Kapitalismus mittels eines Leitmotivs, einer Sinngebung für das wirtschaftliche Handeln. SOMBART[727] zufolge sind diese vorherrschenden Wirtschaftsprinzipien das Erwerbsprinzip sowie der ökonomische Rationalismus. Dabei versteht er unter Erwerbsprinzip das Akkumulationsprinzip, also die Vermehrung von Kapital.[728] Den ökonomischen Rationalismus definiert er als Planmäßigkeit der Wirtschaftsführung, Zweckmäßigkeit im engeren Sinne sowie als Rechnungsmäßigkeit.[729] Auch WEBER zufolge ist das entscheidende Moment des Kapitalismus eine neue Wirt-

---

Gesellschaft als solche vorzunehmen: „*Gearbeitet wird, soweit es zur Erhaltung der Mitgliedschaft (einschließlich: der Karriereaussichten) im Organisationssystem nötig ist.*" Ebenda. Vgl. hierzu auch weiter oben die Ausführungen zu der Bedeutung von Geld. Berger schreibt hierzu: „*Damit entsteht für die Arbeitskräfte der unaufhebbare Zwang, ihre Existenz durch die Vermietung ihrer Arbeitsfähigkeit auf Märkten zu sichern.*" Berger 2008, S. 365. Dieser Umstand beinhaltet die Notwendigkeit für den Einzelnen selbst wettbewerbsfähig, d.h. interessant für den Arbeitsmarkt zu sein. Denn wie an anderer Stelle erwähnt wurde, kann nur die Wirtschaft Geld in die Gesellschaft bringen. Der Privathaushalt gelangt also im Regelfall nur über Erwerbsarbeit an Geld und damit an die Möglichkeit zur Teilhabe an der Gesellschaft. Cechura resümiert hierzu: „*Der Mensch will essen, aber um zu essen, muss er über Geld verfügen, um an die notwendigen Dinge seines Lebens zu gelangen. Die meisten müssen sich daher als Arbeitskraft verkaufen, sich zum Mittel für das Geschäft oder die Zwecke anderer Menschen machen, um an Geld zu gelangen, welches die Voraussetzung für alles im Leben bildet. So lebt der Mensch von der Schule, als Vorbereitung auf das Geldverdienen, bis zur Rente für den Zweck des Geldverdienens und damit für das Geschäft anderer, weil er anders seine Zwecke nicht verfolgen kann.*" Cechura 2008, S. 21.

[726] Bei Weber findet sich hierzu eine etwas abweichende Auffassung: Er subsumiert unter dem Begriff des Kapitalismus drei verschiedene Ansichten: (1) Ein Wirtschaftsakt ist dann kapitalistisch, wenn privatwirtschaftliches Erwerbskapital zur Erzielung von Gewinn im Güterverkehr eingesetzt wird. (2) Kapitalismus ist ein Epochenbegriff. Dabei ist eine Epoche nur dann als typisch kapitalistisch gekennzeichnet, wenn die Bedarfsdeckung überwiegend nach kapitalistisch so orientiert ist, dass bei Wegfall dieser Art der Organisation die Bedarfsdeckung kollabiert. Vgl. Weber 1981, S. 239. (3) Kapitalismus ist ein Kennzeichen der neuzeitlichen Entwicklung. Er führt hierzu weiter aus, dass nur Europa in der Neuzeit einen ganz anderen und nirgend wo sonst auf der Erde entwickelten Kapitalismus kennt, nämlich die rational-kapitalistische Organisation von (formell) freier Arbeit. Die Entstehung dieser speziellen Art des Kapitalismus ist Webers zentrales Interesse. Vgl. hierzu ausführlicher Bachinger/ Matis 2009, S. 452 f. Dabei charakterisiert sich eine rational-kapitalistische Organisation durch die Anwendung von moderner Buchführung und Bilanzierung. Vgl. Weber 1981, S. 238.

[727] Sombart war neben Max Weber derjenige der sich als einer der ersten wissenschaftlich mit dem Begriff des Kapitalismus auseinandersetzte. Vgl. Sombart 1969.

[728] Vgl. ebenda, S. 320. Vgl. zum Akkumulationsprinzip auch Leidinger 2008, S. 20 f. Auch Willke beschreibt die privatwirtschaftliche Kapitalverwertung, die auf Akkumulation zielt, d.h. auf die Erwirtschaftung einer Rendite. Vgl. Willke 2006, S. 16 und 45. Boltanski und Chiapello schließen sich dem ebenfalls an. Boltanski/ Chiapello 1999, S. 39.

[729] Vgl. Sombart 1969, S. 320.

schaftsgesinnung.[730] Insofern konstituiert sich die Charakteristik des Kapitalismus in einer kognitiven Dimension.

Wie sich nun die Rolle dieser kognitiven Dimension in Form eines Leitmotivs des Kapitalismus für die weiteren Ausführungen konkret darstellt, vor allem vor dem Hintergrund des Postulates eines Primats der Wirtschaft, möchte ich im weiteren Verlauf erarbeiten. Für den Moment möchte ich allerdings festhalten, dass das Leitmotiv als sinnstiftender Gedanke für wirtschaftliches Handeln prinzipiell eine Verwandtschaft zu kognitiven Institutionen aufweist, insofern als dass es den Akteuren Handlungsweisung gibt und zumindest teilweise unbewusst ist. Für ein erstes Begriffsverständnis des Kapitalismus halte ich Folgendes fest:

Kapitalismus konstituiert sich durch die private Verfügung über Produktionsmittel, die Steuerung über einen Marktmechanismus sowie durch das Leitmotiv eines Akkumulationsprinzips und ökonomischer Rationalität.

Über diese Merkmale hinaus wird bei Durchsehen der relevanten Literatur auffällig, dass der Kapitalismus überwiegend sowohl als Wirtschafts-, als auch Gesellschaftsordnung verstanden wird, er also quasi per definitionem nicht nur für die Sphäre der Wirtschaft Relevanz besitzt, sondern für die Gesamtgesellschaft.[731] SCHIMANK macht in diesem Zusammenhang folgende interessante Feststellung:

„*Dass wir in einer kapitalistischen Gesellschaft leben, erscheint den einen als so selbstverständlich, dass man darüber gar nicht weiter reden muss, während andere diese Vorstellung als so überholt erachten, dass sie darüber nicht länger reden wollen. Im Zusammenspiel dieser beiden Einschätzungen ergibt sich eine nahezu vollständige Nicht-Befassung mit der Frage, ob wir in einer kapitalistischen Gesellschaft leben.*“[732]

Dieser Aspekt ist für die Thematik meiner Arbeit von großer Bedeutung, postuliere ich doch einen Einfluss der (kapitalistischen) Wirtschaft auf die Gesellschaft sowie implizit die Not-

---

[730] Vgl. Bachinger/ Matis 2009, S. 460.
[731] Vgl. die Zitate weiter oben von Bachinger/ Matis 2009 sowie Leidinger 2008.
[732] Schimank 2008, S. 4.

wendigkeit einer Befassung damit. Denn, m. E. nach, ist es für eine Gesellschaft und ihr Fortkommen unerlässlich, sich ihrer eigenen Konstitution bewusst zu sein und auch der damit zusammenhängenden Auswirkungen.[733] Vorerst verweise ich allerdings lediglich auf die unbestreitbare Bedeutsamkeit des Kapitalismus für die Gesellschaft, wie es auch LEIDINGER tut:

„*Immerhin zweifelt niemand daran, dass der* ***Kapitalismus*** *unsere jetzige Welt dominiert oder wenigstens mit bestimmt* [Hervorhebung im Original].“[734]

Die Fragen, die sich mir an dieser Stelle stellen, sind nun: Bedeutet eine Dominanz des Kapitalismus gleichzeitig einen Primat der Wirtschaft? Zieht der Kapitalismus Ökonomisierungsprozesse nach sich, die in die Restgesellschaft wirken?

Für ein tiefergehendes Verständnis des Kapitalismus bzw. seiner Wirkmächtigkeit in der Gesellschaft halte ich es nun für notwendig eine Analyse desselben und seiner Entstehung vorzunehmen.[735] Der Fokus soll hierbei auf der kulturell-kognitiven Ebene liegen, im Sinne der von SOMBART und WEBER postulierten Idee einer kapitalistischen Wirtschafts*gesinnung*.

4.2.1 Der Geist des Kapitalismus – eine kognitive Dimension

Bzgl. der unterschiedlichen Auffassungen, die sich auf den Kapitalismusbegriff beziehen lassen sich zwei Gemeinsamkeiten beobachten: Ein Konsens über die Existenz einer Übergangsperiode zum Kapitalismus vor 1800 sowie eine Vorrangstellung Europas.[736] Damit ist

---

[733] Dies wird im Titel dieser Arbeit deutlich, auf den ich an dieser Stelle erinnern möchte: *Die gesellschaftliche Konstruktion von Gleichförmigkeit – der Primat der Wirtschaft als dominante kognitive Institution.*

[734] Leidinger 2008, S. 21. Auch Willke schließt sich an und formuliert plakativ: „*Kapitalismus, so scheint es, ist wie Windows ein Betriebssystem, das von niemandem geliebt, aber von (fast) allen genutzt wird.*“ Willke 2006, S. 9.

[735] Zur geschichtlichen Entwicklung des Kapitalismus siehe ausführlich bspw. Willke 2006, S. 25 ff. sowie Weber 1981, S. 238 ff. Die historische Betrachtung des Kapitalismus ist m. E. nach notwendig, um dem Aspekt der Historizität von kognitiven Institutionen gerecht zu werden. Nur auf diese Weise wird ein fundiertes Verständnis der Wirkungszusammenhänge und der Bedeutung eines Primats der Wirtschaft ermöglicht.

[736] Vgl. Leidinger 2008, S. 15. Die Vorrangstellung Europas findet ebenfalls Beachtung bei Weber, er nennt es die Vorrangstellung des Okzidents.

eine erste zeitliche sowie geographische Eingrenzung gegeben. Im Folgenden möchte ich allerdings vorwiegend auf die Ermöglichungsbedingungen eingehen die zu dieser Zeit und in dieser Region zur Entstehung des Kapitalismus geführt haben. Dabei werde ich im Wesentlichen auf Ausführungen SOMBARTs und WEBERs zurückgreifen, deren Arbeiten hierzu nach wie vor große Relevanz besitzen. Diese beiden Autoren waren diejenigen, die sich als Erste um eine wissenschaftliche Auseinandersetzung mit dem Begriff bemühten.[737] Sie gehörten Anfang des 20. Jahrhunderts zu einer Gruppe von Sozialwissenschaftlern, die sich mit dem Kapitalismus als Schicksalsmacht und als Motor der Moderne befassten. Ihr Ziel war dabei:

„[...] *die historische und kulturelle Erhellung der allgemeinen Kulturbedeutung des Kapitalismus und der damit verbundenen Umwälzung der Lebensweise.*“[738]

In dieser Absichtsbeschreibung zeigt sich die große Nähe und damit Relevanz der Arbeiten SOMBARTs und WEBERs für das Thema dieser Arbeit. Die im obigen Zitat unterstellten Auswirkungen des Kapitalismus auf die Lebensweise lassen sich als Pendant zu einem Primat der Wirtschaft und dessen Effekte auf die Gesellschaft, die sich in dieser Arbeit speziell auf Gleichförmigkeit beziehen, verstehen.[739] Dabei stehen v. a. die kulturell-kognitive Ebene dieses Phänomens im Vordergrund und die Frage nach einer Verwandtschaft zum Begriff der kognitiven Institution. Die Ursache der Ermöglichungsbedingungen, die zur Entstehung des Kapitalismus geführt haben, sehen beide Wissenschaftler in einem Phänomen, das SOMBART den *Geist des Kapitalismus*[740] nennt, und das, wie der Name schon vermuten lässt, auf die kognitive Dimension des Kapitalismus hinweist:

---

[737] Vgl. Leidinger 2008, S. 8 und S. 12 sowie Willke 2006, S. 8. Der Begriff des Kapitalismus selbst bzw. dessen Einbürgerung wird ebenfalls Sombart zugeschrieben. Vgl. Berger 2008, S. 369 sowie Leidinger 2008, S. 8.

[738] Willke 2006, S. 106.

[739] Auch Manzeschke markiert die Etablierung der Ökonomie und damit des ökonomischen Rationalismus mit dem aufstrebenden Kapitalismus im 18. Jahrhundert. Im 19. Jahrhundert beginnt die systematische Anwendung von ökonomischem Wissen auf andere Wissensfelder und damit die rationale Ausgestaltung derselben. Vgl. Manzeschke 2011, S. 70 f. Er setzt dies mit Ökonomisierung gleich.

[740] Die Bezeichnung als *Geist* des Kapitalismus lässt eine kognitive Verankerung vermuten und damit legitimiert sich m. E. nach ein Verrücken des Begriffs in die Nähe der kognitiven Institutionen.

„Die aus Unternehmungsgeist und Bürgergeist zu einem einheitlichen Ganzen verwobene Seelenstimmung nennen wir dann den kapitalistischen Geist. Er hat den Kapitalismus geschaffen."[741]

Im Folgenden möchte ich die Idee eines Geistes des Kapitalismus, rekurrierend auf Max WEBER, sowie dessen Einflüsse auf unsere Wirtschafts- und Gesellschaftsordnung nachzeichnen. WEBER nähert sich dem Geist des Kapitalismus mittels zweier Zugänge, die jeweils die Dimensionen des kapitalistischen Leitmotivs widerspiegeln. Zum einen sieht er die Ursprünge für den Geist des Kapitalismus in der protestantischen Ethik, die zur Ausbildung des Akkumulationsprinzips führt. Dieser Idee nachgelagert beschäftigt er sich mit der Rationalisierung als Treiber für den Kapitalismus.[742]

4.2.1.1 Die protestantische Ethik und der Geist des Kapitalismus[743]

Mit seinem vielbeachteten Aufsatz *Die protestantische Ethik und der Geist des Kapitalismus* schafft WEBER eine Grundlage für die Auseinandersetzung mit dem Kapitalismus auf historischer und kultureller Basis. Seine Rekonstruktion der Grundlagen des modernen kapitalistischen Geistes beinhaltet dabei diverse psychologische Grundannahmen sowie eine Theorie der kulturellen Sublimierung, die sie auch gerade für meine Arbeit interessant macht, da sie dadurch in die Nähe von kognitiven Institutionen gerückt werden. LICHTBLAU und WEISS zufolge ging es WEBER in seiner Protestantismusthese um einen Beitrag zur historischen Psychologie des modernen Wirtschaftsmenschen sowie um eine Veranschauli-

---

[741] Sombart 1969, S. 329. Sombart versteht an dieser Stelle unter Unternehmergeist ein gewisses Machtstreben, welches die gesamte Gesellschaft betrifft und in alle ihre Sphären wirkt und sich in der Wirtschaftsphäre als Erwerbsstreben konkretisiert. Unter Bürgergeist versteht er eine Reihe von Tugenden wie Fleiß, Mäßigkeit, Sparsamkeit, Wirtschaftlichkeit und Vertragstreue. Vgl. ebenda, S. 328 f. Hier werden die Nähe zur protestantischen Ethik Webers und deren Bezüge zur Entstehung des Kapitalismus deutlich. Vgl. ausführlicher den folgenden Abschnitt.

[742] Hierin bilden sich die beiden Elemente des kapitalistischen Leitmotivs nach Sombart und Weber ab, nämlich das Akkumulationsprinzip sowie eine ökonomische Rationalität.

[743] Wesentliche Grundlage für die folgenden Ausführungen ist die gleichnamige Publikation Max Webers. Vgl. Weber 1993.

chung der Art, in der überhaupt die Ideen in der Geschichte wirksam werden.[744] Auf die Ermöglichungsbedingungen des Kapitalismus bezogen geht er also der Frage nach, welche Bedeutung den Handlungsmotiven und der Ethik der Lebensführung bei der Erklärung von Entstehung und Funktionsweise des Kapitalismus zukommt.[745] Die Protestantismusthese WEBERs kann allerdings nicht als alleiniger Ausgangspunkt für die Entwicklung der kapitalistischen Wirtschaftsethik betrachtet werden, sondern vielmehr als eine Linie von mehreren die zu dieser Entwicklung geführt haben.[746] Auch SCHLUCHTER zufolge ist der asketische Protestantismus nur ein Faktor in einer Konstellation von Faktoren.[747] Insofern soll die Protestantismusthese an dieser Stelle nur angerissen und ihre wesentlichen Bestandteile, welche die Ausbildung des Kapitalismus erklären, erwähnt werden.[748]

---

[744] Vgl. Lichtblau/ Weiß im Vorwort zu Webers protestantischer Ethik. Vgl. Weber 1993, S. XI f. Der Begriff der Idee kann an dieser Stelle als Äquivalent zu kognitiven Konstrukten, die innerhalb der sozialen Wirklichkeit der Akteure relevant sind, verstanden werden.

[745] Vgl. Willke 2006, S. 105 f. An dieser Stelle können die Handlungsmotive als kognitive Institutionen und die Ethik der Lebensführung als normative Institutionen betrachtet werden. Die Frage formuliert sich dann als: Welchen Einfluss haben kognitive sowie normative Institutionen auf die Entstehung und Funktionsweise des Kapitalismus?

[746] Vgl. Schluchter 1979, S. 211 f. Er nennt Webers Prostestantismusstudie einseitig. Die anderen Faktoren sind ihm zufolge: Die Formalisierung des Rechts, die Bürokratisierung der Politik sowie die Marktvergesellschaftung der Ökonomie. Vgl. ebenda, S. 254.

[747] Vgl. ebenda sowie auch Kalberg 1981, S. 22.

[748] Dieses Vorgehen ist dem Umstand geschuldet, dass die Protestantismusthese als Ausgangspunkt der Betrachtung des Kapitalismus durch Weber gilt. Aus diesem Grund soll sie auch an dieser Stelle zur Hinführung auf seine Überlegungen dienen. Basis des Geistes des Kapitalismus stellen für Weber die Ausführungen Benjamin Franklins wie *Advice to a young tradesman* und *Necessary hints to those that would be rich* dar in denen er Dokumente jenes Geistes in nahezu klassischer Reinheit sieht. Vgl. Weber 1993, S. 12 sowie Bachinger/ Matis 2009, S. 456. Die Kernaussagen dieses Dokumentes Franklins sind *„Bedenke, daß die Zeit Geld ist* [...] *Bedenke, daß Kredit Geld ist* [...] *Bedenke, daß Geld von einer zeugungsfähigen und fruchtbaren Natur ist* [...]" Weber 1993, S. 12. In diesen Aussagen sieht er eine Manifestation einer *„Philosophie des Geizes".* Bachinger/ Matis 2009, S. 456. Diese Philosopie stellt nicht nur eine Anleitung zu größerer Geschäftstüchtigkeit, sondern darüber hinaus Ergebnis eines neuen ethisch beeinflussten Prinzips der Lebensführung dar. Vgl. Weber 1993, S. 13 f. Dieser Ethos ist für Weber signifikant für die Entwicklung des modernen Kapitalismus, wie er sich in Westeuropa und Nordamerika herausbildete. Vgl. Bachinger/ Matis 2009, S. 456. Weber resümiert: *„Das ‚summum bonum' dieser ‚Ethik' der* ***Erwerb*** *von* ***Geld*** *und immer mehr Geld, unter strengster Vermeidung alles unbefangen Genießens* [...] *so rein als Selbstzweck gedacht* [...]. *Der Mensch ist auf das Erwerben als Zweck seines Lebens, nicht mehr das Erwerben auf den Menschen als Mittel zum Zwecke der Befriedigung seiner materiellen Lebensbedürfnisse bezogen* [Hervorhebung i. O.]." Weber 1993, S. 15. Allerdings kann dieser Selbstzweck des Geldes, mit anderen Worten Habgier, nicht allein als treibende Kraft für die Ausbildung des Kapitalismus betrachtet werden. Denn Habgier findet sich, so Weber, in allen Epochen und allen Kulturen dieser Welt. Vgl. Bachinger/ Matis 2009, S. 457.

Wesentlich und konstitutiv ist hierbei der Gedanke der Berufspflicht. Den Treiber dieses Gedankens verortet WEBER in der Reformation[749], deren folgenschwerste Leistung die sittliche Qualifizierung und Aufwertung der Berufsarbeit war.[750] Der daraus resultierende Gelderwerb ist dabei das Resultat der Tüchtigkeit im Beruf.[751] Diese der Charakteristik des Kapitalismus angepasste Lebensführung und Berufsauffassung ist allerdings nicht in der Natur des Menschen verankert, sie ist vielmehr historisch gewachsen. Ihre Entstehung stellt das Erkenntnisobjekt, für dessen Erklärung Weber die Religion bemüht, dar.[752] Dieser Idee liegen zwei Wertvorstellungen der protestantischen Berufsidee zugrunde, nämlich die der religiösen Pflichterfüllung und die der rationalen Lebensführung. WEBER resümiert:

„Ein konstitutiver Bestandteil des kapitalistischen Geistes, und nicht nur dieses, sondern der modernen Kultur: die rationale Lebensführung auf Grundlage der ***Berufsidee****, ist* [...] *geboren aus dem Geist* ***der christlichen Askese*** [Hervorhebung i. O.].*“*[753]

Noch konkreter wird WILLKE:

„Die mentale Macht, welche in der Entstehungsphase des Kapitalismus die gesamte Lebensführung bestimmt und, wenn auch unbeabsichtigt, das wirtschaftliche Handeln zunehmend rationalisiert, ist - die Religion.“[754]

WEBER verortet die Keimzelle für einen Geist des Kapitalismus damit im Protestantismus.[755] Dabei erklärt er allerdings den Kapitalismus nicht aus religiösen Ideen wie man vereinfacht folgern könnte. Er expliziert vielmehr den Entstehungszusammenhang des Kapitalismus im Sinne eines Zusammenwirkens von materiell-gesellschaftlichen Bedingungen einerseits und religiös-mentalen Voraussetzungen andererseits. So betrachtet entstand der Kapitalismus

---

[749] Die Reformation kennzeichnet eine Erneuerungsbewegung der westlichen Kirche im 16. und 17 Jahrhundert aus der unter anderen der Protestantismus hervorgegangen ist.

[750] Vgl. Bachinger/ Matis 2009, S. 462.

[751] Vgl. ebenda, S. 457.

[752] Vgl. ebenda sowie Swedberg 2009, S. 250 f.

[753] Weber 1993, S. 152.

[754] Willke 2006, S. 106.

[755] Vgl. seine Schriften zu *Die protestantische Ethik und der Geist des Kapitalismus*, Weber 1993. Vgl. Bachinger/ Matis 2009, S. 463. Diesen Zusammenhang bzw. Treibkraft der Reformation für den Kapitalismus war allerdings von den Reformatoren nicht intendiert. Darauf weisen bspw. Bachinger/ Matis hin. Vgl. Bachinger/ Matis 2009, S. 464. Entsprechend fand herbe Kritik an dieser Theorie Webers statt. Vgl. ebenda, S. 470.

als ein von niemand geplantes oder gewolltes Sozialsystem, er ist ein Phänomen der Emergenz.[756] Das Zusammenspiel von Religion und rationaler Lebensführung begründet sich dabei durch die Prägung des Lebensstils der Gläubigen durch die Religion und der daraus folgenden Beeinflussung des wirtschaftlichen und beruflichen Handelns. Dies vor allem dann, wenn beide Bereiche in einer kritischen Phase durch wechselseitige Prämien verbunden sind, d.h. beruflicher und wirtschaftlicher Erfolg durch religiöse Prämien belohnt wird.[757] Konkret wurde durch den Protestantismus damit Arbeit kulturell aufgewertet insofern, als dass das was früher als mühselig und zum Überleben notwendig galt, sich zum sinnstiftenden Lebensinhalt wandelte.[758] So konnte sich das Profitmotiv verselbständigen und sich dessen stetige Verfolgung rationalisieren und institutionalisieren.[759]

*„**Arbeit** war der von Gott vorgeschriebene **Selbstzweck des Lebens*** [Hervorhebung i.O.].“[760]

Der Geist des Kapitalismus wird damit für Weber durch zwei Elemente konstituiert. Zum einen durch den Erwerb von Geld als Selbstzweck[761], zum anderen durch den Gedanken der Berufspflicht.[762] Er konstituiert die Wirtschaftsgesinnung der Neuzeit.[763] Das Leitmotiv der Akkumulation im Kapitalismus findet auf diese Weise in der protestantischen Ethik seine Fundierung.

Das Leitmotiv des Akkumulationsprinzips des Kapitalismus findet seine Fundierung in der protestantischen Ethik.

WEBER sieht die Protestanten indes lediglich als Geburtshelfer des Kapitalismus, denn:[764]

---

[756] Vgl. Willke 2006, S. 113.

[757] Zur Berufskonzeption des asketischen Protestantismus zählt Willke: „[...] *Normen wie Pflichterfüllung, Fleiß, Zuverlässigkeit, Unterordnung, Genügsamkeit, Hingabe – kurz: eine ökonomisch rationale Lebensführung; und genau die steht an der Wiege des modernen Wirtschaftsmenschen.*“ Willke 2006, S. 108.

[758] Vgl. Bachinger/ Matis 2009, S. 463 f. Die Sinnhaftigkeit der Arbeit ist dabei im mit ihr einhergehenden Gottgefallen und dem Streben nach ewigem Leben zu suchen.

[759] Vgl. Schimank 2010, S. 240.

[760] Bachinger/ Matis 2009, S. 466.

[761] Vgl. hierzu Fußnote 749.

[762] Vgl. Weber 1993, S. 15 f. sowie Bachinger/ Matis 2009, S. 456 f.

[763] Vgl. Willke 2006, S. 12. Für Weber ist die Genese des modernen Kapitalismus durch eine neue Wirtschaftsgesinnung, konstituiert durch den Geist des Kapitalismus, bestimmt. Vgl. Bachinger/ Matis 2009, S. 460.

[764] Vgl. Schimank 2010, S. 241 f.

„Heute ist ihr Geist [...] *aus diesem Gehäuse entwichen. Der siegreiche Kapitalismus jedenfalls bedarf, seit er auf mechanischer Grundlage ruht, dieser Stütze nicht mehr.“*[765]

Diesen Umstand der *mechanischen Grundlage* bezeichnet SCHIMANK als selbsterfüllende Prophezeiung. Ihm zufolge genügt demnach eine kritische Masse an wirtschaftlich tonangebenden Akteuren, die einer kapitalistischen Wirtschaftsgesinnung folgen. Für die übrigen Akteure ist es dann im Rahmen von Sozialisationseffekten, vor allem im Zusammenhang mit sozialer Bestätigung, nur rational auch auf diese Linie einzuschwenken.[766] WEBER selbst formuliert an anderer Stelle prägnant:

„Der Puritaner wollte Berufsmensch sein – wir ***müssen*** *es sein* [Hervorhebung i. O.].“[767]

Interessant ist an dieser Stelle die Zweideutigkeit in WEBERs Aussage. Der moderne Mensch *muss*, wenn man es genau betrachtet, aus zwei Gründen Berufsmensch sein. Zum einen, weil es wie oben erwähnt, aus Sozialisationseffekten rational ist und zum anderen, weil innerhalb einer kapitalistischen Gesellschaft nur der Beruf und damit Gelderwerb den Lebensunterhalt sichern kann. Im folgenden Abschnitt werde ich auf diese mechanische Grundlage eingehen, die WEBER in einer zunehmenden Rationalisierung zu erkennen glaubt. Er überführt entsprechend in seinen weiteren Arbeiten das Thema Kapitalismus in das Thema Rationalismus.[768]

4.2.1.2 Die Genese des modernen Rationalismus

Die Protestantismusthese WEBERs erregte bei Ihrem Erscheinen Aufsehen und zog einige Kritik nach sich, nicht zuletzt aufgrund der simplen Fehlinterpretation, der Protestantismus

---

[765] Weber 1993, S. 153 f. Mit diesem Gehäuse meint Weber: „[...] *jenen mächtigen Kosmos der modernen, an die technischen und ökonomischen Voraussetzungen mechanisch-maschineller Produktion gebundenen, Wirtschaftsordnung* [...] *der heute den Lebensstil aller einzelnen, die in dieses Triebswerk hineingeboren werden – nicht nur der direkt ökonomisch Erwerbstätigen -, mit überwältigendem Zwange bestimmt* [...].“ Weber 1993, S. 153. Ausführlicher zur Autopoiesis des Kapitalismus siehe im Folgenden.

[766] Vgl. Schimank 2010, S. 241 ff. und Manzeschke 2011, S. 83 sowie der Abschnitt zu den sozialen Konsequenzen des modernen Rationalismus 4.2.1.3.

[767] Weber 1993, S. 153.

[768] Vgl. hierzu Schluchter 1979, S. 15 ff.

hätte den Kapitalismus geschaffen.[769] Diese Beanstandung an seiner Schrift ist vermutlich der Auslöser für die Verfassung der *Wirtschaftsethik der Weltreligionen*, in denen WEBER versucht:

„[...] *durch ‚vergleichende Studien über die universalgeschichtlichen Zusammenhänge von Religion und Gesellschaft' seine Protestantismus-These ihrer ‚Isoliertheit' zu entkleiden und sie in „die Gesamtheit der Kulturentwicklung" hineinzustellen.*"[770]

In deren Bearbeitung stieß er, so die überwiegende Meinung der neueren Weber-Forschung, auf einen umfassenderen Prozess: Die Rationalisierung.[771] Die Thematik der Rationalisierung ist bei WEBER allerdings eher ein Versatzstück als ein vollständiges Werk. Es ist dabei anzumerken, dass, obwohl WEBER sicherlich als einer der Soziologen gilt die sich intensiv mit dem Fragenkomplex von Rationalisierung gewidmet haben, man von ihm jedoch kein fertiges Theoriegebäude diesbezüglich übernehmen kann. Dies ist dem Umstand einer tiefgreifenden Uneindeutigkeit der Begrifflichkeiten bei WEBER geschuldet.[772] Ich werde daher, da ich eine Weber-Deutung sowie Kommentierung lieber ausgewiesenen Experten überlassen möchte, ihn an dieser Stelle lediglich als Inspirationsquelle für meine Arbeit nutzen, deren Ergebnisse letztlich ausschließlich in meiner Verantwortung liegen.[773]

Die Bezeichnung Rational*isierung* stellt dabei einen ersten Ansatzpunkt dar, um an das grundlegendere Verständnis WEBERs hierfür zu gelangen. Denn die Formulierung als *–isierung* lässt vermuten, dass sie als ein Prozess zu verstehen ist, an dessen Ende der moderne Kapitalismus steht. WEBER selbst deutet dies wie folgt an:

„Es scheint so, als sei die Entwicklung des ‚kapitalistischen Geistes' am einfachsten als Teilerscheinung in der ***Gesamtentwicklung des Rationalismus*** *zu verstehen und müsse aus*

---

[769] Vgl. Bachinger/ Matis 2009, S. 470. Ein weiterer Einwand lautet, Weber hätte eine rein ideengeschichtliche Darstellung vorgelegt, ohne auf gesellschaftliche und ökonomische Faktoren einzugehen. Vgl. ebenda.
[770] Bachinger/ Matis 2009, S. 470.
[771] Vgl. ebenda, S. 471.
[772] Vgl. Schimank 2010, S. 227, Bachinger/ Matis 2009, S. 471 sowie Kalberg 1981, S. 9.
[773] Vgl. zu einer ausführlichen und übergreifenden Besprechung der Werke Webers v.a. Schluchter 1979 und Kraemer 1997, S. 41 ff. Zu Weber und seinen Begriffen der Rationalität und Rationalisierung siehe insbesondere Sprondel/ Seyfarth 1981.

dessen prinzipieller Stellung zu den letzten Lebensproblemen ableitbar sein [Hervorhebung EK].“[774]

Grundsätzlich ist Rationalisierung für WEBER das Antriebsmoment für Ökonomisierung und somit für die Ausgestaltung einer kapitalistischen Gesellschaft.[775] Im Folgenden möchte ich diesen Umstand näher beleuchten und für das Thema meiner Arbeit fruchtbar machen. WEBER versteht dabei unter Rationalisierung:

„[...] *in allgemeinster Weise: Ordnung, Systematisierung. Es ist das Bedürfnis des Menschen, die Unüberschaubarkeit der Welt überschaubarer, berechenbarer zu machen, denkend und handelnd Orientierungsrahmen zu setzen* [...].“[776]

Er setzt damit der Rationalisierung ein anthropologisches Fundament, wie es sich auch weiter vorne in dieser Arbeit findet. Sie dient der Komplexitätsreduktion und charakterisiert die moderne Kulturwelt, die sich in der Gesellschaftsform des Kapitalismus manifestiert.[777] Es besteht dabei allerdings eine dialektische Sicht auf den Rationalisierungsprozess, welche nach wie vor aktuell ist: Die Rationalisierung der Gesellschaft steigert ihre Möglichkeiten, bedroht allerdings über die Ausbildung bürokratischer Herrschaftsstrukturen auch ihre Freiheit.[778]

Das Verständnis des Kapitalismus als Gesellschaftsform impliziert nun, dass nicht nur *eine* gesellschaftliche Sphäre der Rationalisierung unterliegt, sondern vielmehr sämtliche Lebensbereiche. BACHINGER und MATIS zufolge sieht WEBER dementsprechend mehrere Markierungspunkte auf dem Weg in die Moderne: Die Rationalisierung von Herrschaft, die in der Ausgestaltung des bürokratisierten Staates mündet[779], die Rationalisierung

---

[774] Weber 1993, S. 32. Einen Ansatzpunkt für einen solchen Entwicklungsprozess findet sich in Webers Herrschaftssoziologie, in der er in drei Herrschaftsformen unterscheidet: Die charismatische Herrschaft, die traditionale Herrschaft und die rationale Herrschaft. Vgl. Bachinger/ Matis 2009, S. 473.

[775] Vgl. ebenda, S. 506. Der ökonomische Rationalismus ist für Weber ein kennzeichnendes Merkmal des Geistes des Kapitalismus und damit des kapitalistischen Leitmotivs. Vgl. ebenda, 462.

[776] Bachinger/ Matis 2009, S. 507. Willke zufolge zielt der Prozess der Rationalisierung auf eine bewusste Gestaltung von Lebenswelt und Gesellschaft. Vgl. Willke 2006, S. 107.

[777] Vgl. hierzu die Ausführungen zur philosophischen Anthropologie im Abschnitt 2.2.1.

[778] Vgl. Schluchter 1972, S. 13. Er bemerkt allerdings, dass diese Perspektive nur eine von mehreren ist. Dieselbe Dialektik findet sich auch in Bezug auf das Konstrukt der Institutionen. Vgl. hierzu die Ausführungen im Abschnitt 2.2.1.2.

[779] Vgl. hierzu Webers Herrschaftssoziologie in Baier 2013, S. 453 ff.

wirtschaftlicher Organisation, welche in der Formierung der modernen Aktiengesellschaft gipfelt[780], die Rationalisierung des Rechts, Rationalisierungsschübe im wissenschaftlichen Denken sowie eine zunehmende Individualisierung.[781] Sein Rationalisierungskonzept weist somit weit über den Tellerrand der Wirtschaft hinaus auf andere Lebensbereiche und so insgesamt auf den modernen Rationalismus der westlichen Kultur und für den Einzelnen auf eine praktisch-rationale Lebensführung.[782]

Nachdem ich diese Arbeit nach wie vor im Kontext der Betriebswirtschaftslehre schreibe, möchte ich versuchen, den Begriff der Rationalität bzw. Rationalisierung etwas allgemeiner und weniger auf bestimmte Lebensbereiche bezogen zu fassen. Hierfür bietet sich ein Konzept an, dass SCHIMANK, rekurrierend auf WEBER, eröffnet. Er skizziert einen vierdimensionalen allgemeinen Raum des Rationalitätsbegriffs unter den sich m. E. der gesamthafte Charakter des okzidentalen[783] Rationalismus subsumieren lässt und sich somit, etwas herausgelöst aus seiner kulturhistorischen Basis, auch für die Betriebswirtschaftslehre anwenden lässt.[784] Diese vier Rationalitätsdimensionen sind:

Zweckrationalität des Handelns: Sie ist auf Effizienz und Effektivität ausgerichtet, setzt Reflexionsfähigkeit voraus und damit einhergehend eine laufende Überprüfung des eigenen Handelns auf Zweckrationalität. Die zweckgerichtete Rationalität lässt sich gut in den Rah-

[780] Vgl. hierzu Baier 2013, S. 457 f.

[781] Vgl. Bachinger/ Matis 2009, 473 f. und S. 501 ff. und Schluchter 1979, S. 254. Auch Schimank nennt Rationalisierungen Webers die diejenige der wirtschaftlichen Sphäre, genauer gesagt die rational-kapitalistische betriebliche Organisation von formell freier Arbeit, flankieren: Die Trennung von Haushalt und Betrieb, die Berechenbarkeit der technisch entscheidenden Faktoren wirtschaftlicher Produktion, die rational fundierten Naturwissenschaften sowie die rationale Struktur des Rechts und der Verwaltung. Die marginalen Unterschiede in der Ausdifferenzierung der verschiedenen Rationalisierungen sind der benannten Uneindeutigkeit der Begrifflichkeiten bei Weber anzulasten. Vgl. weiter oben, S. 176 f.

[782] Vgl. Schimank 2010, S. 226 und Schluchter 1979, S. 19. Weitere Übersichten zu Webers Rationalisierungskonzept siehe bspw. Bachinger/ Matis 2009, S. 501 ff.

[783] Die Bezeichnung *okzidental* verweist auf die geographische Fokussierung Webers auf den Westen Europas.

[784] Vgl. Schimank 2010, S. 231. Der okzidentale Rationalismus zeichnet sich dabei durch eine parallele Rationalisierung in allen vier Hinsichten aus. Vgl. hierzu auch Kalberg, der ebenfalls einen vierdimensionalen Rationalitätsraum zeichnet. Vgl. Kalberg 1981, S. 13 ff. Er verwendet zweimal dieselben Bezeichnungen wie Schimank (theoretische und formale Rationalität), die Wertrationalität heißt bei ihm materiale Rationalität und die Zweckrationalität praktische Rationalität. Dabei unterlegt er aber dasselbe Verständnis wie Schimank.

men der Ökonomisierung und auf den marktwirtschaftlichen Aspekt des Kapitalismus einpassen.[785]

Formale Rationalität: Sie nimmt Bezug auf formale Regeln, aber auch kognitive Rezepte wie Konzepte mathematischer Kalkulation – dies führt zu einer Komplexitätsreduktion bei Entscheidungen. Sie manifestiert sich in der bürokratischen Ausgestaltung von Politik und Wirtschaft, konkret in Organisationen.

Theoretische Rationalität: Sie ist auf die Suche und Anwendung universell gültiger Kausalzusammenhänge ausgerichtet. Diese Form der Rationalität gewann v. a. mit dem Siegeszug der neuzeitlichen Wissenschaft an Boden.[786] WEBER formuliert dies als eine *Entzauberung der Welt* – eine Herrschaft der abendländischen Vernunft.[787] BACHINGER und MATIS zufolge verwendet WEBER diese Metapher für die fortschreitende Verwissenschaftlichung und Intellektualisierung. Die Deutung der Welt beruht demnach vorwiegend auf empirischer Beobachtung und experimentellen Methoden der Naturwissenschaften.[788]

Wertrationalität: Sie bezieht sich auf ein Handeln, dass einen bestimmten Maßstab zugrunde legt und alle anderen Beweggründe oder Einflussgrößen außer Acht lässt.[789]

---

[785] Weber verankert die Dominanz zweckrationalen Handelns in historischen Voraussetzungen, insbesondere in der Durchsetzung des Geldwesens. Vgl. Beckert 1997, S. 281. Auch Simmel sieht in der Rationalisierung einen Grund für den steigenden Einfluss von Geld als Gesellschaftsgröße. Er schreibt hierzu: *„Ihr* [der Rationalisierung, Ergänzung EK] *Erkenntnisideal ist, die Welt als ein großes Rechenexempel zu begreifen, die Vorgänge und qualitativen Bestimmtheiten der Dinge in einem System von Zahlen aufzufangen* [...]." Simmel 1977, S. 498 und weiters: *„Erst die Geldwirtschaft hat in das praktische Leben – und wer weiß, ob nicht auch in das theoretische – das Ideal zahlenmäßiger Berechenbarkeit gebracht."* Simmel 1977, S. 499.

[786] Weber schreibt zur Leistung der Wissenschaft: *„Kenntnisse über die Technik, wie man das Leben, die äußeren Dinge sowohl wie das Handeln der Menschen , durch Berechnung beherrscht* [...]."Baier et. al. 1992, S. 103.

[787] Vgl. Willke 2006, S. 23 sowie Baier 1992, S. 87. Weber schreibt: *„Die zunehmende Intellektualisierung und Rationalisierung bedeutet also* ***nicht*** *eine zunehmende allgemeine Kenntnis der Lebensbedingungen, unter denen man steht. Sondern sie bedeutet etwas anderes: das Wissen davon oder den Glauben daran: daß man, wenn man* ***nur wollte****, es jederzeit erfahren* ***könnte****, daß es also prinzipiell keine geheimnisvollen unberechenbaren Mächte gebe, die da hineinspielen, daß man vielmehr alle Dinge –im Prinzip – durch* ***Berechnen beherrschen*** *könne. Das aber bedeutet: die Entzauberung der Welt* [Hervorhebung i. O.]." Baier 1992, S. 86 f.

[788] Vgl. Bachinger/ Matis 2009, S. 454.

[789] Vgl. Schimank 2010, S. 230 f. Swedberg betont, Weber folgend, dass das Setzen von Werten als Konstituierung von Kultur zu verstehen ist. Hierin zeigt sich die wesentliche Bedeutung der Dimension der Wertrationalität für die Gesellschaft. Swedberg 2009, S. 239.

Die drei erstgenannten Rationalitätsdimensionen weisen dabei Elemente eines naturwissenschaftlich geprägten, logisch-rationalen Weltbildes auf, das auch die Basis der ökonomischen Theorie in den Wirtschaftswissenschaften darstellt.[790] Dieses Weltbild konkretisiert sich in der Dimension der Wertrationalität. SCHMIDT beschreibt ihr zugrundeliegendes Paradigma als Versuch:

„[...], *die Zusammenhänge der Welt in einem linienhaften* [...] *Nacheinander von Ursache und Wirkung zu verstehen. Die Eindeutigkeit dieses eindimensionalen Nacheinanders begründet den instrumentellen Charakter dieser Sichtweise. Sie begründet also die Hoffnung, in allen Bereichen der Welt, wie in der klassischen Physik, durch Vorgabe bestimmter Voraussetzungen (als Ursache) gewünschte Ziele (als Wirkungen) <ziel-sicher> erreichen zu können.*"[791]

Dabei ist zu betonen, dass diese vier Dimensionen in Abhängigkeit zueinander stehen und nicht losgelöst voneinander betrachtet werden können. Dies zeigt sich insbesondere bei einer genaueren Betrachtung der Dimension der Wertrationalität, die als Metadimension gesehen werden kann.[792] Sie wirkt in allen Lebens- und Gesellschaftsbereichen als eine Leitlinie kultureller Orientierungen, und somit als Weichensteller des Handelns.[793] SCHIMANK resümiert hierzu:

„*Was die eigenen Interessen* [Diese entsprechen Handlungsmotiven, Ergänzung EK] *sind, weiß ein Akteur allein aufgrund der Ideen, denen er anhängt.*"[794]

---

790 Vgl. S. 16 f. sowie S. 52 ff. in dieser Arbeit. Der Ursprung des Rationalismus ist in der Philosophie Descartes´ zu suchen, dessen Ergebnis die Souveränität der Vernunft ist. Vgl. Winter 1999, S. 29 f. Die Leistung Descartes´ liegt Winter zufolge in der Vorlage eines Programms zur Vereinheitlichung der Wissenschaften, die in eine generelle Methode der Erkenntnisgewinnung mündet. Die Folge war eine Mechanisierung des Weltbildes durch den Einsatz der wissenschaftlichen Methode des Vernunftgebrauchs in den Naturwissenschaften. Vgl. ebenda, S. 30.

791 Schmidt, N. 1991, S. 23.

792 Vgl. Kalberg 1981, S. 24 ff., insbesondere S. 27.

793 Vgl. ebenda, S. 28 sowie Swedberg 2009, S. 240.

794 Schimank 2010, S. 232. Diesen Zusammenhang von Wertrationalität und Ideen findet sich auch bei Kalberg 1981, S. 30 und Swedberg 2009, S. 246 f. Ausführlicher hierzu vgl. bspw. Schluchter 1979, S. 39 ff. Diese Ideen sind Ausdruck bestimmter Werte, die im Zuge der Wertrationalisierung nach Weber immer weiter spezifiziert wurden. Insofern weisen sie eine Begriffsverwandtschaft zu kognitiven Institutionen auf und schlagen eine Brücke zwischen Webers Untersuchungen und dem neoinstitutionalistischen Fundament dieser Arbeit.

Die Institutionalisierung zweckrationalen Handelns sowie die Ausbildung rationaler Strukturformen stellt für WEBER denn auch den Motor für die westliche Rationalisierung dar.[795] Er zeigt so durch seine kulturtheoretischen Untersuchungen, dass nur eine grundlegende rationale Umgestaltung von Institutionen den Weg für die Ausbildung eines rationalen Kapitalismus ebnen konnte.[796] Dies impliziert auch eine Umgestaltung der kognitiven Institutionen als Metadimension aller Institutionsarten.[797]

Der moderne Rationalismus bietet die Grundlage zur Ausbildung logisch-rational geprägter kognitiver Institutionen.

Der moderne Rationalismus hat insofern, vor allem in seiner Ausprägung der Wertrationalität, für alle gesellschaftlichen Lebensbereiche Bedeutung. Nachfolgend möchte ich näher beleuchten, welche sozialen Konsequenzen und Wechselwirkungen daraus hervorgehen.

4.2.1.3 Gesellschaftliche Konsequenzen des modernen Rationalismus[798]

Die gesellschaftliche Relevanz des modernen Rationalismus manifestiert sich v. a. in seiner Durchdringung der Gesellschaft. Insofern möchte ich im Folgenden verdichtet zusammenführen auf welche Weise der moderne Rationalismus in dieselbe diffundiert. Konkret werde ich den Fokus dabei nach wie vor auf die Auswirkungen des Rationalismus in der BetriebswirtschaftsLehre legen, um so im Sinne einer Kette der Ökonomisierung[799] die Verant-

---

[795] Vgl. Maurer 2010, S. 131.

[796] Vgl. Bachinger/ Matis S. 485.

[797] Vgl. hierzu die Ausführungen im Abschnitt 2.3.1.2.

[798] Der wesentliche Fokus Webers, im Kontext der Ausgestaltung einer rationalisierten Gesellschaft, liegt auf der Frage, wie die abendländische Rationalisierung und Bürokratisierung sich global als derart durchschlagskräftig erweisen konnten und weiterhin können. Vgl. Walter-Busch 1996, S. 116. In den von ihm formulierten Leitfragen wird dies weiter konkretisiert: Welche Form von Menschentyp wird die bürokratische Herrschaftsform hervorbringen? Wie wird der moderne Mensch sich ein gewisses Maß von Freiheit und Individualität sichern können? Wie kann die Macht des Beamtentums in Schranken gehalten werden? Vgl. Weber 1988a, vor allem S. 333 ff. Es wird deutlich, dass sein Interesse stark von dem der Gesamtgesellschaft geprägt ist. Walter-Busch formuliert es als: „[...] *leidenschaftlich wertendes Nachdenken über Stellung und Wert des Individuums im durchrationalisierten* ***Gehäuse der Hörigkeit der Zukunft*** [Hervorhebung i. O.][...]" Walter-Busch 1996, S. 104.

[799] Vgl. hierzu S. 10 in dieser Arbeit sowie Heinzlmaier 2013, S. 10.

wortlichkeit der Wirtschaft in Theorie und Praxis für die Ausbildung von gleichförmigkeitserzeugenden kognitiven Institutionen in der Gesellschaft nachzuzeichnen.[800]

Basis dafür stellt der moderne Rationalismus als kulturelle Leitidee dar, der, wie eben beschrieben, aus dem Geist des Kapitalismus entstanden ist. Diese Leitidee fand auch in der Form der erkenntnistheoretischen Dominanz des kritischen Rationalismus ihren Eingang in die Wirtschaftswissenschaften.[801] Bezug nehmend auf die These eines gesellschaftlichen Primats der Wirtschaft möchte ich die Diffusion des modernen Rationalismus nun im nachfolgenden Modell grafisch darstellen.

DIFFUSION DES MODERNEN RATIONALISMUS

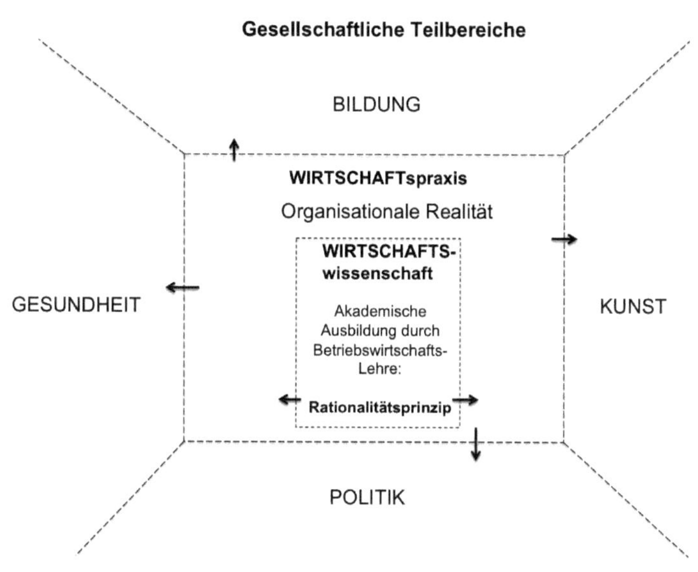

Abb. 4-1[802]

[800] Sprenger stellt fest, dass das vorherrschende Modell in der Organisationstheorie nach wie vor das der Maschine ist, mit der Konsequenz der Standardisierung und dem Ziel der bestmöglichen Verwendung für die Organisation. Vgl. Sprenger 2000, S. 29 ff. Sie drückt sich aus in Messbarkeit. Vgl. ebenda, S. 33.

[801] Zur Diffusion des kritischen Rationalismus in die Wirtschaftswissenschaften, insbesondere in die Betriebswirtschaftslehre, vgl. Kretschmann 1990.

[802] Eigene Abbildung.

Ausgangspunkt der Diffusion des modernen Rationalismus in die Gesellschaft stellt dabei die Wissenschaft dar. Mit dem Erfolgsmarsch der Naturwissenschaften, und damit einhergehend des kritischen[803] Rationalismus als dominante Erkenntnistheorie, entstand ein Weltbild der linear-kausalen, rationalen Wissenschaften, das seinen Anspruch auch innerhalb der Geistes- und Sozialwissenschaften geltend machte.[804] KRETSCHMANN beschreibt entsprechend als Grundlage der Akzeptanz des kritischen Rationalismus in der Betriebswirtschaftslehre, Statusverbesserungen der Wirtschaftswissenschaftler sowie eine breitere Anerkennung ihrer Forschungsleistung.[805] Er konkretisiert:

„Denkt man nun an die ‚traditionellen' Probleme der Betriebswirtschaftslehre, im Wissenschaftssystem den Status einer anerkannten Universitätsdisziplin zu erhalten, dann wird der hohe Anreiz deutlich, der von der Methodologie für die betriebswirtschaftlichen Fachvertreter ausging."[806]

Die konsequente Anwendung des kritischen Rationalismus scheint damit eine Möglichkeit darzustellen, die Qualität der theoretischen Basis augenscheinlich erheblich zu verbessern und sie vermeintlich auf ein ähnliches Niveau wie das der Naturwissenschaften zu heben.[807] KRETSCHMANN betont darüber hinaus, dass der kritische Rationalismus dem damaligen Zeitgeist entsprach und so eine wesentliche Voraussetzung für seine Diffusion in die Betriebswirtschaftslehre gegeben war.[808]

Über die BetriebswirtschaftsLehre als akademische Ausbildung für Manager gelangt der Rationalismus dann in die organisationale Wirklichkeit. Die beobachtbaren und erlebbaren Folgen der Diffusion des modernen Rationalismus in die organisationale Wirklichkeit sind

---

[803] Der kritische Rationalismus bezeichnet die erkenntnistheoretische Ausrichtung der Wissenschaften, die vorwiegend auf den Naturwissenschaften beruht. Vgl. Winter 1999, S. 29 ff. In Abgrenzung dazu verwende ich den Begriff des modernen Rationalismus als kulturelle Leitidee innerhalb einer Gesellschaft. Vgl. die Ausführungen im Abschnitt 4.2.1.2.

[804] Vgl. Schmidt N., 1991.

[805] Vgl. Kretschmann 1990, S. 57.

[806] Ebenda.

[807] Vgl. ebenda. Dass dies nun ein Trugschluss ist, weil die BWL den Sozialwissenschaften zuzuordnen ist, haben die Ausführungen zur Methodologie im Abschnitt 1.4 gezeigt.

[808] Vgl. Kretschmann 1990, S. 36 f. Er führt aus, dass eine hohe Übereinstimmung mit bestehenden Werten, Erfahrungen und Bedürfnissen bei potentiellen Adoptern innerhalb eines Sozialsystems die Adoptionsrate erhöht.

eine zunehmende Effizienz von Organisationen und damit einhergehend eine augenscheinliche Reduktion von Komplexität.[809] Ein besonderer Aspekt dieser Effizienzsteigerung ist, wie nach WEBER beschrieben, die bürokratische Ausgestaltung von Organisationen, und damit verbunden der Gesellschaft in der modernen Welt.[810] Dabei ist unter Bürokratisierung eine legal-rationale Organisationsform zu verstehen, die Verwaltung in modernen Gesellschaften in so gut wie allen Teilsystemen kennzeichnet.[811] Dieses Verständnis beruht auf dem Bürokratiemodell WEBERs, der sie als den reinsten Typus der legalen Herrschaft mittels eines bürokratischen Verwaltungsstabes bezeichnet hat.[812] Die Legitimität dieses Herrschaftstyps ist dabei primär rationalen Charakters.[813] Für den Kontext dieser Arbeit möchte ich auf das verdichtete Bürokratieverständnis von BAECKER zurückgreifen, da es die wesentlichen Elemente von Bürokratie für diese Arbeit beinhaltet:

„Bürokratie bedeutet Vorwegfürsorge für alle denkbaren Fälle und Ausbau der Bürokratie in den Fällen, in denen es zu unvorhergesehenen Fällen kommt.“[814]

Eine solche monokratische Ausgestaltung von Strukturen impliziert dabei zwei gegensätzliche Aspekte, die das Thema dieser Arbeit widerspiegeln: Auf der einen Seite die Überlegenheit einer bürokratischen Organisationsform in Bezug auf Effizienz im Rahmen steigen-

---

809 Vgl. hierzu die vorausgegangenen Ausführungen, zur Komplexitätsreduktion insbesondere Abschnitt 1.6.3.2.

810 Vgl. Walter-Busch 1996, S. 101 sowie Weber 1980, S. 128.

811 Bürokratie ist eine: „[...] *legal-rationale Organisationsform, kennzeichnend für jede moderne Verwaltung im öffentlich-staatlichen Bereich sowie in Unternehmen, Betrieben, Verbänden, Parteien, Kirchen, Militärorganisationen etc. 1. Wesentliche Merkmale (nach Weber): Geordnetes System von Regeln auf der Basis einer Satzung; hierarchisch gegliederte unpersönliche Ordnung von Positionen; Abgrenzung von Komponenten und Zuordnung von Funktionen, Verantwortlichkeiten und Befugnissen; Auslese der Funktionsträger nach formalen Qualifikationen; schriftliche Erfassung und Dokumentation aller Vorgänge, Gleichbehandlung der Antragsteller. 2. Als Vorteil wird i. Allg. die technische Überlegenheit gegenüber anderen Organisations- und Herrschaftsformen in komplexen, hocharbeitsteiligen und differenzierten Gesellschaften hervorgehoben, v.a. Objektivität, Stetigkeit, Berechenbarkeit, Planbarkeit und Zuverlässigkeit. 3. Probleme: a) Da Zwecke und Ziele der Bürokratie aus individuell-subjektiver Perspektive oft schwer überschaubar und verständlich sind, resultiert ein Unbehagen gegenüber der Bürokratie. b) Eine Anpassung der internen Struktur an Zielveränderungen in einer sich permanent wandelnden sozialen Umwelt fallen der Bürokratie schwer. Ihre Leistungsfähigkeit sinkt. Zur Erhaltung ihrer Effizienz ist sie von Reformulierungen ihrer gesetzten Ordnung abhängig.*“ Springer Gabler 2014.

812 Vgl. Baier et. al. 2013, S. 459 ff.

813 Vgl. ebenda S. 453.

814 Baecker 1992, S. 62.

der Komplexität und auf der anderen Seite eine zunehmende Homogenisierung und Standardisierung der Gesellschaftsmitglieder und deren Tätigkeiten:[815]

„Ziel war die Homogenisierung und Disziplinierung der Bevölkerung. Schulen und Manufakturen, Armeen und Haftanstalten fungierten als Kontroll- und Normierungsinstitutionen. Bewegungsabläufe, Produktionsgeschwindigkeiten und Dienstordnungen folgten der ‚Veruhrzeitlichung'. Mess-, Graduier-, Quantifizier- und Standardisierbarkeit entstehender ‚Leistungsgesellschaften' verbanden sich mit Geschwindigkeits- und Wettbewerbsprinzipien."[816]

Diese zunehmende Bürokratisierung erzeugt dann einen bestimmten Ethos, den Beamtenethos, dessen Träger:„ [...] *sich nicht gegen Regeln und Autorität auflehnen würden, das keine Individualität, keine Dynamik im Menschen zuläßt, wodurch der Mensch zur leblosen Maschine würde."*[817]

An dieser Stelle zeigt sich der Ursprung der Kette der Ökonomisierung der Gesellschaft, wie sie von HEINZMAIER beschrieben wurde.[818] Der Zwang wanderte von außen nach innen, als sinnstiftendes Ideal vernunftmäßiger Aktion:[819]

„Das wirtschaftliche Rationalprinzip muß nicht nur im strukturerhaltenden System verankert sein, sondern zugleich auch im Persönlichkeitssystem der Akteure."[820]

---

[815] Weber formuliert diese Homogenisierung als Verlust von individueller Bewegungsfreiheit und versteht darunter weit mehr als nur physische Aspekte, sondern vor allem geistige und emotionale Freiheit sowie Vielfalt. Er formuliert dies folgendermaßen:„[...] *für die letzten Menschen dieser Kulturentwicklung* [des modernen Kapitalismus, Anmerkung EK] [wird, Ergänzung EK] *das Wort zur Wahrheit* [...]: *‚Fachmenschen ohne Geist, Genussmenschen ohne Herz; dies Nichts bildet sich ein, eine nie vorher erreichte Stufe des Menschentums erstiegen zu haben."* Weber 1972, S. 204. Weber selbst stand einer fortschreitenden Bürokratisierung der Gesellschaft ambivalent gegenüber. Vgl. hierzu Walter-Busch 1996, S. 106 und Senge/ Hellmann 2006, S. 9.

[816] Leidinger 2008, S. 54.

[817] Senge/ Hellmann 2006, S. 9. Weber berücksichtigte in seinen Analysen u.a. historische Entwicklungsprozesse, die Kraft von alltäglichen Sitten und Konventionen sowie die Handlungsmuster verschiedener Träger von gesellschaftlichen Werten, Normen und Interessen. Insofern ist an dieser Stelle durchaus der Bezug zur Thematik der kognitiven Institutionen erkennbar. Vgl. an dieser Stelle auch die Maschinenmetapher Humboldts im Zitat auf S. 12. Luhmann schließt sich dem an, indem er feststellt, dass im Begriff der Routine der Bürokratieforschung Rationalität in Pathologie umschlägt. Vgl. Luhmann 1983, S. 114.

[818] Vgl. hierzu Heinzlmaier 2013, S. 10 sowie in dieser Arbeit S. 9.

[819] Vgl. Leidinger 2008, S. 54.

[820] Beckert 1997, S. 282.

Die Verallgemeinerung des Rationalprinzips aus der Marktwirtschaft greift damit in sämtliche Lebensbereiche der Gesellschaftsmitglieder über.[821] Der Ökonomisierung des Denkens kommt eine besondere Relevanz zu, da in diesem Bereich Dimensionen der Wertrationalität innerhalb der Gesellschaft generationsübergreifend weitergegeben werden.[822] In den entsprechenden Teilbereichen der Gesellschaft, vornehmlich in den Schulen und anderen (Aus-)Bildungsinstitutionen, findet demnach eine Normierung und Standardisierung des Denkens statt, zu der LIESSMANN, wie bereits an andere Stelle erwähnt, resümiert:[823]

„Nichts stört so sehr wie die individuelle Abweichung. Das ist klassisches Maschinendenken.[824] Wer einen eigenen Kopf hat, hat dabei nichts verloren [Hervorhebung EK].“[825]

Das Erziehungssystem hat folglich den Zweck berechenbare Staatsbürger zu erzeugen.[826] Um zu diesem Ziel zu gelangen ist es notwendig, innere Zustände auszuschalten, die Unberechenbarkeit oder Kreativität ermöglichen.[827] Diese These wird von verschiedenen Autoren mitvertreten.[828] Insbesondere SAUL betont den Einfluss der Wirtschaft auf die Bildungsinstitutionen, durch den auf diese Weise *Nicht-Denken* gelehrt wird.[829] Damit steht die Vermittlung von nur kurzzeitig gültigen Management- und Technikfertigkeiten im Vor-

---

821 Vgl. hierzu die Fußnote 31.

822 Der Dimension der Ökonomisierung des Sozialen schenkt Schimank auch Beachtung, indem er feststellt: *„Doch auch bloße äußerliche Anpassung zieht Sozialisationseffekte nach sich – insbesondere dann, wenn sie soziale Bestätigung findet. Es wird somit psychologisch nahegelegt und ist psychologisch bequemer, Profitstreben als wertrationale Orientierung zu übernehmen. Dass sich dieses überdies in der Programmstruktur des Wirtschaftssystems, insbesondere der durch die Betriebswirtschaftslehre vermittelten theoretischen Rationalität niederschlägt, die wiederum auch als formale Rationalität in Organisationsprogrammen von Unternehmen verankert wird, tut ein Übriges.“* Schimank 2010, S. 243. Hier genügt dann eine kritische Masse von authentisch wertrational handelnden Akteuren, um bei den anderen wirtschaftlichen Akteuren eine entsprechende Idee zum Tragen zu bringen. Vgl. ebenda. Insofern bestehen zwei Momente der Gleichschaltung: Zum einen durch Internalisierung durch eine Ökonomisierung des Sozialen und damit dann einer Ökonomisierung des Denkens, zum anderen durch die Anpassung an sozial erwünschtes Verhalten.

823 Vgl. S. 10.

824 Vgl. zu dem hier von Liessmann gemachten Metapher des Maschinendenkens die Maschinenmetapher von Heinz von Foerster. Vgl. Schmidt S. 1994, S. 245 und 248 sowie die Seiten 44 f. in dieser Arbeit.

825 Liessmann zitiert nach Lotter 2008, S. 66.

826 Vgl. das Zitat von Leidinger auf S. 184 in dieser Arbeit.

827 Dies wird vor allem in der Art des Prüfens deutlich, die nur Fragen zulässt auf die eine Antwort bereits definiert ist. Foerster bezeichnet diese Fragen als illegitime Fragen. Vgl. Foerster 1993, S. 343 f. sowie Scheunpflug/ Schröck 2002, S. 29. Er konstatiert weiters: *„Der Großteil unserer institutionalisierten Erziehungsbemühungen hat zum Ziel, unsere Kinder zu trivialisieren.“* Ebenda.

828 Vgl. bspw. Czerny 2010, Heinzlmaier 2013, Lotter 2008 sowie Humboldt 1984.

829 Vgl. hierzu die Ausführungen von Saul 1997, S. 76 ff.

dergrund und die Fundamente des Lebens werden an den Rand gedrängt.[830] Dass dies allerdings nicht mehr ausreicht, um mit den bestehenden und noch kommenden Herausforderungen umgehen zu können, ist mittlerweile sowohl in der Pädagogik[831] als auch in der Betriebswirtschaftslehre Thema.[832]

An dieser Stelle erachte ich es nun für notwendig, die eigentliche Thematik dieser Arbeit wieder aufzugreifen. Mein Postulat zu Beginn der Arbeit war eine Beförderung von Gleichförmigkeit durch einen gesellschaftlichen Primat der Wirtschaft. Dies steht einer Notwendigkeit für ein Mehr an Vielfalt entgegen, die der zunehmenden wirtschaftlichen Dynamik geschuldet ist.[833] WEBERs Vorbehalte gegen die Ausgestaltung monokratischer Strukturen weisen in dieselbe Richtung, die diese Frage nach einem Abwägen zwischen Effizienz und Vielfaltserhalt aufwirft. Allerdings benötigen wir für die bereits bestehenden und noch kommenden Herausforderungen von Wirtschaft und Gesellschaft Vielfalt und freie Geister, im Gegensatz zu Normierung und Standardisierung.[834] Ich halte an dieser Stelle fest:

Der moderne Rationalismus führt zu einer Ökonomisierung der Gesellschaft und führt über die (Aus-)Bildungsinstitutionen zu einer Ökonomisierung des Denkens und damit zu Gleichförmigkeit.

Dies führt dazu, das der Mensch eingepasst wird in die Funktionsanforderungen einer ökonomischen Rationalität, die: „[...] *sich selbstzweckhaft dem Menschen imponiert und ihn tatsächlich allgemeinen Zwängen unterwirft, die er so nicht gewollt hat und doch immer weniger zu ändern vermag.*“[835]

---

[830] Vgl. ebenda, S. 21. Auch Hurrelmann verweist auf einen gemeinschaftlichen Primat von politischem, ökonomischem und Erziehungssystem für die Gesellschaftsformation des staatlich geregelten Kapitalismus. Vgl. Hurrelmann 1975, S. 43 f. Er bezieht dabei diese Aussage auf die Ausgestaltung westlicher Industriegesellschaften.

[831] Vgl. Largo/ Beglinger 2009, S. 164 sowie Scheunpflug/ Schröck 2002, S. 5 ff.

[832] Vgl. hierzu den Abschnitt 1.6.4.

[833] Vgl. hierzu die Plausibilisierung der Fragestellung, Abschnitt 1.1 sowie den Prolog zu dieser Arbeit.

[834] Vgl. Lotter 2008, S. 63 sowie den Prolog in dieser Arbeit von Malik 2011.

[835] Manzeschke 2011, S. 83. Weber selbst formuliert prägnant: „*Die* ***heutige*** *kapitalistische Wirtschaftsordnung ist ein ungeheurer Kosmos, in den der einzelne hineingeboren wird und der für ihn, wenigstens als einzelnen, als faktisch unabänderliches Gehäuse, in dem er zu leben hat, gegeben ist* [Hervorhebung i.O.].“ Weber 1993, S. 16.

WEBER resümiert eindrücklich:

„Die Rationalisierung und Bürokratisierung moderner Gesellschaften ist also schlechthin unentrinnbar, sie ist [...]*, mit ihren Chancen wie mit ihren Gefahren,* ***unser Schicksal*** [Hervorhebung i. O.].*“*[836]

Im folgenden Abschnitt möchte ich nun der Frage nachgehen inwieweit dieses *Schicksal*, wie es von Max WEBER beschrieben wird, tatsächlich *unentrinnbar* und der moderne Rationalismus somit ein unabänderlicher Fakt ist oder ob ein gesellschaftlicher Primat der Wirtschaft auch anders gesehen werden kann: als eine kognitive Institution.

4.3 Der gesellschaftliche Primat der Wirtschaft als eine kognitive Institution

Im bisherigen Verlauf der Arbeit habe ich versucht die Konstitution eines Primats der Wirtschaft und mögliche Ursachen sowie Konsequenzen desselben darzulegen. Rationalisierungs- und Ökonomisierungsprozesse sowie daraus abgeleitetes Effizienz- und Effektivitätsstreben scheinen die Fundamente hierfür zu bilden.[837] In der bisherigen Beschreibung haben sich damit Ansatzpunkte für eine kognitive Fundierung gezeigt, die ich hier zusammenfassen und verdichten möchte. Ziel dieses Abschnitts soll die abschließende Beantwortung der Frage sein, ob ein Primat der Wirtschaft selbst als eine kognitive Institution betrachtet werden kann. Als Ausgangspunkt soll folgende Frage SCHIMANKs dienen:

„Könnte es zu einer sich selbst erfüllenden Prophezeiung werden, wenn die Mehrzahl der Gesellschaftsmitglieder oder der politischen Entscheidungsträger die Wirtschaft als das gesamtgesellschaftlich dominierende Teilsystem ansieht?“[838]

Wie bereits erwähnt sind in diesem Kapitel Anhaltspunkte dafür bereits verschiedentlich durchgedrungen. Nichtsdestotrotz möchte ich diese verstreuten Erkenntnisse an dieser

---

[836] Walter-Busch, 1996, S. 102. Vgl. hierzu auch Weber 1988, S. 330.

[837] Vgl. Abschnitt 4.1.

[838] Schimank 2008, S. 31. Diese These steht neben einer weiteren, nämlich dass ein wirtschaftlicher Primat der Gesellschaft auf Grund der Tatsache besteht, dass nur die Wirtschaft Geld in die Gesellschaft bringt. Vgl. die Ausführungen hierzu im Abschnitt 4.1.1.1.

Stelle zusammenführen, da sie für das Thema dieser Arbeit von besonderer Relevanz sind. Dabei ist der Ausgangspunkt einer kognitiven Fundierung ein naturwissenschaftlich geprägtes Weltbild und seine Konsequenzen für das Denken und die Werte in der Gesellschaft, wie SCHMIDT sie beschreibt:[839]

„*Die* [...] *Grundüberzeugungen des mechanistischen Weltbildes, nämlich Stetigkeit, Kausalität und Objektivierbarkeit, hielt man für Grundgesetze der ganzen Welt und übertrug sie daher* [...], *mehr oder weniger bewußt und unreflektiert, auch auf viel komplexere Bereiche, wie Gesellschaft, Wirtschaft und Kultur* [...]. *Die Voraussagbarkeit und Festgelegtheit allen Geschehens in der klassischen Dynamik legte auch im Denken der begleitenden Kultur die Annahme einer vollständigen Determiniertheit des Geschehens nahe.*“[840]

NORTH schließt sich dem an und stellt verallgemeinernd fest, dass:

„*Ideen, organisierte Weltanschauungen und sogar übertriebener Glaubenseifer* [...] *eine wesentliche Rolle in der Ausgestaltung von Gesellschaften und Wirtschaften* [spielen, Ergänzung EK].“[841]

Er betont dabei die Wechselseitigkeit der Beziehung von Wissen und Weltanschauung insofern, als dass die Art der Fortschritte des Wissens die Wahrnehmungen der Welt prägt. Diese Wahrnehmungen bestimmen dann ihrerseits die Richtung des Forschens, also der Wissensgenerierung.[842] PHILIPP schreibt hierzu:

„*Mit diesen Wahrheiten ‚im Kopf' konstruieren wir unsere ‚Weltsicht' , die retrograd auf die Prämissen unseres Denkens zurückwirkt.*“[843]

---

[839] Vgl. Schmidt N. 1991, S. 47.
[840] Ebenda.
[841] North 1992, S. 52.
[842] Vgl. ebenda, S. 91.
[843] Philipp 2000, S. 14.

WECHSELSEITIGKEIT VON WISSEN UND WELTANSCHAUUNG

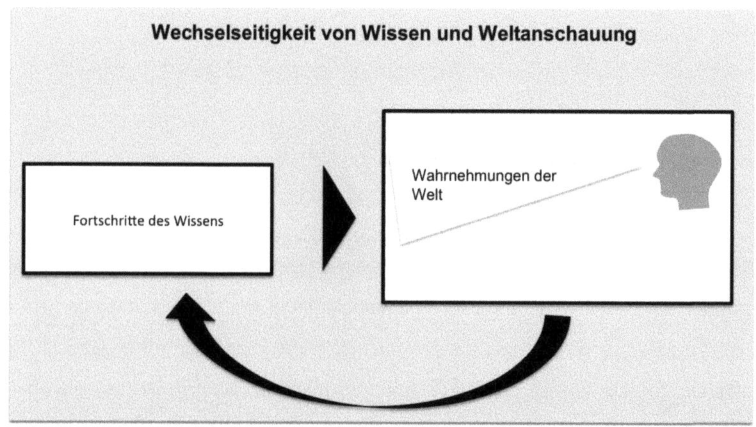

Abb. 4-2[844]

Dieser Mechanismus kommt auch im naturwissenschaftlichen Weltbild und seinen Auswirkungen auf die Ausbildung einer Kultur des Berechenbarmachens zum Tragen, die anschließend zu einer fortschreitenden Ökonomisierung führt. Das in einer Gesellschaft vorherrschende Weltbild hat damit gravierende Auswirkungen auf die institutionelle Entwicklung derselben. NORTH zufolge bedarf es daher für einen Nachvollzug dieser Entwicklung einer Berücksichtigung von Ideologien und kognitiven Institutionen[845].[846] Der Begriff der Ideologie birgt dabei eine Uneindeutigkeit, die vermutlich auf seine beinahe grenzenlose Interpretier- und Füllbarkeit zurückzuführen ist.[847] OELSNITZ beschreibt einen, den s. E. nach wesentlichsten, Wesenszug von Ideologie folgendermaßen:

---

[844] Eigene Abbildung. Vgl. hierzu auch Philipp 2000, S. 13 f.

[845] Erlei verwendet selbst an dieser Stelle den Begriff des mentalen Modells, allerdings äquivalent zu dem der kognitiven Institution. Vgl. Erlei 2010, S. 76.

[846] Vgl. ebenda, S. 79.

[847] Vgl. Oelsnitz 2005, S. 334.

„Eine axiomatische, für absolut wahr gehaltene Grundannahme, die weder bewiesen wird noch überhaupt beweisbar ist [...] *wird zum Ausgangspunkt für die Ableitung logisch einwandfreier Implikationen gemacht."*[848]

Weiters definiert er Ideologie als:

„[...] *ein nicht begründetes, aber in sich konsistentes und versteckt werturteilsbeladenes System subjektiver Deutungen, welches in der Regel generelle Gültigkeit beansprucht und sich durch Selbstimmunisierung der Widerlegung zu entziehen versucht."*[849]

ERLEI zufolge manifestieren sich solche Grundannahmen in einer Ideologie, wenn sie von mehreren Personen verwendet und damit intersubjektiv werden.[850] Er bringt dabei die Begrifflichkeiten der kognitiven Institution[851] bzw. des mentalen Modells in Zusammenhang mit der institutionellen Ausgestaltung von Gesellschaft, konkret der kapitalistischen Gesellschaft:

„Von besonderer Bedeutung scheint mir Webers Sicht, dass der moderne Kapitalismus als Ergebnis eines umfassenden Prozesses der gesellschaftlichen Rationalisierung verstanden werden sollte. Zum einen beinhaltet ein solcher Prozess die Entwicklung neuer Weltbilder, neuer mentaler Modelle und Ideologien, die eine entscheidende Voraussetzung für die Entstehung einer kapitalismusfreundlichen Rechts- und Wirtschaftsordnung sind."[852]

Und auch BOLTANSKI/ CHIAPELLO sehen die Bedeutung von Ideologie für den Kapitalismus als erwiesen.[853] Diesen Zusammenhang möchte ich nachfolgend etwas genauer betrachten, da er das Fundament für einen vermuteten Primat der Wirtschaft darstellt. Um diese Beziehung noch deutlicher zu machen, werde ich die bisher erarbeiteten Erkenntnisse in die-

---

[848] Ebenda.
[849] Ebenda, S. 336.
[850] Vgl. Erlei 2010, S. 76.
[851] In der Institutionenökonomik nimmt diese Form von Institutionen, s. E. nach, eine bislang untergeordnete Rolle ein. Vgl. ebenda.
[852] Erlei 2010, S. 90.
[853] Vgl. Boltanski/ Chiapello 1999, S. 48. Sie schreiben: *„Der Fortbestand des Kapitalismus als Koordinationsmodus sozialen Handelns und als Lebenswelt lässt sich demnach nicht verstehen, solange man die* ***Ideologien*** *außer Acht lässt* [Hervorhebung EK]." Ebenda.

sem Zusammenhang einflechten und ihre Relevanz insofern hervorheben. Als Ausgangspunkt hierfür möchte ich nochmals WEBER bemühen:

„Interessen (materielle und ideelle), nicht: Ideen, beherrschen unmittelbar das Handeln der Menschen. Aber: die ‚Weltbilder', welche durch ‚Ideen' geschaffen wurden, haben sehr oft als Weichensteller die Bahnen bestimmt, in denen die Dynamik der Interessen das Handeln fortbewegte."[854]

Die Ideen und das Weltbild entsprechen dabei in einer von einem Primat der Wirtschaft dominierten Gesellschaft den naturwissenschaftlich geprägten mechanistischen Grundüberzeugungen.[855] Als Leitplanken für die Interessen, die sich wiederum in Effizienz- und Effektivitätbestrebungen manifestieren, lenken sie das Handeln der Gesellschaftsmitglieder in ökonomisch rationale Bahnen. Auch SWEDBERG stellt einen engen Zusammenhang zwischen ökonomischen Interessen und Kultur her.[856] Er führt aus:

„[...] *Interessen* [leiten, Ergänzung EK] *das Handeln der Menschen, während die Kultur* [...] *die allgemeine Richtung vorgibt."*[857]

Das Kulturverständnis RÜEGG-STÜRMs zeigt die Relevanz derselben für kognitive Institutionen auf:

„Unsere Kultur – verstanden als das Zusammenwirken aller historisch gewachsenen Selbstverständlichkeiten – bildet den blinden Fleck unseres Denkens, Kommunizierens und Handelns."[858]

Darin zeigen sich erste Anzeichen für die kognitive Dimension eines Primats der Wirtschaft, wie auch MANZESCHKE feststellt:

„Das Eindringen spezifisch ökonomischer Begriffe in praktisch alle gesellschaftlichen Sphären ist nicht nur ein Indiz für den Prozess der Ökonomisierung, sondern verstärkt und verste-

---

[854] Weber zitiert nach Maurer 2009, S. 16.
[855] Schmidt N. 1991, S. 47 f.
[856] Vgl. Swedberg 2009.
[857] Swedberg 2009, S. 258.
[858] Rüegg-Stürm 2003, S. 3.

tigt auch diesen Prozess. In dem Maße, in dem Phänomene, Prozesse und Strukturen zunehmend in ökonomischen Termini ***beschrieben*** *werden, wird die Welt in ihren Phänomenen, Prozessen und Strukturen als eine ökonomische Tatsache verstanden und* ***verfertigt*** [Hervorhebung im O.].*"*[859]

Er weist zudem ein Verständnis von Ökonomisierung als objektive Wahrheit zurück. Der Zwang zum Ökonomisieren resultiert aus dem vorherrschenden Weltbild und ist von den Menschen selbst gemacht.[860] Demnach kommt er keiner objektiven Wahrheit gleich wie etwa ein Naturgesetz, sondern ist vielmehr sozial konstruierte Wirklichkeit:[861]

„Zwar wird unter Verweis auf die ökonomische Rationalität immer wieder fingiert, es handele sich bei der Ökonomisierung um eine dem vernünftigen Menschen unmittelbar einsichtige Gesetzmäßigkeit. Darüber wird vergessen, dass jede ökonomische Rationalität in je bestimmte soziale Kontexte eingebettet ist. Von hier aus stellt sich der ökonomische Zwang auf den Einzelnen wie auf die Gesellschaft als ganzes als eine ***historisch bedingte und soziale Konstruktion*** *dar. Allerdings wird man nicht bestreiten können, dass das von Menschen ersonnene System des Kapitalismus einen gewissen Zwangscharakter aufweist: Innerhalb dieses Systems ist es tatsächlich rational, den Nutzen zu maximieren.* ***Das lernen wir tagtäglich, handeln danach und bestätigen damit auch die Gültigkeit bzw. Wahrheit dieser Rationalität*** [Hervorhebung EK]."[862]

Insofern lässt sich dieses Verständnis von ökonomischer Rationalität an den Begriff der kognitiven Institution anlehnen an welchen ich an dieser Stelle erinnern möchte:

Institutionen sind soziale Regeln, die historisch gewachsen sowie für die Mitglieder der Gesellschaft verbindlich sind und als soziale Wirklichkeit unreflektiert übernommen werden.

---

[859] Manzeschke 2011, S. 69.

[860] Den Zusammenhang zum Begriff der Ideologie an dieser Stelle stellt auch Diefenbach her: *„Aber zum anderen wurde mir klarer, dass es sich bei den traditionellen Positionen um grundlegende Denkweisen der Wirtschaftswissenschaften handelt, die – z.T. in neuen Varianten oder unter verschiedenen Namen – nicht nur in der Wissenschaft schon seit langem und immer noch den mainstream ausmachen, sondern auch einen erheblichen normativen und praktischen Einfluss auf die Praxis haben: Bei genauerem Hinsehen zeigt sich deutlich, dass es sich um eine Ideologie handelt."* Diefenbach 2003, im Vorwort, S. VI.

[861] Vgl. Manzeschke 2011, S. 80 sowie die Ausführungen zur sozial konstruierten Wirklichkeit im Abschnitt 1.4.

[862] Manzeschke 2011, S. 82 f.

Institutionen haben einen limitierenden Einfluss auf die Denk- und Verhaltensweisen des Menschen.

Im folgenden und letzten Kapitel dieser Arbeit möchte ich nun Implikationen aus den bisherigen Erkenntnissen für Verantwortliche in Gesellschaft und Organisationen ableiten. Dabei bin ich mir durchaus im Klaren, dass ein Gesellschaft konstituierendes Konstrukt wie kognitive Institutionen bzw. konkret ein Primat der Wirtschaft, nicht ohne Weiteres verändert oder ausgetauscht werden können. Nichtsdestotrotz möchte ich auf Rahmenbedingungen hinweisen, die eine leise Veränderung ermöglichen sowie konkrete Stellhebel bzw. Multiplikatoren dieser leisen Veränderung benennen. Das Ziel ist dabei die Schaffung eines besseren Verständnisses für die Verantwortlichkeit die der Sphäre der Wirtschaft aus ihrer gesellschaftlichen Vormachtsstellung erwächst. Insofern sind als Adressaten des nachfolgenden Abschnittes vor allem Verantwortliche aus Gesellschaft und Wirtschaft zu verstehen, die Impulse der Veränderung in die Gesellschaft einbringen können.

5. IMPLIKATIONEN FÜR MANAGEMENTTHEORIE UND –PRAXIS

> *„Erkenne dich selbst [...] finde heraus, was für innere Bilder es sind, die deinen und unser aller bisherigen Lebensweg bestimmt haben. Versuche zu erkennen, woher sie kommen, was sie bewirken und wohin sie dich führen."*[863]

Im bisherigen Verlauf dieser Arbeit habe ich die Relevanz von kognitiven Institutionen für die soziale Konstruktion von Gleichförmigkeit betrachtet. Vor dem Hintergrund eines postulierten Primats der Wirtschaft ist dabei der Einfluss von ökonomischer Rationalität auf die Ausbildung von Institutionen auf kognitiver Ebene in den Mittelpunkt der Betrachtung gerückt. Dieses abschließende Kapitel ist nun, anders als die primär auf Erläuterung und Analyse ausgerichteten vorausgegangenen Kapitel, dem Ziel der Diskussion und Reflexion gewidmet. Im Fokus steht dabei die Frage wie die erarbeiteten Erkenntnisse für Verantwortliche in Theorie und Praxis fruchtbar gemacht werden können. Da ich diese Arbeit aus der Betriebswirtschaftslehre für die Betriebswirtschaftslehre verfasse, sehe ich den Ansatzpunkt hierfür in der diagnostizierten Verantwortlichkeit der Wirtschaftswissenschaften für die Ausbildung von kognitiven Institutionen die zu Gleichförmigkeit führen und damit die Entwicklung von Lösungen höherer Qualität verhindern:

Gleichförmigkeit verhindert die Ausprägung kognitiver Vielfalt und damit die Entwicklung von Lösungen höherer Qualität.

An dieser Stelle ist allerdings anzumerken, dass dieses der Arbeit zugrundeliegende Postulat durchaus bereits in der Management- und Organisationstheorie ins Bewusstsein gedrungen ist. Das Ergebnis dieses Bewusstseins sind ein *Aufstand des Individuums*[864], ein Aufruf zum *Musterbruch*[865] und Widerstand gegen den *Methodenzwang*[866]. Der Mehrwert von

863 Hüther 2010, S. 12.
864 Vgl. Sprenger 2000.
865 Vgl. Wüthrich/ Osmetz/ Kaduk 2009.

Vielfalt bzw. die Risiken von Gleichförmigkeit bedingt durch kognitive Institutionen scheinen also bekannt zu sein. Indessen sind diese nur sehr begrenzt bewusstseinsfähig, wie die Ausführungen zum Konstrukt der kognitiven Institution in seiner Interdisziplinarität gezeigt haben.[867] Sie sind damit blinde Flecken in unserem Denken und Handeln. Das Ziel dieses Kapitels ist es nun, diese blinden Flecken die sich in den vorherrschenden Mustern und Methoden der Wirtschaft manifestieren, aufzuspüren. Dabei geht es nach wie vor nicht darum, Muster als solche zu kritisieren.[868] Vielmehr geht es um Reflexionshilfe und die Frage was den Mustern zugrunde liegt.

Denn ich glaube, dass das Wissen um die Existenz der Muster alleine nicht ausreicht, um Veränderung herbeizuführen. Vielmehr ist es notwendig, ein umfassendes Verständnis für die weitreichenden Zusammenhänge von kognitiven Institutionen zu erlangen, um für die Wirtschaft und Gesellschaft die notwendigen Voraussetzungen für einen sinnvollen Umgang mit den anstehenden Herausforderungen zu schaffen.[869]

Insofern erachte ich es, gerade für die Disziplin der Wirtschaftswissenschaften und ihre Macht der Richtungsweisung für die (Aus-)Bildungsinstitutionen der Gesellschaft, für unbedingt erforderlich, über den eigenen Tellerrand hinauszublicken.[870] Denn, wie im vorangegangenen Kapitel dargelegt entstehen diese Muster vornehmlich aus einer ökonomischen Logik heraus, die in der akademischen Ausbildung der Wirtschaftswissenschaften stattfindet. Aus diesem Grund stellen v.a. Wirtschaftswissenschaftler in Theorie und Praxis als Verantwortungsträger für diese organisationale Logik die primären Adressaten dieses Abschnitts dar.

---

[866] Vgl. Feyerabend 1976. Feyerabend schreibt im Vorwort zu „Die Vernichtung der Vielfalt“: „*Einer der Gründe, weshalb ich ‚Wider den Methodenzwang' schrieb, war der, daß ich die Menschen von der Tyrannei philosophischer Obskuranten und abstrakter Begriffe wie ‚Wahrheit', ‚Realität' oder ‚Objektivität' befreien wollte. Diese Begriffe engen den Horizont der Menschen und die Möglichkeiten des Daseins ein.*“ Feyerabend 2005, S. 12.

[867] Vgl. Kapitel 3.

[868] Vgl. Abschnitt 1.6.3.2.

[869] Vgl. hierzu auch Luhmann 1983, S. 114 f. Er schreibt: „*Ein typisches Kennzeichen* [...] *des Problems ist, daß die Nachteile der Routine behandelt, untersucht und kuriert werden, ohne daß die Rationalstruktur der Organisation als Bedingung des Problems mit in Betracht gezogen würde.*“ Ebenda.

[870] Die Basis für diese Macht der Richtungsweisung erkenne ich dabei in der Kennzeichnung eines Primats der Wirtschaft als kognitive (Meta-)Institution, wie ich sie im vorausgegangenen Kapitel beschrieben habe. Vgl. hierzu auch die Einwände von March gegen eine Tyrannei der instrumentellen Rationalität. Vgl. Tacke 2001 sowie Schimank 2008.

Nochmals rekurrierend auf diese wesentliche Bedeutung der Rolle der Wirtschaft möchte ich flankierend und unterstützend nun noch einen weiteren Aspekt einbringen, der zur Zementierung eines Primats der Wirtschaft beiträgt. Die Kenntnis dessen halte ich für eine weitere Notwendigkeit, um Bedingungen für einen institutionellen kognitiven Wandel herbeiführen, und so einen Weg aus der selbstverschuldeten Unmündigkeit bzgl. der anstehenden Herausforderungen finden zu können.

5.1 Selbsttäuschung - Scheuklappen eines Primats der Wirtschaft

Im Zusammenhang mit dem Begriff der Ideologie, der im Kapitel 4.3 eingeführt wurde, gewinnt ein Gesichtspunkt an Bedeutung, den ich im Folgenden thematisieren möchte: Der Aspekt der Selbsttäuschung. Im Folgenden soll erörtert werden, wie er im Kontext eines Primats der Wirtschaft wirkt, welcher Zusammenhang mit Macht besteht und auf welche Weise er so zu einer Zementierung eines Primats der Wirtschaft beiträgt.

In der Ideologie einer ökonomischen Rationalität zeigt sich Macht in der Charakterisierung als gesellschaftlicher Primat. Dabei erkenne ich zwei Gesichtspunkte, in denen sie sich manifestiert. Zum einen in der Funktion der Wirtschaft als Motor für die Gesellschaft: Wie vorausgegangen beschrieben, kann nur die Wirtschaft als funktionelles Teilsystem der Gesellschaft Geld in dieselbe einbringen.[871] Insofern ist der Erhalt einer florierenden Wirtschaft als eines der obersten Ziele im politischen System einer funktional differenzierten kapitalistischen Gesellschaft zu betrachten. Diese Perspektive auf die Macht der Wirtschaft ist einer kapitalistischen Gesellschaftsform systemimmanent und kann so nicht unbedingt mit Selbsttäuschung in Beziehung gesetzt werden.

Der zweite Aspekt ist in diesem Zusammenhang von größerer Relevanz und eng verbunden mit der kognitiven Fundierung eines Primats der Wirtschaft. Die Macht der Wirtschaft konkretisiert sich dabei in ihrem Fundament der rationalen Wissenschaften. Ihre Rationalität

---

[871] Vgl. den Abschnitt 4.1.1.1.

wird, aufbauend auf einer rationalistischen Erkenntnistheorie, als Wahrheit interpretiert.[872] SAUL sieht dabei als Werkzeug für die Zementierung eines Primats der Wirtschaft die spezielle Sprache der Wissenschaften, vor allem der Wirtschaftswissenschaften, über die diese Wahrheit transportiert werden soll.[873] Er führt aus:

„Diese oft gutgemeinte, potentiell nützliche falsche Wissenschaft speist die Dialekte des staatlichen und privaten Sektors. [...] *Eine Erklärung des Phänomens ist übertriebene Angleichung. Wirtschaftswissenschaftler, Politologen und ganz besonders Soziologen sind bestrebt, die naturwissenschaftliche Analyse nachzuahmen, durch die Häufung von Indizienbeweisen, vor allem aber durch ihre Parodien eines der schlimmsten aller Wissenschaftsdialekte. Wie in den Körperschaften der Wirtschaft und der Regierung lässt sich auch hier der Zweck einer derart verdunkelten Sprache in der Formel zusammenfassen: undurchsichtig heißt kompliziert, und kompliziert heißt wichtig. Auf diese Weise sind die Dialekte mehr oder weniger bewusste Waffen für den Selbstschutz und unbewusste Werkzeuge der Selbsttäuschung.“*[874]

Ergebnis dieser Selbsttäuschung sind das *Nicht-zulassen* von Zweifel und eine fragwürdige Selbstgewissheit der auf ihr Spezialgebiet spezialisierten Eliten.[875] SAUL resümiert:

„Was immer sie verkaufen, es ist die absolute Wahrheit.“[876]

Eine absolute Wahrheit, und damit verbunden ein alleingültiger Lösungsansatz für anstehende Problemstellungen, kann nun allerdings vor dem Hintergrund der zunehmenden Komplexität von Unternehmensumwelten sowie des Gesetzes der erforderlichen Varietät von ASHBY als äußerst kritisch betrachtet werden.[877] Die Konsequenzen aus dieser Selbstgewissheit führen zu einer Normativität der Theorien und Methoden der Wirtschaftswissen-

---

[872] Vgl. zur dominanten Erkenntnistheorie des Rationalismus in den Wirtschaftswissenschaften den Abschnitt 1.3.

[873] Vgl. Saul 1997. S. 55. Er bezeichnet diese spezielle Sprache als korporatistischen Dialekt im Gegensatz zur Umgangssprache. Sie ist untrennbar verbunden mit Macht und Maßnahme. Dabei sieht er den Ursprung dieser Dialekte in den Wirtschaftswissenschaften. Vgl. ebenda, S. 56.

[874] Saul 1997, S. 56.

[875] Vgl. ebenda.

[876] Ebenda.

[877] Vgl. die Ausführungen zu Ashby´s Law im 1.6.4.

schaften die v. a. in der BetriebswirtschaftsLehre zum Tragen kommt.[878] Insbesondere die Managementforschung, die als praktisch-normative Wissenschaft mit den vor ihr vermittelten Leitbildern die betriebliche Praxis prägt, wird von dieser Forschungsideologie beeinflusst, wie auch OELSNITZ betont.[879] Die daraus folgende Immunisierung der ökonomischen Theorie gegenüber der Realität und die unreflektierte Anwendung ihrer Methoden macht sie somit unbrauchbar für die Bewältigung der aktuellen und anstehenden Herausforderungen.[880]

In den normativen Leitbildern der Wirtschaftswissenschaften manifestiert sich der Zusammenhang von Selbsttäuschung und Macht.

Dabei steht der Zusammenhang zwischen einem Primat der Wirtschaft und dem Bildungssystem weiterhin im besonderen Fokus, da die Weitergabe der normativen Leitbilder der Wirtschaftswissenschaften in ihm stattfindet.[881] Diese Beziehung, insbesondere auf universitärer Ebene, ist als sehr kritisch zu beurteilen. SAUL konstatiert:[882]

„Das Haupterschwernis in diesem Zusammenhang ist eine akademische Gemeinschaft, die die Eliten nicht darin ausbildet, sich über den eingeengten Blickwinkel des Eigeninteresses zu erheben. Sie kann es nicht, weil sie bereits selbst in jene verengten Sichtweisen und Eigeninteressen abgesunken ist [...]. *Das Problem ist besonders auffallend in den Wirtschaftswissenschaften, die mehr als andere zu der sich ausbreitenden Lethargie beigetragen haben. Warum? Weil sie immer noch unter der Belastung stöhnen, eine falsche Wissenschaft zu sein."*[883]

Die *verengten Sichtweisen* und das *Eigeninteresse* können der Selbsttäuschung sowie der Macht der Wirtschaft gleichgestellt werden, die über die akademische (Aus-)Bildung an die

---

[878] Vgl. Wächter/ Vedder/ Führing, 2003, S. 12 sowie Manstetten/ Faber 1997, S. 124 und auch Beckert 1997, S. 27. Die Autoren kritisieren vornehmlich die Entwicklung von einer analytisch-deskriptiven zu einer normativ-präskriptiven Wissenschaft.

[879] Vgl. Oelsnitz 2005, S. 342.

[880] Vgl. hierzu die Ausführungen im Kap. 1.6.3.2, insbesondere die S. 54 f.

[881] Vgl. an dieser Stelle die Beschreibung der Kette der Ökonomisierung von Heinzlmaier. Vgl. Heinzlmaier 2013, S. 10 sowie besonders ausführlich Klein/ Dungs 2010.

[882] Vgl. Saul 1997, S. 76 f.

[883] Saul 1997, S. 78. Vgl. zu der Charakterisierung Sauls der Wirtschaftswissenschaft als falsche Wissenschaft den Abschnitt 1.6.3.2.

nächste Generation weitergegeben und so institutionalisiert werden. Die Folgen dieser Forschungsideologie, insbesondere im Bereich der Wirtschaftswissenschaften, sind bspw. bei OELSNITZ beschrieben: Die Theorien kanalisieren sowohl das Bewusstseins ihres Schöpfers als auch ihres Nutzers indem sie eine bestimmte Denkrichtung vorgeben. Gleichzeitig entziehen sie sich der Reflexion, da Handlungen als Sachzwänge, abgeleitet aus den wissenschaftlichen Theorien, dargestellt werden:[884]

„In jedem Fall sind Forschungsideologien kein rein akademisches Problem, sondern machen eben – gerade im Rahmen der Managementtheorie – auch Praxis. Und dies umso nachhaltiger, je unbewusster die Akteure sie aufgreifen und damit ihre soziale Realität womöglich immer wieder zum Wohl einer bestimmten Gruppe reproduzieren."[885]

Auch WÜTHRICH/ OSMETZ und KADUK beschreiben die Scheuklappen der betriebswirtschaftlichen Ausbildung:

„Kennzeichnend für die betriebswirtschaftliche Ausbildung an den Universitäten, Fachhochschulen und Business Schools ist die Dominanz einer sehr spezifischen Denklogik sowie des geforderten praxisnahen Fachwissens. Studierende werden auf der Basis einer meist engen betriebswirtschaftlichen, kaum multidisziplinär angereichterten ‚Theoriebrille' sozialisiert. Dadurch wird nur selten ein Hinterfragen der Prämissen dieses Blickwinkels ermöglicht, da hierfür das Einnehmen einer anderen Perspektive notwendig wäre. Vielmehr werden konsequent Methoden und Techniken trainiert, die helfen sollen, Probleme der betrieblichen Praxis situationsgerecht zu lösen. Diese Methoden sind sehr ausgereift und bestechen teilweise durch hohe mathematische und formallogische Präzision. Allerdings verhindert diese Exaktheitssuggestion eine Auseinandersetzung mit den Grundlagen des eigenen Fachs."[886]

Ich halte an dieser Stelle fest:

Die Vermittlung der normativen Leitbilder über die (Aus-)Bildungsinstitutionen zementiert einen Primat der Wirtschaft.

---

[884] Vgl. Oelsnitz 2005, S. 341. Ausführlicher zur Bedeutung der Reflexion in diesem Zusammenhang, im weiteren Verlauf dieses Kapitels.

[885] Oelsnitz 2005, S. 342.

[886] Wüthrich/ Osmetz/ Kaduk 2009, S. 23.

Die eben vorgebrachte Kritik gilt in erster Linie den WirtschaftsWissenschaften. Auf der beschriebenen normativen Basis derselben können die Bildungsinstitutionen nicht das notwendige vielfältige Wissen für die Bewältigung der bestehenden und noch kommenden Herausforderungen bereitstellen, sie vermitteln vielmehr Eindimensionalität.[887] Insofern ist das grundlegende Ziel entsprechend auf eine leise Veränderung der normativ-präskriptiven Prämissen der Wirtschaftswissenschaften ausgerichtet. STEHR schreibt hierzu:

„Die gesamtgesellschaftlichen Veränderungen haben zur Folge, dass die Industriegesellschaft durch die Wissensgesellschaft abgelöst wird. Allerdings geschieht dies nicht auf dem Wege eines plötzlichen revolutionären Wandels, sondern vielmehr auf Grund gradueller Transformationen, die die gesellschaftliche Konstitution neu bestimmen. Und diese neuen Phänomene erfordern eine neue theoretische Perspektive."[888]

Im Folgenden sollen hierfür geeignete Leitplanken aufgezeigt werden. Als Raster für die Entwicklung dieser Leitplanken dient an dieser Stelle eine Aussage WÜTHRICHs, der Folgendes feststellt:

*„Die (Wirtschafts)Welt ist so, wie wir sie leben. Wir können jederzeit eine andere Welt leben. Diese andere Welt zu leben, bedingt das **Hinterfragen von Systemmechanismen, neue Orientierungskarten** und eine **Haltung der Bescheidenheit und Neugier*** [Hervorhebung EK].*"*[889]

Die Aussage WÜTHRICHS impliziert dabei eine gewisse Selbstbezüglichkeit des Wirtschaftssystems, derzufolge die Theorien der Wirtschaftswissenschaften auf das gesellschaftliche System der Wirtschaft und damit auf die Gesellschaft selbst wirken.[890] Die Wirtschaft ist

---

[887] Vgl. Saul 1997, S. 81. Er argumentiert: Modellbasierte Experimente in den Wirtschaftswissenschaften liefern keinen messbaren Fortschritt nach Art der wirklichen Wissenschaft. Er besteht nur aus Hinweisen und Indizien. Es wird so lediglich eine neue soziale Wirklichkeit theoretisch aufgestellt. Vgl. ebenda, S. 79.

[888] Stehr 2001, S. 382.

[889] Wüthrich 2005, S. 300. Auch Hüther schließt sich dieser Ansicht an und schreibt: *„Die Suche nach den Schuldigen für das geistige, gesellschaftliche oder familiäre Klima, in das man hineingeboren worden ist, hat im nachhinein wenig Sinn, sie kann eigentlich nur einem einzigen Zweck dienen, nämlich zu erkennen, wie man selbst an der Gestaltung eines bestimmten Klimas mitwirkt, um nicht selbst erneut aus Unwissenheit schuldig werden zu müssen. Denn das Klima, in dem Menschen künftig aufwachsen und leben, läßt sich ebenso verändern wie die Art und Weise, wie wir unser Gehirn fortan benutzen."* Hüther 2006, S. 71.

[890] Vgl. hierzu Luhmann 1994, S. 78 ff.

damit ein selbstreferentielles System.[891] Daraus ergibt sich ein erkenntnistheoretisches Problem: Die Wirtschaft ändert sich infolge ihrer Beschreibung.[892] Allerdings beinhaltet dies auch die Möglichkeit zur Veränderung.[893]

Die drei von WÜTHRICH genannten Eckpunkte der Veränderung möchte ich nachfolgend näher beleuchten.

ECKPUNKTE DER VERÄNDERUNG

Abb. 5-1[894]

[891] Luhmann versteht unter Selbstreferenz Folgendes: *„Es gibt Systeme mit der Fähigkeit, Beziehungen zu sich selbst herzustellen und diese Beziehungen zu differenzieren gegen Beziehungen zu ihrer Umwelt."* Luhmann 1984, S. 31.

[892] Vgl. Luhmann 1994, S. 80 f. In Bezug darauf hat Philipp folgende Unterscheidung zwischen Wirtschaft als Wissenschaft bzw. Wirtschaft als Praxis getroffen: Durch die Forschungs- und Lehrfunktion der Wirtschaft als Wissenschaft entsteht eine automatische Brücke zur Wirtschaft als Praxis. Durch den Forschungsauftrag der Wirtschaft als Wissenschaft sind Beobachtungen der Wirtschaft als Praxis bedingt, die durch sie analysiert und aufbereitet werden, so dass die daraus gezogenen Erkenntnisse wieder rekursiv in die Wirtschaft als Wissenschaft einfließen können. Konkreter: Die von der Wirtschaft als Wissenschaft in schriftlicher oder mündlicher Form abgegebenen Beschreibungen, spiegeln in weiten Teilen das Ergebnis ihrer Beobachtungen von der Wirtschaft als Praxis wieder. Diese wiederum zieht ihre Erkenntnisse aus den kommunikativen Beschreibungen der Wirtschaft als Wissenschaft. Das Ganze hat weder Anfang noch Ende, sondern muss vielmehr als zirkulärer Prozess gedacht werden. Vgl. Philipp 2000, S. 83.

[893] Das Potential zur Veränderung liegt dabei in der Anwendung der konstruktivistischen Erkenntnistheorie durch die nachfolgend beschriebenen Herausforderungen Viabilität sowie Reflexion. Vgl. hierzu auch die Ausführungen von Arnold 2011, S. 1 ff. Arnold bezeichnet denn auch den Konstruktivismus als reflexive Erkenntnistheorie. Vgl. Arnold zitiert in Siebert 2011, S. 9.

Für den ersten Schritt, der Schaffung eines Bewusstseins für die Zusammenhänge der Systemmechanismen, wurden im bisherigen Verlauf die notwendigen Grundlagen erarbeitet. Allerdings führt allein das Lesen einer Lektüre, wie dieser Arbeit, nicht zu Veränderung. Dafür bedarf es vielmehr eine Form der Selbstbeobachtung und Achtsamkeit, wie sie auch im obigen Zitat gefordert wird.[895] Dies alles mündet in eine *Aufforderung zur Reflexion,* der sich auch OELSNITZ und SAUL anschließen.[896] Erst im Anschluss daran kann eine *Erweiterung der Perspektive von Ein- auf Mehrdimensionalität* stattfinden. Im Folgenden sollen diese beiden Aspekte näher betrachtet werden.

5.1.1 Ablegen der Scheuklappen I – Herausforderung Viabilität

Zur Überwindung der Eindimensionalität der Wirtschaftswissenschaften bietet, m. E. nach, der Konstruktivismus im Gegensatz zum Rationalismus als vorherrschende erkenntnistheoretische Grundposition dieser Disziplin, eine geeignete Basis an.[897] Wie im Abschnitt 1.3 beschrieben stellt der Konstruktivismus das Fundament für Viabilität, d.h. für Überlebensfähigkeit in komplexen Umwelten dar. Überlebensfähigkeit wird dabei durch die Nützlichkeit und Passfähigkeit individueller Konstruktionen im Hinblick auf die jeweils angestrebten Ziele erreicht.[898] Dabei können mehrere Vorgehensweisen oder Wahrheiten zieldienlich sein, im Gegensatz zu der *einen und objektiven* Wahrheit des Rationalismus.[899]

„Ein metaphorisches Beispiel mag den Unterschied greifbarer machen. Ein blinder Wanderer, der den Fluß jenseits eines nicht allzu dichten Waldes erreichen möchte, kann zwischen den Bäumen viele Wege finden, die ihn an sein Ziel bringen. Selbst wenn er tausendmal liefe

---

[894] Eigene Abbildung.
[895] Vgl. auch Siebert 2011, S. 10.
[896] Vgl. Oelsniz 2005, S. 344 und Saul 1997, S. 8. Saul formuliert prägnant: *„Was ist verachtenswerter als eine Zivilisation, die ihre Selbsterkenntnis verachtet?"* Ebenda.
[897] Die Grundposition des Rationalismus beinhaltet die Annahme einer objektiven, d.h. vom Beobachter unabhängigen Wahrheit. Das Erkenntnisstreben muss daher ein unablässiges Suchen nach dieser Wahrheit sein. Vgl. Hammer 2008, S. 44 f.
[898] Vgl. Frindte 1998, S. 43.
[899] Vgl. Glasersfeld 1992 S. 18 f. und S. 30, Frindte 1998, S. 43.

und alle die gewählten Wege in seinem Gedächtnis aufzeichnete, hätte er nicht ein Bild des Waldes, sondern ein Netz von Wegen, die zum gewünschten Ziel führen [...].*"*[900]

Die Beschreibungen der Wirklichkeit verlieren damit ihre ontologische Absolutheit, sie werden funktionalistisch betrachtet und dadurch relativiert.[901] Gleichzeitig schließt das Konzept der Viabilität an den ethischen Imperativ von Heinz von FOERSTER an, der fordert:

„Handle stets so, daß Du die Möglichkeiten maximierst!"[902]

Die Intention des ethischen Imperativs ist dabei als das Verständnis zu begreifen, dass es mehr als nur eine Möglichkeit gibt. Es besteht die Freiheit und Aufforderung nach anderen Möglichkeiten zu suchen.[903] Bezogen auf die Wirtschaftswissenschaften und das ihnen zugrunde liegende Rationalitätsprinzip, stellen diese anderen Möglichkeiten eine Erweiterung der rein rationalistischen, linear-kausal-logischen Perspektive dar. Gemäß MARCH geht es dabei nicht um Irrationalität, sondern vielmehr um eine Portion *nicht-rationaler* Verspieltheit, die vor den Folgen einer Überdosis Rationalität schützt und mittels einer temporären Aufhebung von geltenden Regeln Raum für Experimente schafft. TACKE fasst dies folgendermaßen zusammen:[904]

„Den Wert der Abweichung vom Rationalitätspostulat sieht March in der Entdeckung alternativer Ziele und der experimentellen Erprobung neuer Optionen, genereller gesagt: in der Zugänglichkeit von solchen Veränderungen, die dem System auch langfristige Adaptivität und Zukunftsfähigkeit sichern helfen."[905]

HALLER schließt sich dieser Meinung an und stellt fest:

„Gegen die Einseitigkeit der auf ***eine*** *Theorie beschränkten Wahl gibt es keine bessere Medizin als Theorienvielfalt, das Sprießen freier Phantasie und schließlich die gänzliche Entfaltung individueller Freiheit. Jede Methode schnürt ein, engt den Freiheitsraum der Forschung*

---

[900] Glasersfeld 1992, S. 31.
[901] Vgl. Simon 2007, S. 70.
[902] Foerster, 1997, S. 51.
[903] Vgl. Foerster 1997, S. 51.
[904] Vgl. Tacke 2001, S. 35.
[905] Ebenda.

ein. Jede Methode, die Einheitlichkeit der Denkwege fördert, erzeugt Konformismus und ‚läßt intellektuelle Fähigkeiten und die Einbildungskraft verkommen.' [Hervorhebung i. O.]"[906]

Diese Theorienvielfalt dient dabei keinesfalls nur einem Selbstzweck, vielmehr braucht es alternative Theorien, um erkennen zu können, dass bestimmte und vielleicht gerade vorherrschende Theorien inadäquat sind.[907] FEYERABEND resümiert:

„Eine einheitliche Meinung mag das Richtige sein für eine Kirche, für die eingeschüchterten oder gierigen Opfer eines (alten oder neuen) Mythos oder für die schwachen und willfährigen Untertanen eines Tyrannen. Für die objektive Erkenntnis brauchen wir viele verschiedene Ideen. Und eine Methode, die die Vielfalt fördert, ist auch als einzige mit einer humanistischen Auffassung vereinbar."[908]

Die Erweiterung der Perspektive von Ein- auf Mehrdimensionalität durch Viabilität scheint somit für die Erreichung von passenden und nützlichen Lösungen für die kommenden und bestehenden Herausforderungen in Wirtschaft und Gesellschaft hilfreich zu sein.[909] Die Kontingenz in Wirtschaft und Gesellschaft bedingt kontingente und viable Ansätze. Das Prinzip der Zieldienlichkeit muss daher eine erhöhte Priorität erhalten, unabhängig davon woher die Lösung stammt. Das Einnehmen einer konstruktivistischen Perspektive kann an dieser Stelle hilfreich sein. Gerade auch vor dem Hintergrund der selbst konstruierten Wirklichkeiten und der Bedeutung von kognitiven Institutionen sollte der Mehrwert dieser Perspektive deutlich werden.[910]

---

[906] Haller 1997, S. 97.

[907] Vgl. ebenda. Weick schließt sich dieser Meinung an: „*Wenn sich die Welt permanent ändert und die alten Werkzeuge der Welterzeugung nicht mehr greifen oder sogar hinderlich oder gefährlich werden, dann muss man sie loswerden und sich neue suchen. Anders kann es nicht laufen.*" Weick 2001, S. 137. Er formuliert an gleicher Stelle noch prägnanter: „*Drop your tools!*" Ebenda.

[908] Feyerabend 1976, S. 67 f.

[909] Von Glasersfeld betont dabei, dass sich Viabilität immer und ausschließlich auf die Fähigkeit bezieht, innerhalb der Bedingungen der gegebenen Umwelt zu überleben. Der Begriff der Viabilität bedingt dabei nie eine im Vorhinein bestimmte Art und Weise wie dieses Überleben erreicht werden soll. Vgl. Glasersfeld, 1992, S. 25.

[910] Vgl. hierzu die Abschnitt 1.3. sowie 1.4.

Um dieses Ziel der Perspektivenveränderung erreichen zu können braucht es allerdings Bescheidenheit und Neugier, um sich bewusst zu werden, dass es auch andere Wege geben kann.

5.1.2 Ablegen der Scheuklappen II – Herausforderung Reflexioin

Als Voraussetzung für den Wechsel der Perspektive von Ein- auf Mehrdimensionalität soll im Folgenden nun die von WÜTHRICH geforderte Bescheidenheit und Neugier thematisiert werden. Die beiden Aspekte konkretisieren sich dabei im Begriff der Reflexion. Konkret soll Reflexion[911], wie von WÜTHRICH, OSMETZ und KADUK formuliert, als ein Muster des *Musterbruchs*, als Kontraindikation zu den Mustern kognitiver Institutionen, vorgestellt werden.[912] Dass dies notwendig ist, haben, so zumindest meine Hoffnung, die bisherigen Ausführungen gezeigt. Zur erneuten Verdeutlichung möchte ich VARELA und THOMSON bemühen die, bzgl. der bestehenden und vorangehend diskutierten Forschungsideologie der Wirtschaftswissenschaften, Folgendes resümieren:

„Derzeit dominiert die Wissenschaft so stark, daß wir ihren Erklärungen selbst dann trauen, wenn sie das Unmittelbarste und Direkteste leugnet – unsere unmittelbare, alltägliche Erfahrung."[913]

---

[911] *„Der Prozess der Reflexion, der auch als Metakognition bzw. als Kognition höherer Ordnung verstanden wird und ein Denken über das eigene Fühlen, Denken, Wissen und Handeln beinhaltet, ist dabei alles andere als trivial und erfordert in der Realität nicht* [...] *in der Form eines streng sukzessiven und finiten Prozesses. In seinen Überlegungen zu einem verantwortungsvollen Selbstmanagement nennt Lutze folgende zentrale Herausforderungen einer verbindlichen Selbstreflexion, die gut veranschaulichen, wie groß die Hürden sind und wie wahrscheinlich ein Abbruch einer verbindlichen Reflexion ist: 1. Selbstreflexion bedarf der Ruhe und einer Distanz zur eigenen Person. Emotionale Ausgeglichenheit und Besinnungszeiten sind notwendig. 2. Selbstreflexion braucht eine tiefgehende und konzentrierte Selbstbeobachtung. 3. Selbstreflexionen können unangenehm sein und Defizite offenlegen. Resultierender Stress und Abwehrreaktionen verhindern oftmals eine Weiterführung der Reflexion. 4. Es existieren Unternehmenskulturen, die Selbstreflexionen implizit oder sogar explizit ablehnen. In einer Macher-Kultur innezuhalten wirkt irritierend und passt nicht in das Bild heroischer Manager. 5. Regelmäßig behindern individuelle Persönlichkeitsdispositionen wie eine naive Selbstüberzeugung oder reflexhafte Handlungsorientierungen eine verbindliche Selbstreflexion."* Vgl. Lutze zitiert nach Förster 2012, S. 226.

[912] Vgl. Wüthrich/ Osmetz/ Kaduk 2009, S. 169 ff.

[913] Varela/Thomson 1992, S. 30 f.

Sie diagnostizieren damit eine Kluft, die zwischen Wissenschaft und Erfahrung besteht.[914] Keines der beiden Extreme eignet sich als alleinige Basis für eine pluralistische Gesellschaft in der sowohl die Wissenschaft, als auch die Vielfalt der unmittelbaren Erfahrungen ihren Platz finden müssen.[915]

Ausgehend von dieser Diagnose entwickelten VARELA und THOMSON ein Modell der Reflexion dessen Ziel es ist, die Verbindung zwischen Wissenschaft und den alltäglichen Erfahrungen der Individuen aufzuzeigen und ein Bewusstsein für diese Verbindung zu schaffen. Damit verweisen VARELA und THOMSON auf eine Möglichkeit der Überwindung des proklamierten Modellplatonismus in den Wissenschaften und schlagen eine Brücke zur Lebenswirklichkeit.[916] Der erste Schritt des reflektierten Wissenschaftlers, aber auch aller anderen Individuen, ist demzufolge, rekurrierend auf HUSSERL, die Welt nicht naiv hinzunehmen, sondern zu begreifen, dass sie durch unsere Struktur geprägt ist:[917]

„Die Welt ist unabtrennbar vom Subjekt, von einem Subjekt jedoch, das selbst nichts anderes ist als ein Entwurf der Welt, und das Subjekt ist untrennbar von der Welt, doch von einer Welt, die es selbst entwirft."[918]

Ausgehend von ihrer eigenen Disziplin der Kognitionswissenschaften lautet die Grundannahme von VARELA und THOMSON, dass jeder Verhaltensweise und Erfahrung spezifische Hirnstrukturen zugeordnet werden können.[919] Umgekehrt wirken sich Änderungen der Gehirnstruktur auf das Verhalten und die Erfahrung aus.[920] Diese Sichtweise ist in folgender Abbildung veranschaulicht.

---

[914] Ursprünglich bezogen Varela und Thomson diese Kluft auf den Bereich der Kognitionswissenschaften. Vgl. ebenda, S. 32.

[915] Vgl. ebenda.

[916] Vgl. zum Modellplatonismus die Ausführungen im Abschnitt 1.6.3.2, insbesondere die S. 54 f.

[917] Vgl. Varela/ Thomson 1992, S. 35 sowie die Beschreibung der Konstruktion der sozialen Wirklichkeit im Abschnitt 1.4.

[918] Merleau-Ponty zitiert nach Varela/Thomson 1992, S. 20.

[919] Vgl. hierzu auch die Ausführungen zu den Kognitionswissenschaften im Kap. 4.2.

[920] Vgl. Varela/ Thomson 1992, S. 28.

REFLEXION NACH VARELA/ THOMSON I

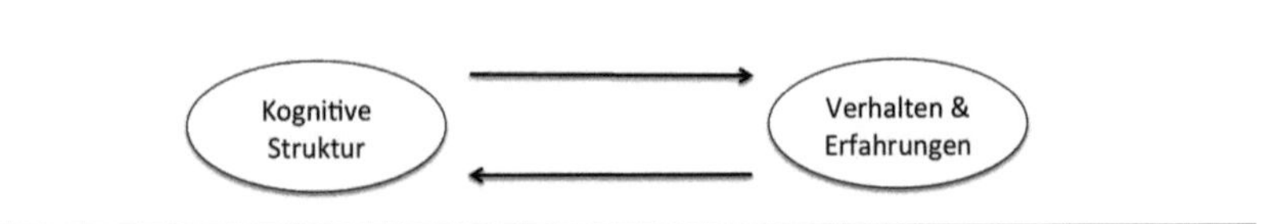

Abb. 5-2[921]

Auf einer übergeordneten Ebene der Reflexion ist die logische Konsequenz daraus die Erkenntnis, dass alle Beschreibungen kognitiver Phänomene ihrerseits aus der Struktur des jeweiligen beobachteten kognitiven Systems resultieren.[922] Dieser Zusammenhang ist in der nachfolgenden Abbildung dargestellt.

REFLEXION NACH VARELA/ THOMSON II

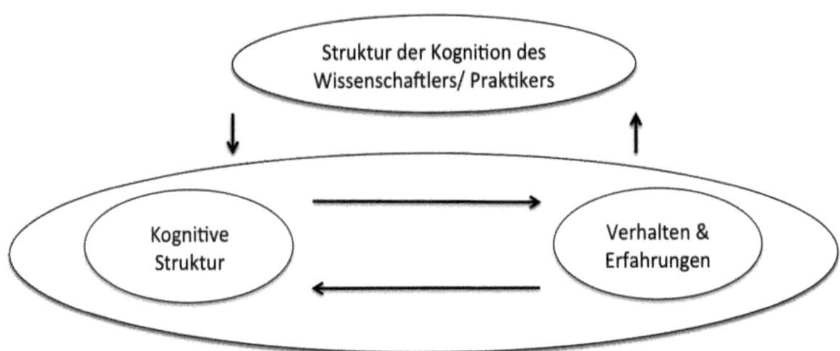

Abb. 5-3[923]

Darüber hinaus stellen VARELA und THOMSON fest, dass der Akt der Reflexion selbst vor einem gegebenen Hintergrund biologischer, gesellschaftlicher und kultureller Überzeugun-

[921] Eigene Abbildung, angelehnt an Varela/ Thomson 1992, S. 28.

[922] Ähnlich, allerdings nicht auf kognitionsstruktureller Ebene, argumentiert Philipp der einen Zusammenhang zwischen den Prämissen des Denkens und der Weltsicht postuliert. Vgl. Philipp 2000, S. 13 f., insbesondere die Abbildung auf S. 14.

[923] Eigene Abbildung, angelehnt an Varela/ Thomson 1992, S. 28.

gen und Praktiken ausgeführt wird.[924] Das Schichtmodell der Reflexion zeigt damit, dass wir die Welt, d.h. die eigenen Erfahrungen und damit auch die gesellschaftlichen und kulturellen Rahmenbedingungen, durch unsere Strukturen prägen und umgekehrt.[925] Es ist ein zirkulärer Prozess, der zu der Erkenntnis führt, dass die Welt auch mittels unserer Strukturen, d.h. mittels unserer kognitiven Institutionen und Erfahrungen, *veränderbar* ist.[926] Dieser Zusammenhang ist in Abb. 5-4 dargestellt:

REFLEXION NACH VARELA/ THOMSON III

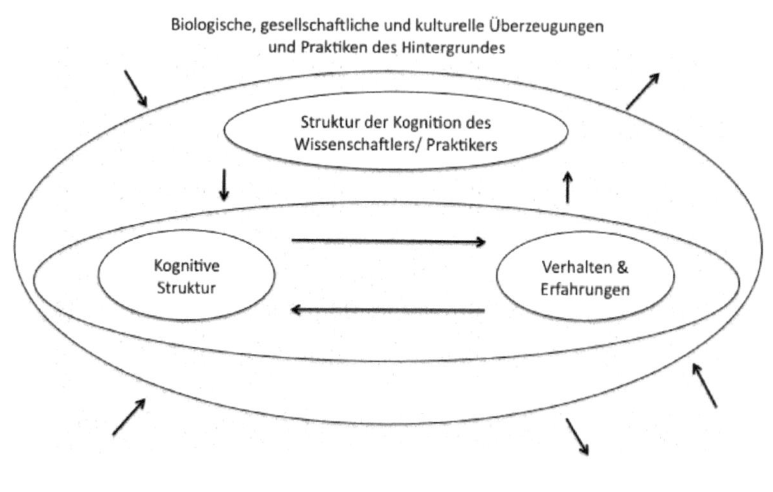

Abb. 5-4[927]

Reflexion als Kontraintuition zu den bestehenden Mustern kognitiver Institutionen, bezeichnet demnach das Bewusstwerden, dass unserer Welten selbst konstruiert sind und in diesem Zusammenhang auch unsere Rationalität auf einer Ideologie aufgebaut ist. In Bezug auf die Forschungsideologie der Wirtschaftswissenschaften bedeutet es das Anerkennen,

---

[924] Vgl. Varela/ Thomson 1992, S. 29.

[925] Vgl. hierzu die Ausführungen zur sozialen Konstruktion der Wirklichkeit im Abschnitt 1.4.

[926] Vgl. das Bezugrahmen setzende Zitat von Wüthrich auf S. 201 in dieser Arbeit.

[927] Eigene Abbildung, angelehnt an Varela/ Thomson 1992, S. 29.

dass es nicht nur die *eine* Wahrheit gibt, die die ökonomische Theorie oder Rationalität vorgibt. Insofern konstituiert sich der Zusammenhang zwischen Reflexion und Viabilität als Voraussetzungen für das Leben einer neuen (Wirtschafts-)Welt.[928] FEYERABEND verdeutlicht dies nochmals folgendermaßen:

„Kein Gedanke ist so alt oder absurd, daß er nicht unser Wissen verbessern könnte. Die gesamte Geistesgeschichte wird in die Wissenschaft einbezogen und zur Verbesserung jeder einzelnen Theorie verwendet. Auch politische Einflüsse werden nicht abgelehnt. Sie können notwendig sein, um den wissenschaftlichen Chauvinismus zu überwinden, der sich der Einführung von Alternativen zum status quo widersetzt. Den Alternativen muß es erlaubt sei, sich zu vollständigen Subkulturen auszubilden, die nicht mehr auf Wissenschaft und Rationalismus beruhen."[929]

Als Zwischenergebnis aus der Betrachtung der beiden Herausforderungen Viabilität sowie Reflexion ziehe ich folgendes Fazit: Um eine Veränderung des gesellschaftlichen und kulturellen Hintergrundes der rationalen, linear-kausalen ausgerichteten Forschungsideologie der Wirtschaftswissenschaften mit ihren gesellschaftlichen Auswirkungen herbeiführen zu können, müssen andere Erfahrungen ermöglicht werden.

Für eine nachhaltige Veränderung der linear-kausal ausgerichteten Forschungsideologie der Wirtschaftswissenschaften mit ihren gesellschaftlichen Auswirkungen müssen andere Erfahrungen ermöglicht werden.

Wie kann das nun gelingen?[930]

Der originäre Stellhebel wäre die Veränderung des naturwissenschaftlichen Weltbildes und damit der Rationalisierung zugrundeliegenden Kultur. Allerdings erachte ich das Erreichen

---

[928] Vgl. Wüthrich 2005, S. 300.

[929] Feyerabend 1976, S. 69.

[930] Andreas Philipp schlägt in dieselbe Kerbe, in dem er auf Basis einer postulierten gesellschaftlichen Selbstverantwortung der Betriebswirtschaftslehre ein Curriculum für eine neue, reflektierte, offene Betriebswirtschaftlehre konzipiert. Vgl. Philipp 2000, insbesondere die S. 205 ff.

dieses Ziels als utopisch, ginge es hierbei doch um einen gesamtgesellschaftlichen Kulturwandel.[931]

Die Kultur bzw. die kognitiven Institutionen sind dabei als der Schatten des Systems zu betrachten: Erst einer Veränderung des Gesellschaftssystems kann ein Kulturwandel folgen. Nun kann der Anstoß zur Veränderung der kapitalistischen Ausrichtung der Gesellschaft nicht im Umfang dieser Arbeit liegen und ist von mir auch nicht intendiert. Vielmehr geht es um das Aufzeigen von Stellhebeln aus der Wirtschaft für die Wirtschaft mit dem Ziel der Veränderung von eigenen wie auch gesellschaftlichen Mustern. Dass dies notwendig ist, beschreibt auch MAURER, indem sie feststellt:

„Dass Unternehmen aber in gesellschaftlichen Kontexten entstehen, das gesellschaftliche Handeln aktiv beeinflussen und damit geplante wie ungeplante soziale Konsequenzen haben, ist indes nicht Thema der Ökonomie.“[932]

Sie greift damit die beschriebene gesellschaftliche Verantwortung der wirtschaftlichen Sphäre auf. Die Frage, die sich nun stellt, lautet:

Wenn denn die Verantwortung für kognitive Institutionen aus der Wirtschaft kommt, wo genau in der Wirtschaft befindet sich der Stellhebel, um Veränderung anzustoßen?

An dieser Stelle erkenne ich ein Henne-Ei-Problem, denn wer soll sich im ersten Schritt reflektieren und erste Schritte zur Überwältigung der bestehenden Gleichförmigkeit initiie-

---

[931] An dieser Stelle möchte ich an den engen Zusammenhang zwischen kognitiven Institutionen und Kultur erinnern und dafür Sackmann bemühen, die feststellt: *„Kultur besteht aus den Denk- und Wahrnehmungsrastern, die das Verhalten ihrer Mitglieder beeinflussen.“* Sackmann 2001, S. 279. Sackmann beschreibt die Problematik der Konstruktion von Gleichförmigkeit auch im Rahmen der Unternehmenskultur. Die wiederholte Anwendung von Lösungsansätzen für bestimmte Probleme führt zu Ausbildung von Rezepten die habitualisiert und unreflektiert weiter angewandt werden. Sackmann 2001, S. 276. Vgl. zum Zusammenhang von Kultur und kognitiven Institutionen das Kapitel 3.5 in dieser Arbeit. Und auch Rüegg-Stürm schließt sich an: *„Unsere Kultur – verstanden als das Zusammenwirken aller historisch gewachsenen Selbstverständlichkeiten – bildet den blinden Fleck unseres Denkens, Kommunizierens und Handelns.“* Rüegg-Stürm 2003, S. 3. Ein Wandel von Kultur muss nach Rüegg-Stürm auf der Basis von strategischen Herausforderungen geschehen. Er konstatiert: *„Im Kontext des Managements darf Kulturwandel nie losgelöst von strategischen Herausforderungen, d.h. von einem Prozess strategischen Wandels gesehen werden.“* Ebenda, S. 7.

[932] Maurer 2010, S. 118.

ren: Die Wirtschaftspraxis oder die –wissenschaft?[933] Das Wirtschaftssystem wird durch beide Ebenen konstituiert, wie auch PHILIPP beschreibt.[934] Zwar habe ich vorausgehend die Wirtschaftswissenschaften als Quelle für den vagabundierenden Rationalismus identifiziert. Allerdings entsteht durch die Forschungs- und Lehrfunktion der BetriebswirtschaftLehre eine Brücke zur Praxis, da durch die wissenschaftliche Analyse derselben und die daraus gezogenen Erkenntnisse wieder rekursiv in Forschung und Lehre zurück fließen.[935] Insofern kann der Impuls zur Veränderung aus beiden Bereichen kommen. Damit ist allerdings erstmal nur der Rahmen für eine mögliche Veränderung abgesteckt. Für eine konkrete Umsetzung der Veränderung erinnere ich, auch rekurrierend auf WÜTHRICH[936], daran, dass Wandel zuerst einmal Selbstveränderung und immer auch eine Veränderung des eigenen Bildes der Wirklichkeit bedeutet. RÜEGG-STÜRM konstatiert:[937]

„Es gibt keinen Königsweg für einen gelingenden Kulturwandel, und wenn es ihn geben sollte, dann beginnt er entweder bei mir persönlich oder gar nicht."[938]

Für diese Arbeit ist das Stichwort der Selbstveränderung im Folgenden von großer Relevanz, liefert es doch einen Ansatzpunkt für das System der Wirtschaft und seine Mitglieder in Wissenschaft und Praxis, um den notwendigen Wandel auf der Ebene der kognitiven Institutionen herbeizuführen. Ich erinnere an eine der zu Beginn formulierten Forschungsfragen:

---

933 Vgl. Wüthrich/ Osmetz/ Kaduk 2009, S. 91 ff.

934 Vgl. hierzu die Beschreibung des Systems der Wirtschaft und des Zusammenspiels von Wirtschaftspraxis sowie –wissenschaft. Vgl. Philipp 2000, S. 83 f.

935 Vgl. ebenda.

936 Vgl. Wüthrich 2005, S. 300.

937 Vgl. hierzu König 2011, S 28 f. Ausformuliert bedeutet dies für das Bewusstsein des reflektierten Mitglieds des sozialen Systems, dass Veränderung notwendig ist. Ausgehend davon kann innerhalb des sozialen Systems jedes reflektierte Mitglied diese Veränderung anstoßen, indem es sein eigenes Handeln verändert. Vgl. ebenda.

938 Rüegg-Stürm 2003, S. 15. Der im Zitat benannte Kulturwandel ist, obwohl ich weiter vorne eine echte Veränderung von Kultur als Ziel dieser Arbeit ausgeschlossen habe, nichtsdestotrotz angebracht, da eine Veränderung von kognitiven Institutionen, und seien es im ersten Schritt nur die eigenen bzw. die weniger Personen, grundsätzlich ein gewisses Potential für Kulturwandel trägt. Das Ziel dieser Arbeit ist allerdings eben auf den Anfang, d.h. die Initiierung des Wandels gelegt und nicht auf den Vollzug eines Kulturwandels.

Wie kann auf Basis der erarbeiteten Erkenntnisse die Sphäre der Wirtschaft der Entstehung von kognitiven Institutionen entgegenwirken bzw. die bestehenden Pfadabhängigkeiten aufweichen?

Nach wie vor aufbauend auf einer Grunderkenntnis dieser Arbeit, nämlich der Verantwortlichkeit der Wirtschaftswissenschaft für die gesellschaftliche Konstruktion von kognitiven Institutionen, ist mein Ziel dabei nicht das Aufzeigen eines konkreten Rezeptes. Denn auch ich weiß nicht, welche Ideen letztlich eine Hilfestellung bei der Bewältigung kommender und bereits bestehender Herausforderungen sein werden. Vielmehr möchte ich allgemeine Möglichkeiten für Vertreter aus Wirtschaftswissenschaft oder –praxis skizzieren, ihre, durch Reflexion möglicherweise veränderte, Perspektive in die Gesellschaft oder zumindest in einzelne Organisationen hineinzutragen.

Dies sowie die dazu notwendige Selbstveränderung münden letztlich in einer Arbeit *am* System der Wirtschaft im Gegensatz zu einer Arbeit *im* bestehenden System der Wirtschaft.[939] Denn, um das Wesen eines Systems verstehen zu können und darauf aufbauend nachhaltige Veränderungen anstoßen zu können, ist es notwendig es von *außen* zu betrachten. Es gilt also, aus dem System auszusteigen.[940] Damit ist gemeint, dass nachhaltige Veränderung nicht durch ein *Mehr-Desselben* der vorherrschenden linear-kausalen, logisch-rationalen Denk- und Handlungsweisen erreicht werden kann. Vielmehr bedarf es neuer Impulse, die durch Reflexion und Selbstveränderung von Verantwortungsträgern der Wirtschaft getragen werden.

---

[939] Vgl. Wüthrich/ Osmetz/ Kaduk 2009, S. 53 f. Vgl. hierzu auch die Arbeit von Philipp, der in seiner Betrachtung einer Selbstverantwortung der Betriebswirtschaftlehre ein alternatives Curriculum für die wirtschaftswissenschaftliche Ausbildung entworfen hat. Vgl. Philipp 2000, S. 206 ff. sowie zum Begriff der Arbeit am System Wüthrich/ Osmetz/ Kaduk 2009, S. 54.

[940] Vgl. Vester 2003, S. 100. Der geforderte Ausstieg aus dem System kommt der an früherer Stelle gemachten Aufforderung zur Reflexion gleich. Vgl. den Abschnitt 5.1.2.

5.2 Arbeit am System – weniger *Mehr-Desselben*[941]

Eine Arbeit und damit Veränderung *am* System der Wirtschaft wird eine nachhaltige Veränderung auch der Gesellschaft nach sich ziehen, nimmt man die bisher gemachten Ausführungen dieser Arbeit ernst. SCHIMANK skizziert diesen Zusammenhang folgendermaßen:

„*Analysen der Gesamtgesellschaft, ihrer übergreifenden Strukturen und Dynamiken, tun sicher gut daran, entsprechend Giegels Postulat den ‚Reproduktionskreislauf' von der Wirtschaft her aufzuschlüsseln. Einer Wirtschaftssoziologie, die allerdings entsprechend mit Blick auf gesellschaftstheoretische Fragen zu konzipieren ist, käme hierfür eine Schlüsselrolle zu.*"[942]

Dabei steht nun nicht das System der Wirtschaft selbst im Fokus, sondern, entsprechend der Forderung nach Selbstveränderung, das einzelne Mitglied dieses Systems. Einen Ansatzpunkt hierfür bietet die neoinstitutionalistische Organisationstheorie mit ihrem Konstrukt des institutionellen Unternehmers.

5.2.1 Der institutionelle Unternehmer

In der neoinstitutionalistischen Organisationstheorie ist die Beschreibung des institutionellen Unternehmers von wesentlicher Bedeutung, da die Herausbildung neuer sowie die Persistenz bestehender Institutionen nur auf die Interventionen von einzelnen Akteuren oder Akteursgruppen zurückgeführt werden kann.[943] DIMAGGIO stellt fest, dass institutionelle Wandlungsprozesse nur dann wahrscheinlich sind:

„[...] *when organized actors with sufficient resources (institutional entrepreneurs) see in them an opportunity to realize an interest that they value highly.*"[944]

---

[941] Vgl. zum Begriff des Mehr-Desselben Wüthrich 2007, S. 11 sowie Wüthrich/ Osmetz/ Kaduk 2009, S. 9 f.
[942] Schimank 2008, S. 34.
[943] Vgl. Walgenbach/ Meyer 2008, S. 139.
[944] DiMaggio zitiert nach Walgenbach/ Meyer 2008, S. 139.

Das institutionelle Unternehmertum, im Sinne einer bewussten und kontinuierlichen Unterstützung entstehender oder bereits bestehender Institutionen, ist dabei an die materiellen oder ideellen Interessen einzelner Akteure oder Akteursgruppen sowie an die Verfügbarkeit dafür erforderlicher Ressourcen gebunden. Die institutionellen Unternehmer müssen daher, um erfolgreich sein zu können, mit entsprechenden allokativen bzw. autorativen Ressourcen in einem hinreichenden Umfang ausgestattet sein, um ihre Interessen realisieren zu können. Dabei gilt, dass die Etablierung neuer Managementtechniken oder Praktiken über institutionelle Unternehmer meist ein umfängliches Institutionalisierungsprojekt erfordert.[945] Der Umfang und Aufwand ist dabei umso größer, je tiefer verankert die zu verändernde Institution ist. Das gilt insbesondere für kognitive Institutionen.[946] Bezogen auf unseren kulturprägenden modernen Rationalismus dürfte sich eine Veränderung demzufolge als besonders langwierig und schwierig erweisen.

Umso wesentlicher ist für den oder die institutionellen Unternehmer daher die Ausprägung des Interesses, sowohl ideell als auch materiell, zur Veränderung. Rekurrierend auf das Thema dieser Arbeit sollte dieses Interesse auf die Etablierung von mehr Vielfalt im Gegensatz zur sozialen Konstruktion von Gleichförmigkeit ausgerichtet sein, um gesellschaftliche wie wirtschaftliche Herausforderungen meistern zu können.[947] Das Ziel sollte also die Schaffung eines Systems sein, in dem dies gelingen kann.[948] Die Voraussetzungen für die Ausrichtung auf eine solche Zielsetzung wurden, so meine Hoffnung, mit dieser Arbeit gelegt. Darüber hinaus lassen sich in den Wirtschaftswissenschaften durchaus bereits Ansätze finden, die eine solche disziplinenübergreifende Erweiterung der Perspektive erkennen lassen, u.a. eine Diskussion um die Relevanz von kognitiven Strukturen.[949] Bspw. stellen PRAHALAD und BETTIS fest, dass:

---

[945] Vgl. Walgenbach/ Meyer 2008, S. 139 f.

[946] Vgl. die Ausführungen zur Dauerhaftigkeit von Institutionen beschrieben von Zucker auf den S. 100 ff. in dieser Arbeit.

[947] Vgl. hierzu die Ausführungen zum ökonomischen Mehrwert von Vielfalt den Abschnitt 1.3.3.

[948] Vgl. Walgenbach/ Meyer 2008, S. 141.

[949] Vgl. hierzu bspw. das Forschungsprojekt Musterbrecher. Vgl. Wüthrich/ Osmetz/ Kaduk 2009. Zur Diskussion um die Relevanz kognitiver Strukturen vgl. bspw. Prahalad/ Bettis 1986, Kiesler/ Sproull 1982. Prahalad/ Bettis untersuchen einen möglichen Zusammenhang zwischen dem Grad der Diversifikation einer Organisation und deren Performance. Dabei vermuten sie, dass eine dominante Logik (dominant ge-

"[...] the repertoire of tools that top managers use to identify, define, and make strategic decisions, and their view of the world (mind sets), is determined by their experience."[950]

KIESLER und SPROULL schließen sich dem an:

"Managers operate on mental representations of the world and those representations are likely to be of historical environments rather than of current ones."[951]

Diese grundlegende Erkenntnis der Orientierung des Einzelnen, und damit auch des Managers, an Erfahrungen bzw. kognitiven Institutionen bei der Lösungs- und Entscheidungsfindung ist ein wesentlicher erster Schritt. Die daraus folgende Empfehlung ist es meist, diverse Teams zu schaffen, die mit der Lösungsfindung betraut werden.[952] Dies ist zwar eine lobenswerte Orientierung in die richtige Richtung; ich glaube aber, dass dies nicht ausreicht, denn:[953]

„Was wir tun, geschieht auf Grund einer winzig schmalen Bandbreite sehr spezialisierter Informationen, die eher auf dem irreführenden Konzept von Messbarkeit beruhen als auf der Kenntnis – das heißt dem Verständnis – des Gesamtzustands."[954]

Meiner Vermutung liegt dabei die Annahme zugrunde, dass innerhalb einer rationalistisch geprägten Gesellschaft die vorhandene Diversität, vornehmlich bezogen auf die berufsbezogenen Denk- und Handlungsmuster, nur begrenzt sein kann. Insofern bildet Interdisziplinarität grundsätzlich einen Ausweg wie bspw. die Schaffung von diversen Teams. Allerdings müssen ergänzend dazu tiefgreifende kognitive Institutionen wie die Konzepte des Ratio-

---

neral management logic) im Kontext der Entscheidungsfindung und Problemlösung der Manager vorherrscht, die geprägt ist durch das Kerngeschäft.

950 Prahalad/ Bettis 1986, S. 490.

951 Kiesler/ Sproull 1982, S. 557.

952 Vgl. Page 2007 sowie Prahalad/ Bettis 1986, S. 498. Vgl. hierzu auch die Ausführungen zu Vielfalt als mittelbarer ökonomischer Vorteil im Abschnitt 1.6.2.

953 Rüegg-Stürm schlägt in diesem Zusammenhang vor, sich bewusst in ungewohnte Kontexte zu begeben und Menschen wertschätzen zu lernen, die andere Selbstverständlichkeiten verinnerlicht haben. Dies kann an den Systemgrenzen gelingen, bspw. bei Einstellung neuer Mitarbeiter. Vgl. Rüegg-Stürm 2003, S. 12 sowie Feyerabend 1976, S. 67. Dies kann zu Kontingenzbewusstsein führen, sprich, dass man die Dinge auch anders angehen kann. Er schlägt konkret eine systemische Vorgehensweise vor, die er dichte Beschreibungen nennt. Neue Mitarbeiter sollen zwei bis drei Monate, bis zu dem Zeitpunkt an dem sie selbst wieder sozialisiert sind, Dinge die am jeweiligen Tag überrascht haben, notieren. Dabei geht es um eine gute Beschreibung und vielleicht sogar eine interessante Erklärung. Vgl. Rüegg-Stürm 2003, S. 13.

954 Saul 1997, S. 11.

nalismus wie Messbarkeit, Vergleichbarkeit und Effizienz hinterfragt werden. Und hierfür bedarf es mehr, nämlich bspw., wie von WÜTHRICH gefordert, die Schaffung einer neuen (Wirtschafts-)Welt durch die Wirtschaftswelt.[955]

Für eine nachhaltige Etablierung von mehr Vielfalt, im Gegensatz zur sozialen Konstruktion von Gleichförmigkeit, muss ein entsprechendes System gestaltet werden, in dem dies gelingen kann.

Das materielle, und im Idealfall auch ideelle Interesse von Verantwortungsträgern aus der Wirtschaft an einer Veränderung hin zu mehr Vielfalt sollte dabei im Erreichen eines unmittelbaren Wettbewerbsvorteils bestehen.[956] In diesem Fall sollten auch die autorativen bzw. allokativen Ressourcen zur Umsetzung einer Veränderung im System der Wirtschaft vorhanden sein. Ein solches Interesse lässt sich nun vielen Akteuren im Bereich der Wirtschaft zuschreiben. Welche Kriterien machen aber einen potentiell erfolgreichen institutionellen Unternehmer aus?

Institutionelles Unternehmertum basiert nicht in erster Linie auf stabilen Persönlichkeitsmerkmalen, wie man vielleicht vermuten könnte, sondern ist vielmehr als eine situierte Fähigkeit zu verstehen, die von einer spezifischen Konfiguration des Feldes und einer entsprechenden Positionierung des Akteurs getragen wird. Dabei können institutionelle Unternehmer einerseits zentrale und machtvolle Akteure sein, in anderen Situationen können es auch Grenzgänger zwischen unterschiedlichen Feldern oder eingebunden in verschiedene soziale Netzwerke sein.[957] Eine solche Platzierung an den Übergängen oder Verbindungen zwischen unterschiedlichen sozialen, organisationalen oder institutionalen Feldern scheint die Wahrscheinlichkeit für die tatsächliche Umsetzung des angestoßenen Wandels zu erhöhen. Die Gründe dafür liegen in dem breiteren Bestand an institutionellen Verhaltenserwartungen, mit dem diese Akteure vertraut sind. Auf der anderen Seite können diese Grenzgänger durch ihr breiter verzweigtes Netzwerk auf vielfältigere Ressourcen

---

[955] Vgl. S. 198 f.
[956] Vgl. hierzu nochmals Abschnitt 1.6.3 sowie Wüthrich/ Osmetz/ Kaduk zu Wettbewerbsvorteilen 2. Ordnung. Vgl. Wüthrich/ Osmetz/ Kaduk 2009.
[957] Vgl. Walgenbach/ Meyer 2008, S. 141 sowie Quack 2006, S. 182 f.

zurückgreifen und sehen sich häufiger mit neuen Ideen konfrontiert als Akteure, die in einem vergleichsweise homogenen sozialen und institutionellen Umfeld angesiedelt sind.[958]

Gerade das Wirtschaftssystem hat nun, vor allem aufgrund seiner Sonderstellung in einer kapitalistisch geprägten Gesellschaft, vielfache Vernetzungen in andere gesellschaftliche Teilbereiche und damit grundsätzliche Möglichkeiten zur Einflussnahme.[959] Im Folgenden sollen am Beispiel der Verbindung von Wirtschafts- und Bildungssystem, der ich eine besondere Bedeutung für den Kontext dieser Arbeit zuschreibe, Möglichkeiten zur Weitergabe von neuen Ansätzen aufgezeigt werden. Ich möchte an dieser Stelle explizit darauf hinweisen, dass es sich dabei um nur *eine* mögliche Stellschraube für wirtschaftliche institutionelle Unternehmer handelt. Aufgrund der prinzipiellen Vielzahl dieser Möglichkeiten muss dies aus pragmatischen Gründen des Umfanges dieser Arbeit zur Veranschaulichung genügen.

Anhand des an anderer Stelle eingeführten Diffusionsmodells des modernen Rationalismus lässt sich die Gatekeeperfunktion[960] von institutionellen Unternehmern folgendermaßen darstellen:

---

[958] Vgl. Quack 2006, S. 182 f.

[959] Vgl. die Beschreibung der funktional differenzierten Gesellschaft im Abschnitt 4.1, insbesondere die S. 53 ff. sowie die Beschreibung der Diffusion des modernen Rationalismus, ausgehend von dem System der Wirtschaft im Abschnitt 4.2.1.3.

[960] Unter Gatekeeper sind in diesem Zusammenhang Personen, insbesondere institutionelle Unternehmer, zu verstehen, die ihre Reflexionsergebnisse in Form von bspw. Empfehlungen für Schlüsselqualifikationen in der (Aus-)Bildung bzw. andere Anforderungen an gesellschaftliche Teilsysteme für einen Wandel der (Wirtschafts-)Welt aussprechen.

Abb. 5-5[961]

5.2.2 Anstoß zur institutionellen Veränderung konkret - Landesschulbeirat

Der Bereich der Pädagogik bzw. die Ebene der Bildungsinstitutionen hat, wie bereits thematisiert, eine große Bedeutung für diese Arbeit, indem sie u.a. als Stätte zur Weitergabe von gesellschaftlich bzw. beruflich ausgerichteten kognitiven Institutionen dient. Insofern besteht gerade in diesem gesellschaftlichen Teilbereich ein wesentlicher Stellhebel zur Ent-Ökonomisierung bzw. Neuausrichtung des Denkens.[962] Die Relevanz und Notwendigkeit einer sowohl zeitlichen als auch inhaltlichen Anpassung der Schule und damit (Aus-)Bildung

[961] Eigene Abbildung.

[962] Vgl. hierzu die Beschreibung der Kette der Ökonomisierung im Abschnitt 1.1 sowie in Heinzlmaier 2013, S. 10. Die Pädagogik hat die Aufgabe auf die Gegebenheiten in der Gesellschaft/Umwelt zu reagieren und dementsprechend die Erziehung anzupassen und auszuführen. Dementsprechend muss die Pädagogik „[...] *so gewissenhaft wie möglich alle Gegebenheiten sammeln, die ihr die Wissenschaft zu jedem Zeitpunkt zur Verfügung stellt, um ihr Unterfangen zu leiten.*“ Durkheim 1984a, S. 57.

des gesellschaftlichen Nachwuchses zur vorletzten Jahrhundertwende beschreibt Hartmut HOLZAPFEL als Verschiebung der Vorherrschaft des humanistischen zugunsten des Real-Gymnasiums. Verbunden damit war eine fortschrittliche Anpassung der Schule an das Industriezeitalter.[963] Er stellt darüber hinaus fest:

„An einem ähnlichen historischen Punkt sind wir [...] *auch: die Anpassung der schulischen Lerninhalte an die Erfordernisse des Informationszeitalters steht dringend an."*[964]

Damit gehen inhaltliche Konsequenzen einher, wie eine verstärkte Fokussierung auf das Lernen des Lernens im Gegensatz zu überwiegend vorgegebenen Inhalten. Für eine zielführende Neuausrichtung der inhaltlichen Ausrichtung des Schulsystems sieht HOLZAPFEL den notwendigen Dialog zwischen Schule und dem hauptsächlichen *Abnehmer* der Schule, der Wirtschaft.[965] Dies führt zu der Frage, welche Möglichkeiten zur Einflussnahme auf das Bildungssystem für das System der Wirtschaft bestehen: Zum einen über das politische System das für die Ausgestaltung des gesellschaftlichen Teilbereichs der Bildung verantwortlich zeichnet. Allerdings ist dieser Weg ein indirekter, der nicht aus der Wirtschaft heraus begangen werden kann.[966] Ich möchte daher am Beispiel des Landesschulbeirats einen unmittelbareren Weg der Einflussnahme aufzeigen.

Zu diesem Zweck halte ich es für sinnvoll, zu Beginn aufzuzeigen, was ein Landesschulbeirat ist und welche Tätigkeiten ihm zuzurechnen sind. Diese Kenntnis ist für das Verständnis, welche Möglichkeiten sich für Wirtschaftsvertreter mit diesem Forum eröffnen, notwendig.

---

[963] Vgl. Holzapfel 1996, S. 35.

[964] Ebenda.

[965] Vgl. Holzapfel 1996, S. 35. Er begründet diese Forderung mit der kürzer werdenden Halbwertszeit von Wissen die es schwieriger macht, zu wissen, welches Wissen zukünftig Relevanz haben wird. Dabei gilt es allerdings im Hinterkopf zu behalten, dass Bildung nicht nur Ausbildung bedeutet und sie nicht für die Zwecke der Wirtschaft instrumentalisiert werden sollte. Vielmehr sollte versucht werden eine gesamtgesellschaftliche Perspektive einzunehmen und vor dem Hindergrund der Notwendigkeit zunehmender Resilienz mehr Vielfalt in vielerlei Hinsicht zuzulassen. Vgl. hierzu auch die Ausführungen zu Beginn dieser Arbeit im 1.6.4.

[966] An dieser Stelle möchte ich daran erinnern, dass die WirtschaftsWissenschaft selbst auch Teil des Systems Bildung ist, allerdings vornehmlich im universitären Bereich. Der nachfolgend beschriebene Pfad der Einflussnahme bezieht sich auf den Bereich der Schule. Dieser Bereich ist ebenfalls von großer Relevanz für einen zukünftigen Erhalt von Vielfalt im Gegensatz zur Generierung von Gleichförmigkeit, da die Bedürfnisse der Wirtschaft bereits in die Sphäre der Bildung eingedrungen sind und nun notwendigerweise angepasst werden müssen. Insofern stellt der Weg über den Landesschulbeirat einen direkteren und schnelleren dar, als ein Abwarten der Institutionalisierung der neuen Anforderungen der Wirtschaft und das entsprechende Adaptieren durch die anderen gesellschaftlichen Teilbereiche.

Unter einem Landesschulbeirat ist grundsätzlich ein Gremium zu verstehen, das in beratender Funktion dem Kultusministerium zuarbeitet. Im föderalen System der Bundesrepublik Deutschland gibt es entsprechend für jedes Bundesland einen eigenen Landesschulbeirat dessen Zusammensetzung entsprechend variieren kann.[967] Im allgemeinen finden sich in diesem Gremium Vertreter der Eltern- und Schülerschaft, der Lehrkräfte sowie Vertreter aus Wissenschaft und Wirtschaft.[968] Die Beiräte haben in Bezug auf die Ausgestaltung des Schulwesens eine lediglich beratende Funktion. Allerdings stellt diese Position für die Vertreter der Wirtschaft eine direkte Möglichkeit dar, um Bedürfnisse der Wirtschaft in die Sphäre der Bildung hineintragen, mit dem Ziel, gemeinsam Wirtschaft und Gesellschaft zukunftsfähig zu machen.

Die Erziehungswissenschaft stellt dabei den wesentlichen Sparringspartner dar, nicht nur aufgrund ihrer primären gesellschaftlichen Funktion, sondern auch, da sie durchaus Themen der aktuellen Umweltbedingungen und den daraus hervorgehenden Herausforderungen an die Gesellschaft wahrnimmt und sich die Frage nach einem sinnvollen Umgang ihrer Disziplin damit stellt.[969] So bietet sie eine wesentliche Basis für Diskussionen dieser Ausrichtung. LARGO/ BEGLINGER beschreiben bspw. die Notwendigkeit für einen anderen Typus Mensch als den der Industriegesellschaft und damit auch nach einer anderen schulischen Ausbildung. Der Fokus sollte hierbei, nach Meinung der Autoren, auf kommunikativen Fähigkeiten und sozialen Kompetenzen wie selbständigem Handeln und Teamfähigkeit liegen, wie sie heute auch von der Wirtschaft verlangt werden.[970] SCHEUNPFLUG/ SCHRÖCK

---

[967] Die Zusammensetzung in Bayern sieht bspw. folgendermaßen aus: „*Nach Art. 73 Abs. 3 des Bayerischen Erziehungs- und Unterrichtsgesetzes (BayEUG) werden die Mitglieder des Landesschulbeirats vom Staatsministerium für Unterricht und Kultus berufen, und zwar (1) bis zu acht Mitglieder aus dem Kreis der Eltern, (2) acht Mitglieder aus dem Kreis der Lehrkräfte, (3) die sechs Landesschülersprecherinnen und Landesschülersprecher und aus dem Kreis der Stellvertreter insgesamt zwei Schülerinnen oder Schüler (vgl. Art. 62 a Abs. 2 Satz 5 BayEUG), (4) je ein Mitglied auf Vorschlag a)der Katholischen Kirche, b) der Evangelisch-Lutherischen Kirche, c) des Bayerischen Städtetags, d) des Bayerischen Gemeindetags, e) des Bayerischen Landkreistags, f) des Verbands der Bayerischen Bezirke, g) der Industrie- und Handelskammern, h) der Handwerkskammern, i) des Deutschen Gewerkschaftsbunds und des Bayerischen Beamtenbunds, k) des Bayerischen Bauernverbands, l) des Bayerischen Jugendrings, m) der Hochschulen, n) der privaten Schulen, (5) fünf Mitglieder, die unter dem Gesichtspunkt der notwendigen Ergänzung des Beirats aus den Bereichen Frühpädagogik, Berufliche Bildung, Erwachsenenbildung, Kunst und Journalistik berufen werden.*" Bayerischer Landtag 2010.

[968] Vgl. Bayerisches Ministerium für Kultus, Unterricht, Wissenschaft und Kultur 2011.

[969] Vgl. Schmidt C. 2009.

[970] Vgl. Largo/ Beglinger 2009, S. 164.

bezeichnen diese neue Ausrichtung von pädagogischer Konzeption als *Globales Lernen* in Anlehnung an ihre Zielsetzung einer angemessenen Reaktion auf die Herausforderungen der Entwicklung zur Weltgesellschaft.[971] Sie erachten vor diesem Hintergrund die Erhöhung von Eigenkomplexität als notwendige Reaktion auf die zunehmenden und auch bereits bestehenden Herausforderungen:

„*Wenn für Menschen ihre gesellschaftliche Umwelt so komplex und kompliziert geworden ist, dass es **nicht mehr möglich ist Vorhersagen für konkrete Situationen aufzustellen, dann macht es keinen Sinn, sich für eine einzige bestimmte Situation im Leben vorzubereiten**, sondern für möglichst viele. Das bedeutet zum Beispiel: Zu lernen, sachliche Widersprüche auszuhalten; zu lernen, unterschiedliche Menschen und Lebensstile kennenzulernen und mit ihnen zu kommunizieren; **die Vergrößerung eines Repertoires von Verhaltensmöglichkeiten angesichts unterschiedlicher Situationen**; unterschiedlichstes sehr früh kennenzulernen, Empathie zu üben, fragen zu können etc.; und lernen, mit der Kränkung umgehen zu können, nur wenige Entscheidungen wirklich selber treffen zu können und es bedeutet auch zu lernen, den eigenen Handlungsspielraum realistisch einschätzen zu können* [Hervorhebung EK].“[972]

Um die Sichtweise der Wirtschaft dem nochmals gegenüber zu stellen, möchte ich LUHMANN bemühen, der die Problematik folgendermaßen zusammenfasst:

„*Das Problem, mit dem Organisationen sich konfrontiert finden, ist die in einem atemberaubenden Tempo ständig reproduzierte **Unbestimmtheit der Zukunft**, und darauf müssen sie durch Entscheidungsfähigkeit und durch vertikale Integration ihrer eigenen Entscheidungsprozesse reagieren* [Hervorhebung EK].“[973]

Insofern lassen sich im obigen Zitat von SCHEUNPFLUG/ SCHRÖCK einige Parallelen zu den erarbeiteten Erkenntnissen zu kognitiven Institutionen erkennen.

---

[971] Vgl. Scheunpflug/ Schröck 2002, S. 5. Sie vermerken bspw., dass Menschen als Rückspiegel-Realisten handeln: Entscheidungen werden vor dem Hintergrund bereits erlebter Entscheidungen und Erfahrungen gefällt. Diese Strategie ist allerdings nur erfolgversprechend, solange die Umwelt stabil ist. Vgl. ebenda, S. 7 sowie Dörner 2008, S. 190 f.

[972] Ebenda, S. 8 f.

[973] Luhmann 2000, S. 416.

An dieser Stelle möchte ich im Sinne einer viablen Ausgestaltung von (Aus-)Bildung zentrale und rahmengebende Ansatzpunkte für eine Diskussion zwischen den gesellschaftlichen Teilbereichen von Wirtschaft und Bildung überblicksartig zusammenführen. Dabei ist diese Zusammenstellung von möglichen Gesprächsansätzen in keinster Weise als vollständig oder alleingültig zu betrachten. Vielmehr möchte ich damit, geleitet von den wesentlichen Erkenntnissen aus meiner Arbeit, die aus meiner Perspektive interessantesten und fruchtbarsten Diskussionspunkte formulieren:

1. Wie kann eine notwendige Erhöhung der Eigenkomplexität gewährleistet werden? Welche Aspekte subsumieren sich konkret unter dem Begriff der Eigenkomplexität? Wie kann eine Integration in den Lehrplan gelingen?

2. Wie kann der Relevanz von Unsicherheit innerhalb einer globalisierten Welt Rechnung getragen werden? Was muss aus einer unsicheren Umwelt für das Lehrkonzept resultieren?

3. Wie kann Viabilität als wissenschafts- und erkenntnistheoretische Grundposition zumindest anerkannt werden? Ist die Dominanz des Rationalismus fraglos zu akzeptieren oder kann sie zur Debatte gestellt werden?

4. Besteht die Möglichkeit vermehrt disziplinenübergreifendes Wissen zu lehren und so nicht nur disziplinenbezogenes Inhaltswissen, sondern auch Zusammenhänge in den Fokus zu stellen?

5. Wie kann es gelingen, die notwendigen Grundlagen für Reflexionsfähigkeit zu schaffen? Ist es möglich, in (Aus-)Bildungsinstitutionen ergänzend zum Lehrplan Schüler, Studenten und Auszubildende in Selbstkenntnis, Selbsteinschätzung sowie Reflexionsfähigkeit zu schulen?

Die Frage nach der konkreten Ausgestaltung dieser neuen Anforderungen soll und muss an dieser Stelle noch unbeantwortet bleiben, da eine Umsetzung immer mit einer Veränderung von kognitiven Institutionen, und damit auch Traditionen einhergeht. Insofern müssen zu Beginn ernstzunehmende Reflexionen und Diskussionen auf einer Ebene institutioneller

Unternehmer stattfinden, die im ersten Schritt eigene und gesellschaftliche Muster thematisieren.

Vielleicht kann diese Arbeit eine Basis dafür schaffen, zu wissen, dass unsere Muster keine Schwäche sind. Sie sind uns ansozialisiert und haben oft plausible Legitimierungen. Mit diesem Wissen ist es möglicherweise leichter, sich die eigenen Muster einzugestehen und damit Veränderung anzustoßen. Dies gilt in besonderem Maße für die Betriebswirtschaft und das Management, in denen sich vielleicht, aufgrund ihrer gesellschaftsprägenden Rolle, eine gewisse gefühlte Omnikompetenz der Verantwortungsträger vermuten lässt. Meine Ausführungen zum Thema der sozialen Konstruktion von Gleichförmigkeit auf Basis wirtschaftlich geprägter kognitiver Institutionen enden damit in der Aufforderung der (Selbst-)beobachtung und Reflexion:

Werden Sie sich der Veränderungen in Wirtschaft und Gesellschaft bewusst! Lernen Sie Ihre eigenen Muster als solche zu erkennen!

Ist dies erreicht ließe sich der Aufforderung BAECKERs zum Umgang mit Komplexität nachkommen:

„Man pflege Varietät, damit man, wenn das eine nicht mehr klappt, es vielleicht auf anderem Weg versuchen kann."[974]

---

[974] Baecker 1992, S. 58.

6. RESÜMEE UND AUSBLICK

„Im Moment der relativen Uneindeutigkeit und damit in der Situation einer gewissen Freiheit kann man beginnen, sich wieder auf die Suche zu machen. Es ist ein kreativer und schöner Moment. Ein Anfang."[975]

Im diesem abschließenden Kapitel möchte ich versuchen die in dieser Arbeit erarbeiteten Erkenntnisse in aller Kürze zusammenzuführen und ihre Zusammenhänge überblicksartig zusammenzustellen. Dabei soll die folgende Frage im Vordergrund stehen: Hat diese Arbeit einen Mehrwert? Wenn ja, wie sieht er aus?

Für die Beantwortung dieser Fragen könnte ich mich der Einfachheit halber auf die Subjektivität der Erkenntnisgewinnung berufen und den Ball an die Leserschaft dieser Arbeit zurückspielen, indem ich feststelle, dass dieses Urteil nur dieselbe fällen kann.[976] Nichtsdestotrotz möchte ich, am Ende diesen langen Weges, meine eigenen Eindrücke zu dieser Fragestellung festhalten. Hierzu möchte ich den Verlauf sowie die Ergebnisse der einzelnen Kapitel der Arbeit nochmals in aller Kürze umreißen.

6.1 Zentrale Erkenntnisse

Kapitel 1: Vielfalt in Organisationen – erste Orientierungen

In diesem Abschnitt habe ich versucht, mich der Eingangsthese der Arbeit anzunähern und dabei insbesondere die Rolle eines postulierten Primats der Wirtschaft zu umreißen.[977] Auf dem Fundament der ökonomischen Theorie agiert die Wirtschaft vornehmlich Komplexität reduzierend und kann so auf die Erfordernisse einer zunehmenden Komplexität ihrer Um-

---

[975] Pörksen 2000, S. 33.

[976] Vgl. in dieser Arbeit S. 18 f.

[977] Zur Erinnerung: Die Eingangsthese der Arbeit lautete: Gleichförmigkeit verhindert die Ausprägung kognitiver Vielfalt und damit die Entwicklung von Lösungen höherer Qualität.

welt nicht angemessen reagieren.[978] Dieses Verhalten konkretisiert sich in wiederkehrenden rationalistisch geprägten Denk- und Handlungsmustern.

Kapitel 2: Theoretische Analyse der kognitiven Institution

In Kapitel zwei habe ich den Begriff der kognitiven Institution eingeführt, der dieses Festhalten an bekannten Strategien, also Denk- und Handlungsmuster, beschreibt und erklärt.[979] Kognitive Institutionen haben sich dabei als Meta-Ebene aller Institutionen herauskristallisiert und haben damit weitreichende und gesamtgesellschaftliche Bedeutung.

Kapitel 3: Interdisziplinäre Betrachtung kognitiver Institutionen

In diesem Abschnitt habe ich eine weiterführende interdisziplinäre Betrachtung der kognitiven Institutionen vorgenommen, um der wesentlichen Relevanz des Begriffs der kognitiven Institution Rechnung zu tragen. Das Ziel war die Schaffung eines umfassenderen Verständnisses, insbesondere für die Ermöglichungsbedingungen für kognitive Institutionen sowie Ansätze zu ihrer Veränderung.

Kapitel 4: Der Primat der Wirtschaft als kognitive Institution

Das vierte Kapitel bringt die wesentlichen themenkonstituierenden Begrifflichkeiten der Arbeit wieder zusammen und versucht sie detailliert in Beziehung zueinander zu setzen und so weitere Forschungsfragen der Arbeit zu beantworten.[980] Dabei geht die Betrachtung vom Phänomen der Ökonomisierung hin zur Entstehung des modernen Rationalismus, der als Quelle für die Ausbildung logisch-rationaler und linear-kausal geprägter kognitiver Institutionen identifiziert wurde. Die gesellschaftliche Sphäre der Wirtschaft, sowohl als Praxis als auch als Wissenschaft, dient dabei als Distributor und Multiplikator eines naturwissen-

---

[978] Vgl. hierzu die Ausführungen zu Ashby´s Law im Abschnitt 1.6.4.

[979] Grundlage für die Ausführungen war die Forschungsfrage: Wie entstehen Pfadabhängigkeiten, manifestiert als kognitive Institutionen?

[980] Konkret: Welchen Beitrag leistet die gesellschaftliche Sphäre der Wirtschaft zur Ausbildung gesamtgesellschaftlich relevanter kognitiver Institutionen? Inwiefern nehmen kognitive Institutionen aus der Wirtschaft Einfluss auf die Gesamtgesellschaft?

schaftlich geprägten Weltbildes, das sich auch in der dominierenden wissenschafts- und erkenntnistheoretischen Grundposition der Wirtschaftswissenschaften widerspiegelt.

Kapitel 5: Implikationen für Verantwortungsträger

In Kapitel fünf war es mein Anliegen, eine Diskussion der erarbeiteten Erkenntnisse für Verantwortungsträger aus der Wirtschaft anzuregen.[981] Auf Basis der diagnostizierten Verantwortlichkeit der Wirtschaft für die Ausbildung von kognitiven Institutionen die zu Gleichförmigkeit führen, sollen eine Reflexion der eigenen Muster sowie ein Bewusstsein für Viabilität die Grundlage für die Konstruktion einer neuen (Wirtschaft-)Welt bilden. Die vielfältigen Verflechtungen der Wirtschaft in die weiteren Teilsysteme unserer kapitalistischen Gesellschaft stellen dann eine vielversprechende Ausgangsposition für die Initiierung von Veränderung auf der Ebene kognitiver Institutionen dar.

Im Zentrum des Erkenntnisinteresses dieser Arbeit stand im Wesentlichen die Frage nach den Zusammenhängen zwischen den verschiedenen themenkonstituierenden Begrifflichkeiten. Die Klärung derselben erachte ich als ersten notwendigen Schritt, um davon ausgehend weitere Schritte in der Forschung tätigen zu können.[982] Nach meinem eigenen bescheidenen Dafürhalten meine ich, dass das Forschungsziel meiner vorliegenden Arbeit, die Rolle der Wirtschaft in Wissenschaft und Praxis für die Ausbildung von Denk- und Handlungsmustern konstituierenden kognitiven Institutionen in der Gesellschaft zu be-

---

[981] Die zugrundeliegende Forschungsfrage lautete: Wie kann auf Basis der erarbeiteten Erkenntnisse die Sphäre der Wirtschaft der Entstehung von kognitiven Institutionen entgegenwirken bzw. die bestehenden Pfadabhängigkeiten aufweichen?

[982] Ortmann, Sydow und Türk verdeutlichen dies folgendermaßen: „*Alles kommt nun darauf an, die* ***Beziehungen zwischen diesen Dimensionen*** *zu erhellen und theoretisch zu fassen. Das ist natürlich noch nicht einmal begonnen, indem man sie unterscheidet und nebeneinander schreibt. Daß und wie kognitive Ordnungen und interpretative Muster nicht nur in kommunikativen Akten konstituiert, reproduziert und modifiziert werden, sondern dies alles unter den Einfluß von Macht und ökonomischen Interessen gerät (und umgekehrt Deutungsmuster einen enormen Einfluß auf die Organisation und die Ökonomie der Produktion gewinnen können); daß und wie unser Verständnis des Seienden von unseren Überzeugungen, betreffend das Sollen, die Legitimität, die Fairneß und Gerechtigkeit abhängt und umgekehrt; daß auch letztere Überzeugungen sich erst unter dem Einfluß von Macht und Ökonomie ausbilden und umgekehrt machtvolle Bedingungen politischen und ökonomischen Handelns bilden, mit anderen Worten: Diese Rekursivität im Sinne wechselseitiger Konstitutionsbedingungen zwischen Signifikation, Legitimation und Herrschaft (resp. Kommunikativem, legitimatorischem, politischem und ökonomischem Handeln) betrachten wir als Thema von überragender Bedeutung einer jeden Organisationsforschung* [Hervorhebung i. O.]." Ortmann, Sydow, Türk 1997, S. 23. Die angesprochenen Dimensionen sind dabei die Giddenschen Dimensionen des Sozialen: Signifikation, Legitimation sowie Herrschaft, vgl. Ortmann/ Sydow/ Türk 1997, S. 22.

leuchten, zumindest nicht verfehlt wurde. Darüber hinaus scheint mir dieser Vorstoß in einen für den Managementkontext eher ungewöhnlichen Themenbereich durchaus lohnenswert, da kognitive Institutionen jeden Einzelnen betreffen und dies in sämtlichen Lebensbereichen.

6.2 Weiterer Forschungsbedarf

Abschließend möchte ich daher auf ein Angebot für eine mögliche Ausweitung von Untersuchungen hinweisen, die aus meiner Sicht einen weiteren Mehrwert im Kontext kognitiver Institutionen, Gleichförmigkeit und der Rolle der Wirtschaft innerhalb der Gesellschaft schaffen könnten. Dabei erhebt diese Skizze in keinster Weise einen Anspruch auf Vollständigkeit oder Korrektheit.

Auf der Basis dieser Arbeit, die im Wesentlichen auf das Aufzeigen von Zusammenhängen sowie auf die Frage nach der Bedeutung von kognitiven Institutionen innerhalb dieser Zusammenhänge, ausgerichtet war, können weitere Forschungsarbeiten anknüpfen, die bisher erarbeiteten Erkenntnisse zu ergänzen bzw. zu überprüfen. Dies gilt insbesondere für das Aufzeigen von Implikationen für die Verantwortungsträger aus Wirtschaft oder auch anderen gesellschaftlichen Teilbereichen. Speziell weitergehende theoretische und gegebenenfalls auch empirische Arbeiten sind vor allem sinnvoll, wenn einzelne Zusammenhänge, die Betrachtung kognitiver Institutionen oder die besondere Rolle der Wirtschaft differenzierter dargestellt werden sollen als es der Umfang dieser Arbeit, bzw. meine eigenen kognitiven Institutionen zugelassen haben.

Die folgenden Fragen stellen m. E. nach interessante Ansatzpunkte für weiterführende Forschungsarbeiten dar, vor allem aus dem Grund, da ich sie in meiner Arbeit nur unzureichend oder überhaupt nicht beleuchtet habe:

Im Bereich der theoretischen Erforschung von kognitiven Institutionen und Gleichförmigkeit:

Welche weiteren Disziplinen können einen Erklärungsbeitrag für die Ausbildung und insbesondere für die Veränderung von kognitiven Institutionen liefern?

In welchem Umfang spielen jeweils die primäre bzw. sekundäre Sozialisation eine prägende Rolle?

...?

Im Bereich der Relevanz und der Implikationen für Verantwortungsträger:

Welche Erfahrungen werden mit diversen Teams in unterschiedlichen Branchen gemacht?

Welche Maßnahmen zur Förderung von Vielfalt im organisationalen Kontext sind Erfolg versprechend?

Führen die Ansätze zu einem reflektierten Management tatsächlich zum Zulassen von mehr Vielfalt?

Kann dadurch die Qualität des Managements verbessert werden?

Welche Stellschrauben innerhalb der Gesellschaft bestehen für institutionelle Unternehmer zur Etablierung einer neuen (Wirtschafts-)Welt?

...?

Für die Managementforschung repräsentiert das Thema der kognitiven Institutionen damit in Anbetracht der zahlreichen Verknüpfungsmöglichkeiten in Wirtschaft und Gesellschaft und Kultur ein Forschungsfeld, das über erhebliches Erklärungspotenzial für menschliches Verhalten im Kontext von Management und Organisationen verfügt.

Ich möchte meine Ausführungen nun mit einer Empfehlung FEYERABENDs schließen, welche die dieser Arbeit und den aus ihr hervorgehenden Empfehlungen zugrundeliegenden Gedanken noch einmal aufgreift:

„Feyerabend aber empfiehlt uns Vielfalt, Mannigfaltigkeit und Achtung vor dem Einfachen, dem Gewöhnlichen, den Erniedrigten und Beleidigten. Kein Elitentum, sondern das individuelle Recht verschiedener tradierter Lebensformen anzuerkennen. Weg vom engstirnigen Eurozentrismus, die mundane Öffnung. Aus dieser Botschaft und an dieser Botschaft erkennt man das Anliegen Paul Feyerabends am klarsten: Platz zu schaffen für die individuelle Ei-

genheit und kulturelle Eigenheit aller, nicht nur Platz für eine Elite, sondern einen menschlichen Platz für alle. Ich denke mit dieser Botschaft wird man sich befassen, sollte man sich ernsthaft befassen."[983]

[983] Haller 1997, S. 99 f.

LITERATURVERZEICHNIS

Abel, Bodo 1983: Grundlagen der Erklärung menschlichen Handelns: Zur Kontroverse zwischen Konstruktivisten und Kritischen Rationalisten, J.C.B. Mohr, Tübingen

Adorno, Theodor W. 1973: Philosophische Terminologie – Band 1, Suhrkamp, Frankfurt a. M.

Albert, Hans 1967: Modell-Platonismus – Der neoklassische Stil des ökonomischen Denkens in kritischer Beleuchtung, in: Albert, Hans 1967: Marktsoziologie und Entscheidungslogik – Ökonomische Probleme in soziologischer Perspektive, Luchterhand, Neuwied. S. 331-367

Albert, Hans 1967a: Die ökonomische Tradition im soziologischen Denken, in: : Albert, Hans 1967: Marktsoziologie und Entscheidungslogik – Ökonomische Probleme in soziologischer Perspektive, Luchterhand, Neuwied, 13-34

Albert, Hans 1997: Karl Popper: Leben und Werk, in Stadler, Friedrich (Hrsg.) 1997: Bausteine wissenschaftlicher Weltauffassung, Springer, Wien, S. 55-74

Aleksandrowicz, Dariusz et. al. 2004: Vorwort – Nachdenken über Kulturwissenschaften, in: Kittsteiner, Heinz D. (Hrsg.) 2004: Was sind Kulturwissenschaften? 13 Antworten, Wilhelm Fink, München, S. 7-24

Arnold, Rolf 2011: Veränderung durch angewandte Erkenntnistheorie, in: Arnold, Rolf (Hrsg.) 2011: Veränderung durch Selbstveränderung – Impulse für das Changemanagement, Schneider Hohengehren, Baltmannsweile, S. 1-8

Ashby, W. Ross 1974: Einführung in die Kybernetik, Suhrkamp, Frankfurt am Main

Ashby, W. Ross 1978: Design for a Brain, J.W. Arrowsmith Ltd., London

Baecker, Dirk 1992: Fehldiagnose «Überkomplexität» - Komplexität ist die Lösung, nicht das Problem, in GDI_IMPULS 4/92, S. 55-62

Baecker, Dirk 1994: Postheroisches Management – Ein Vademecum, Merve, Berlin

Baecker, Dirk 2001: Vom Kultivieren des Managements, in: Bardmann, Theodor M./ Groth, Torsten (Hrsg.) 2001: Zirkuläre Positionen 3: Organisation, Management und Beratung, Westdeutscher, Wiesbaden, S. 43-66

Baecker, Dirk 2007: Navigation in der Welt der Formen, in: Harbig, Andreas J./ Klug, Thomas/ Bröcker, Monika (Hrsg.) 2007: Führung neu verorten – Perspektiven für Unternehmenslenker im 21. Jahrhundert, Gabler, Wiesbaden, S. 17-26

Baecker, Dirk 2008: Wirtschaft als funktionales Teilsystem, in: Maurer, Andrea (Hrsg.) 2008: Handbuch der Wirtschaftssoziologie, VS Verlag für Sozialwissenschaften, Wiesbaden, S. 109-123

Balsiger, Philipp W. 2005: Transdisziplinarität, Wilhelm Fink, München

Balzer, Wolfgang 1993: Soziale Institutionen, Walter de Gruyter, Berlin

Baier, Horst et.al. (Hrsg.) 1992: Max Weber Gesamtausgabe, Band I/17, J.C.B. Mohr, Tübingen

Baier, Horst et.al. (Hrsg.) 2013: Max Weber Gesamtausgabe, Band I/23, J.C.B. Mohr, Tübingen

Bardmann, Theodor M. (Hrsg.) 1997: Zirkuläre Positionen – Konstruktivismus als praktische Theorie, Westdeutscher, Wiesbaden

Bardmann, Theodor M./ Groth, Torsten (Hrsg.) 2001: Zirkuläre Positionen 3: Organisation, Management und Beratung, Westdeutscher, Wiesbaden

Bayerischer Landtag 2010: Schriftliche Anfrage des Abgeordneten Dr. Hans Jürgen Fahn (FW) zum Landesschulbeirat, online unter: https://www.bayern.landtag.de/www/ElanTextAblage_WP16/Drucksachen/Schriftliche%20Anfragen/16_0003167.pdf, abgerufen am 15.01.2015

Bayerisches Ministerium für Kultus, Unterricht, Wissenschaft und Kunst 2011: online unter: http://www.km.bayern.de/eltern/meldung/626.html, abgerufen am 10.01.2015

Beck, Klaus/ Krapp, Andreas 2006: Wissenschaftstheoretische Grundfragen der Pädagogischen Psychologie, in: Krapp, Andreas/ Weidenmann, Bernd (Hrsg.) 2006: Pädagogische Psychologie – Ein Lehrbuch, Beltz, Weinheim, S. 33-74

Becker, Gary S. 1993: Ökonomische Erklärung menschlichen Verhaltens, J.C.B. Mohr, Tübingen

Becker, J. 2003: Die Entscheidungsanomalien des homo oeconomicus, in: Beckenbach F. et al. (Hrsg.): Psychologie und Umweltökonomik, Jahrbuch Ökologische Ökonomik, Bd. 3, S. 41-83

Beckert, Jens 1997: Grenzen des Marktes – Die sozialen Grundlagen wirtschaftlicher Effizienz, Campus, Frankfurt a. M.

Bender, Andrea 2010: Kognitionsethnologie, unveröffentlichtes Manuskript

Berger, Johannes 2008: Kapitalismusanalyse und Kapitalismuskritik, in: Maurer, Andrea/ Schimank, Uwe (Hrsg.) 2008: Handbuch der Wirtschaftssoziologie, VS Verlag für Sozialwissenschaften, Wiesbaden, S. 363-381

Berger, Peter L./ Luckmann, Thomas 1980: Die gesellschaftliche Konstruktion der Wirklichkeit – Eine Theorie der Wissenssoziologie, Fischer Taschenbuch, Frankfurt a. M.

Bergmann, Jens 2011: Ökonomisierung des Privaten? Aspekte von Autonomie und Wandel der häuslichen Privatheit, VS Verlag für Sozialwissenschaften, Wiesbaden

Beyes, Timon 2003: Kontingenz und Management, Dr. Kovač, Hamburg

Bieri, James 1967: Complexity – Simplicity as a Personality Variable in Cognitive and Preferential Behavior, in: Fiske, Donald W./ Maddi, Salvatore R. (Hrsg.): Functions of varied Experience, Dorsey Press, Homewood Illinois, S. 355-379

Bidwell, Charles E. 1977: American Journal of Sociology, Volume 83, Number 1, University of Chicago Press, Chicago

Bleicher, Knut 1994: Normatives Management – Politik, Verfassung und Philosophie des Unternehmens, Campus, Frankfurt

Blumer, Herbert 1973: Der methodologische Standort des symbolischen Interaktionismus, in: Arbeitsgruppe Bielefelder Soziologen (Hrsg.) 1973: Alltagswissen, Interaktion und gesellschaftliche Wirklichkeit, Band 1 – Symbolischer Interaktionismus und Ethnomethodologie, Rowohlt, Reinbek, S. 80-146

Böttcher, Dirk 2013: Mehr bunte Fische, in brandeins, 15. Jahrgang, Heft 01 Januar 2013, S. 121 - 126

Bohnsack, Ralf 1999: Rekonstruktive Sozialforschung – Einführung in Methodologie und Praxis qualitativer Forschung, Leske und Budrich, Opladen

Bohnsack, Ralf/ Marotzki, Wienfried/ Meuser, Michael (Hrsg.) 2003: Hauptbegriffe qualitativer Sozialforschung – Ein Wörterbuch, Leske und Budrich, Opladen

Boltanski, Luc/ Chiapello, Eve 1999: Der neue Geist des Kapitalismus, UVK Verlagsgesellschaft mbH, Konstanz

Bresch, Carsten 1977: Zwischenstufe Leben – Evolution ohne Ziel?, Piper, München

Brockhaus 1997: Brockhaus – Die Enzyklopädie in vierundzwanzig Bänden, F.A. Brockhaus GmbH, Leipzig

Brunsson, Nils/ Jacobsson Bengt/ Associates 2000: A World of Standards, Oxford 2000

Cechura, Suibert 2008: Kognitive Hirnforschung – Mythos einer naturwissenschaftlichen Theorie menschlichen Verhaltens, VSA, Hamburg

Chemers, Martin M./ Oskamp, Stuart/ Constanzo, Mark A. (Hrsg.) 1995: Diversity in Organizations. New Perspectives for a Changing Workplace

Cicourel, Aaron V. 1974: Methode und Messung in der Soziologie, Suhrkamp, Frankfurt a. M.

Clegg, Stewart R./ Hardy, Cynthia/ Nord, Walter R. (Hrsg.) 1996: Handbook of Organization Studies, Sage Publications, London

Cloke, Kenneth/ Goldsmith, Joan 2007: Organisationsdemokratie und die Entwicklung von integrativer Führung, in: Harbig, Andreas J./ Klug, Thomas/ Bröcker, Monika (Hrsg.) 2007: Führung neu verorten – Perspektiven für Unternehmenslenker im 21. Jahrhundert, Gabler, Wiesbaden, S. 39-62

Czerny, Sabine 2010: Was wir unseren Kindern in der Schule antun – und wie wir das ändern können, Südwest, München

Dahrendorf, Ralf 1967: Einleitung in die Sozialwissenschaft, Arche Zürich, Zürich

Dahrendorf, Ralf 1974: Homo Sociologicus – Ein Versuch zur Geschichte, Bedeutung und Kritik der Kategorie der sozialen Rolle, Westdeutscher, Opladen

D'Andrade, Roy 1992: Afterword in: D`Andrade, Roy/ Strauss, Claudia (Hrsg.): Human motives and cultural models, Cambridge University Press, Cambridge, S. 225-232

D'Andrade, Roy 1995: The Development of Cognitive Anthropology, Cambridge University Press, Cambridge

Dann, Hanns-Dietrich 1983: Subjektive Theorien: Irrweg oder Forschungsprogramm? Zwischenbilanz eines kognitiven Konstrukts, in: Montada, Leo/ Reusser, Kurt/ Steiner, Gerhard (Hrsg.): Kognition und Handeln, Klett-Cotta, Stuttgart, S. 77-92

Dann, Hanns-Dietrich/ Humpert, Winfried/ Krause, Frank/ Tennstädt, Kurt-Christian (Hrsg.) 1982: Analyse und Modifikation subjektiver Theorien von Lehrern – Ergebnisse und Perspektiven eines Kolloquiums, Konstanz

Dann, Hanns-Dietrich/ Humpert, Winfried/ Kentischer, Inge/ Krause, Frank/ Rimele, Wolfgang/ Seidler, Brigitte/ Tennstädt, Kurt-Christian 1983: Aggression in der Schule – Aggression und Störung im Unterricht. Gedanken zu einem integrativen Lehrertraining

Diefenbach, Thomas 2003: Kritik und Neukonzeption der Allgemeinen Betriebswirtschaftslehre auf sozialwissenschaftlicher Basis, Deutscher Universitäts-Verlag/ GWV Fachverlage GmbH, Wiesbaden

Dilthey, Wilhelm 1909: Der Aufbau der geschichtlichen Welt in den Geisteswissenschaften, in: Abhandlungen der königlich-preussischen Akademie der Wissenschaften, Jahrgang 1909, Verlag der königlichen Akademie der Wissenschaften, Berlin, Hälfte 1, Abh. I, S. 1-123

Dilthey, Wilhelm 1968: Gesammelte Schriften, V. Band: Die Geistige Welt – Einleitung in die Philosophie des Lebens, B.G. Teubner Verlagsgesellschaft, Stuttgart

DiMaggio, Paul J./ Powell, Walter W. 1983: The Iron Cage revisited: Institutional Isomorphism and collective Rationality in organizational Field, in: American Sociological Review, Volume 48, Nr. 2, 1983, S. 147-160

DiMaggio, Paul J./ Powell, Walter W. 1991: The New Institutionalism in Organizational Analysis, The University of Chicago Press, Chicago

Dörner, Dietrich 2008: Die Logik des Misslingens – Strategisches Denken in komplexen Situationen, Rowohlt Taschenbuch, Reinbek

Dubislav, Walter 1981: Die Definition, Felix Meiner, Hamburg

Duden 2002: Das Bedeutungswörterbuch Band 10, Bibliographisches Institut & F.A. Brockhaus AG, Mannheim

Duden 2005: Das Fremdwörterbuch, Band 5, Bibliographisches Institut & F.A. Brockhaus AG, Mannheim

Duden 2007: Das Herkunftswörterbuch – Etymologie der deutschen Sprache, Band 7 2007, Bibliographisches Institut & F.A. Brockhaus AG, Mannheim

Durkheim, Emile 1981: Die elementaren Formen des religiösen Lebens, Suhrkamp, Frankfurt a. M.

Durkheim, Emile 1984: Die Regeln der soziologischen Methode, Suhrkamp, Darmstadt

Durkheim, Emile 1984a: Erziehung, Moral und Gesellschaft, Suhrkamp, Darmstadt

Esser, Hartmut 1977: Wissenschaftstheorie 2. Funktionsanalyse und hermeneutisch-dialektische Ansätze, B.G. Teubner, Stuttgart

Erlei, Mathias 2010: Neoklassik, Institutionenökonomik und Max Weber, in: Maurer, Andrea (Hrsg.) 2010: Wirtschaftssoziologie nach Max Weber, VS Verlag für Sozialwissenschaften, Wiesbaden, S. 69-94

Europäische Kommission 2005, Generaldirektion Beschäftigung, soziale Angelegenheiten und Chancengleichheit, Referat D3: Manuskript, „Geschäftsnutzen von Vielfalt – Bewährte Verfahren am Arbeitsplatz", 2005

Feyerabend, Paul 1976: Wider den Methodenzwang – Skizze einer anarchistischen Erkenntnistheorie, Suhrkamp, Frankfurt a. M.

Feyerabend, Paul 2005: Die Vernichtung der Vielfalt, Passagen, Wien

Fischbach, Rainer 1996: Volkswirtschaftslehre I – Einführung und Grundlagen, R. Oldenbourg, München

Fischer et. al. 2004: Entscheidungsverhalten, individuelles, in: Schreyögg/ Werder (Hrsg.): Handwörterbuch Unternehmensführung und Organisation, Schäffer-Poeschel, Stuttgart, Sp. 239-247

Fiske, Donald W./ Maddi, Salvatore R. (Hrsg.): Functions of varied Experience, Dorsey Press, Homewood Illinois

Flick, Uwe, et al. (Hrsg.) 1995: Handbuch qualitative Sozialforschung – Grundlagen, Konzepte, Methoden und Anwendungen, Beltz Psychologie-Verl. Union, Weinheim

Flick, Uwe 2002: Qualitative Sozialforschung – Eine Einführung, Rowohlt Taschenbuch, Reinbek bei Hamburg

Foerster, Heinz von 1992: Entdecken oder Erfinden – Wie läßt sich Verstehen verstehen?, in: Gumin, Heinz/ Meier, Heinrich 1992 (Hrsg.): Einführung in den Konstruktivismus, R. Piper GmbH & Co. KG, München, S. 41-107

Foerster, Heinz von 1993: Wissen und Gewissen – Versuch einer Brücke, Suhrkamp, Frankfurt a. M.

Foerster, Heinz von 1997: Wir sind verdammt frei zu sein! in: Bardmann, Theodor M. (Hrsg.) 1997: Zirkuläre Positionen – Konstruktivismus als praktische Theorie, Westdeutscher, Wiesbaden, S. 49-56

Förster, Nils 2012: Eine transdisziplinäre Konstruktion von Beziehung – Implikationen für Führung, Management und Organisationsentwicklung, Dr. Kovač, Hamburg

Fuchs, Werner/ Klima, Rolf/ Lautmann, Rüdiger/ Rammstedt, Otthein/ Wienold Hanns (Hrsg.) 1977: Lexikon zur Soziologie, Rowohlt Taschenbuch, Reinbek bei Hamburg

Fussangel, Kathrin 2008: Subjektive Theorien von Lehrkräften zur Kooperation - Eine Analyse der Zusammenarbeit von Lehrerinnen und Lehrern in Lerngemeinschaften, http://nbn-resolving.de/urn/resolver.pl?urn=urn%3Anbn%3Ade%3Ahbz%3A468-20080475, abgerufen am 10.05.2014

Frindte, Wolfgang 1998: Soziale Konstruktionen – Sozialpsychologische Vorlesungen, Westdeutscher Verlag, Opladen/ Wiesbaden

Springer Gabler Verlag (Hrsg.) 2014: Gabler Wirtschaftslexikon: http://wirtschaftslexikon.gabler.de/Archiv/2769/buerokratie-v10.html, abgerufen am 26.09.2014

Gardner, Howard 1989: Dem Denken auf der Spur – Der Weg der Kognitionswissenschaft, Klett Cotta, Stuttgart

Garfinkel, Harold 1986: Ethnomethodological studies of work, Routledge & Kegan Paul, London

Gehlen, Arnold 1964: Urmensch und Spätkultur – Philosophische Ergebnisse und Aussagen, Äthenum Verlag, Frankfurt am Main

Gehlen, Arnold 1974: Der Mensch – Seine Natur und seine Stellung in der Welt, Athenaion, Frankfurt am Main

Gergen, Kenneth J./ Gergen, Mary 2009: Einführung in den sozialen Konstruktionismus, Carl-Auer, Heidelberg

Giddens, Anthony 1995: Die Konstitution der Gesellschaft – Grundzüge einer Theorie der Strukturierung, Campus, Frankfurt am Main

Giddens, Anthony 1997: Die Konstitution der Gesellschaft – Grundzüge einer Theorie der Strukturierung, Campus, Frankfurt am Main

Gigerenzer, Gerd 2008: Bauchentscheidungen – Die Intelligenz des Unbewussten und die Macht der Intuition, Wilhelm Goldmann, München

Giovanola, Benedetta 2011: Ökonomisierung und Kommerzialisierung als Problem der Philosophie, in: Kettner, Matthias/ Koslowski, Peter (Hrsg.) 2011: Ökonomisierung und Kommerzialisierung der Gesellschaft – Wirtschaftsphilosophische Unterscheidungen, Wilhelm Fink, München, S. 21-40

Glasersfeld von, Ernst 1992: Konstruktion der Wirklichkeit und der Begriff der Objektivität, in: Gumin, Heinz/ Meier, Heinrich (Hrsg.) 1992: Einführung in den Konstruktivismus, R. Piper GmbH & C. KG, München, S. 9-39

Glasersfeld, Ernst von 1998: Die Wurzeln des „Radikalen" am Konstruktivismus, in: Fischer, Hans Rudi (Hrsg.): Die Wirklichkeit des Konstruktivismus: Zur Auseinandersetzung um ein neues Paradigma, Carl-Auer, Heidelberg, S. 35-45

Glasersfeld von, Ernst 2008: Einführung in den radikalen Konstruktivismus, in: Watzlawick, Paul (Hrsg.) 2008: Die erfundene Wirklichkeit, Piper, München

Goodenough, Ward H. 1957: Cultural anthropology and linguistics, in: Garvin, Paul L. (Hrsg.): Report of the Seventh Annual Round Table Meeting on Linguistics and Language Studies, Washington D.C., S. 167–173, https://repository.library.georgetown.edu/handle/10822/555451, abgerufen am 06.05.2014

Graumann, Carl F./ Métraux Alexandre/ Schneider, Gert 1995: Ansätze des Sinnverstehens, in Flick, Uwe, et al. (Hrsg.) 1995: Handbuch qualitative Sozialforschung – Grundlagen, Konzepte, Methoden und Anwendungen, Beltz Psychologie-Verl. Union, Weinheim, S. 67-77

Gräfrath, Bernd/ Huber, Renate/ Uhlemann, Brigitte 1991: Einheit, Interdisziplinarität, Komplementarität – Orientierungsprobleme der Wissenschaft heute, Walter de Gruyter, Berlin

Greenspan, Ralph/ Kandel, Eric/ Jessell, Tom 1996: Gene und Verhalten, in: Kandel, Eric R./ Schwartz, James H./ Jessell, Thomas M. (Hrsg.) 1996: Neurowissenschaften – Eine Einführung, Spektrum Akademischer Verlag, Heidelberg, S. 567-590

Grochla, Erwin (Hrsg.) 1975: Organisationstheorie, 1. Teilband, Carl Ernst Poeschel, Stuttgart

Groeben, Norbert/ Wahl, Diethelm/ Schlee, Jörg/ Scheele, Brigitte 1988: Das Forschungsprogramm Subjektive Theorien – Eine Einführung in die Psychologie des reflexiven Subjekts, A. Francke, Tübingen

Gruber, Hans/ Prenzel, Manfred/ Schiefele, Hans 2006: Spielräume für Veränderung durch Erziehung, in: Krapp, Andreas/ Weidenmann, Bernd (Hrsg.) 2006: Pädagogische Psychologie – Ein Lehrbuch, Beltz, Weinheim, S. 99-136

Grundmann, Matthias (Hrsg.) 1999: Konstruktivistische Sozialisationsforschung – Lebensweltliche Erfahrungskontexte, individuelle Handlungskompetenzen und die Konstruktion sozialer Strukturen, Suhrkamp, Frankfurt am Main

Hammer, Dominik 2009: Mut im Management – Eine konstruktivistische Beobachtung der Relevanz für Führung und Organisationen, Dr. Kovač, Hamburg

Haller, Rudolf 1997: In memoriam Paul K. Feyerabend, in Stadler, Friedrich (Hrsg.) 1997: Bausteine wissenschaftlicher Weltauffassung, Springer, Wien, S. 91-100

Haslier, Jörg/ Thiel, Mark 2005: Diversity Management. Unternehmerische Stärke durch personelle Vielfalt, Bund-Verlag, Frankfurt a. M

Harbig, Andreas J./ Klug, Thomas/ Bröcker, Monika (Hrsg.) 2007: Führung neu verorten – Perspektiven für Unternehmenslenker im 21. Jahrhundert, Gabler, Wiesbaden

Heinzlmaier, Bernhard 2013: Performer, Styler, Egoisten – Über eine Jugend, der die Alten die Ideale abgwöhnt haben, Archiv der Jugendkulturen KG, Berlin

Heller, Friederike/ Schwarzer, Myriam 2010: Biografisch erworbene subjektive Theorien – zur Begründung biografischer Selbstreflexion in der Lehramtsausbildung, http://www.verstehenlernen.de/wp-content/uploads/Text-zur-biografischen-Selbstreflexion_Heller_Schwarzer.pdf, abgerufen am 25.03.3014

Hellmann, Kai-Uwe 2011: „Machen Sie sich schöne Tage. *always.*" – Zur Kommerzialisierung alltäglicher Lebenswelten, in: Kettner, Matthias/ Koslowski, Peter (Hrsg.) 2011: Ökonomisierung und Kommerzialisierung der Gesellschaft – Wirtschaftsphilosophische Unterscheidungen, Wilhelm Fink, München, S. 177-198

Herrmann, Ulrich (Hrsg.) 2009: Neurodidaktik – Grundlagen und Vorschläge für gehirngerechtes Lehren und Lernen, Beltz, Weinheim

Herrmann, Ulrich 2009a: Neurodidaktik – neue Wege des Lehrens und Lernens, in Herrmann, Ulrich (Hrsg.) 2009: Neurodidaktik – Grundlagen und Vorschläge für gehirngerechtes Lehren und Lernen, Beltz, Weinheim, S. 9-16

Hirsch, Bernhard 2007: Controlling und Entscheidungen – zur verhaltenswissenschaftlichen Fundierung des Controlling, Mohr-Siebeck, Tübingen

Hirshleifer, Jack 1977: Economics From a Biological Viewpoint, in: The Journal of Law and Economics, Volume XX, 1977; S. 1-52

Hof, Christiane 2001: Konzepte des Wissens – Eine empirische Studie zu den wissenstheoretischen Grundlagen des Unterrichtens, W. Bertelsmann Verlag GmbH & Co. KG, Bielefeld

Holweg, Heiko 2005: Methodologie der qualitativen Sozialforschung – Eine Kritik, Haupt, Stuttgart

Holzapfel, Hartmut 1996: Schule 2000 – Bildungspolitische Thesen für die Schule von morgen, Verlag für Akademische Schriften, Fulda

Hopf, Christel 1979: Soziologie und qualitative Sozialforschung, in: Hopf, Christel/ Weingarten, Elmar (Hrsg.): Qualitative Sozialforschung, Klett Cotta, Stuttgart, S. 11-37

Hopfenbeck, Waldemar 2002: Allgemeine Betriebs- und Managementlehre – Das Unternehmen im Spannungsfeld zwischen ökonomischen, sozialen und ökologischen Interessen, Verlag Moderne Industrie, München

Huber, Günter L./ Mandl, Heinz 2002: Kognitive Sozialisation, in: Hurrelmann, Klaus/ Ulich, Dieter (Hrsg.) 2002: Handbuch der Sozialisationsforschung, Beltz, Weinheim, S. 511-530

Hübenthal, Ursula 1991: Interdisziplinäres Denken – Versuch einer Bestandsaufnahme und Systematisierung, Franz Steiner, Stuttgart

Humboldt, Wilhelm von 1984: Schriften zur Anthropologie und Bildungslehre, Ullstein, Frankfurt a. M.

Hüther, Gerald 2006: Bedienungsanleitung für ein menschliches Gehirn, Göttingen, Vandenhoeck & Ruprecht

Hüther, Gerald 2009: Die Bedeutung sozialer Erfahrungen für die Strukturierung des menschlichen Gehirns, in: Hermann, Ulrich (Hrsg.) 2009: Neurodidaktik – Grundlagen und Vorschläge für gehirngerechtes Lehren und Lernen, Beltz, Weilheim, S. 41-48

Hüther, Gerald 2009a: Metakompetenzen und Ich-Funktionen während der Kindheit, in: Hermann, Ulrich (Hrsg.) 2009: Neurodidaktik – Grundlagen und Vorschläge für gehirngerechtes Lehren und Lernen, Beltz, Weilheim, S. 99-108

Hüther, Gerald 2010: Die Macht innerer Bilder – Wie Visionen das Gehirn, den Menschen und die Welt verändern, Göttingen, Vandenhoeck & Ruprecht

Hüther, Gerald o.D.: http://www.gerald-huether.de/populaer/ueber-gerald-huether/wofuer-ich-arbeite/index.php, abgerufen am 10.02.2014

Hughes, Everett C. 1936: The Ecological Aspekt of Institutions, in: American Sociologial Review, Vol. 1, No. 2, Apr. 1936, S. 180–189

Hurrelmann, Klaus/ Ulich, Dieter (Hrsg.) 2002: Handbuch der Sozialisationsforschung, Beltz, Weinheim

Hurrelmann, Klaus/ Ulich, Dieter 2002a: Gegenstands- und Methodenfragen der Sozialisationsforschung, in: Hurrelmann, Klaus/ Ulich, Dieter (Hrsg.) 2002: Handbuch der Sozialisationsforschung, Beltz, Weinheim, S. 3-20

Jackson, Susan E./ Ruderman, Marian N. (Hrsg.) 1996: Diversity in Workteams. Research Paradigms for a Changing Workplace, Washington, D.C.: American Psychological Association

Jackson, Susan E./ Ruderman, Marian N./ Hughes-James, Martha W. (Hrsg.) 1996a: Selected Research on Work Team Diversity, Washington, D.C.: American Psychological Association

Jahoda, Marie 1997: Sozialwissenschaft und soziale Realität. Ein persönliches Plädoyer, in: Stadler, Friedrich 1997: Bausteine wissenschaftlicher Weltauffassung, Springer, Wien, S. 41-54

Jörges-Süß, Katharina/ Süß, Stefan 2004: Neo-Institutionalistische Ansätze der Organisationstheorie, in Das Wirtschaftsstudium, Heft 3/2004, S. 316 – 318

Junge, Matthias 2008: Wirtschaft und Wirtschaftstheorie de-konstruiert, in Maurer, Andrea/ Schimank, Uwe (Hrsg.) 2008: Handbuch der Wirtschaftssoziologie, VS Verlag für Sozialwissenschaften, Wiesbaden, S. 207-221

Kaesler, Dirk 2012: Ein "stahlhartes Gehäuse" ist kein "Iron Cage" – Über Forscher, die kein Deutsch können, http://www.literaturkritik.de/public/rezension.php?rez _Id=16239 abgerufen am 27.12.2013

Kaduk, Stefan 2002: Organisationale Wandelfähigkeit – Eine konstruktivistische Sichtweise, Deutscher Universitäts-Verlag, Wiesbaden

Kaduk, Stefan 2008: Bullshit-Bingo und Marketing-Scrabble, in: Süddeutsche Zeitung: http://www.sueddeutsche.de/karriere/management-bullshit-bingo-und-marketing-scrabble-1.282696, abgerufen am 09.02.2015

Kalberg, Stephen 1981: Max Webers Typen der Rationalität: Grundsteine für die Analyse von Rationalisierungs-Prozessen in der Geschichte, in: Sprondel, Walter M/ Seyfarth Constans (Hrsg.) 1981: Max Weber und die Rationalisierung sozialen Handelns, Enke, Stuttgart, S. 9-38

Kandel, Eric R. 1996: Zelluläre Grundlagen von Lernen und Gedächtnis, in: Kandel, Eric R./ Schwartz, James H./ Jessell, Thomas M. (Hrsg.) 1996: Neurowissenschaften – Eine Einführung, Spektrum Akademischer Verlag, Heidelberg, S. 685-714

Kandel, Eric R./ Kupfermann, Irving 1996: Von den Nervenzellen zur Kognition, in Kandel, Eric R./ Schwartz, James H./ Jessell, Thomas M. (Hrsg.) 1996: Neurowissenschaften – Eine Einführung, Spektrum Akademischer Verlag, Heidelberg, S. 327-352

Kandel, Eric R./ Schwartz, James H./ Jessell, Thomas M. (Hrsg.) 1996: Neurowissenschaften – Eine Einführung, Spektrum Akademischer Verlag, Heidelberg

Käufer, Katrin/ Scharmer, Claus O. 2007: Der blinde Fleck in Führung und Innovation, in Harbig, Andreas J./ Klug, Thomas/ Bröcker, Monika (Hrsg.) 2007: Führung neu verorten – Perspektiven für Unternehmenslenker im 21. Jahrhundert, Gabler, Wiesbaden, S. 75-90

Kappler, Ekkehard 2006: Betriebswirtschaftslehre denken: Adorno für Betriebswirte – Eine kritische Einführung zur Einführung, in: Meeh, Gunther 2006 (Hrsg.): Unternehmensbewertung, Rechnungslegung und Prüfung – Festschrift für Prof. Dr. Wolf F. Fischer-Winkelmann, Dr. Kovac, Hamburg, S. 101-129

Kardoff, Ernst von, 1995: Qualitative Sozialforschung – Versuch einer Standortbestimmung, in Flick, Uwe, et al. (Hrsg.) 1995: Handbuch qualitative Sozialforschung – Grundlagen, Konzepte, Methoden und Anwendungen, Beltz Psychologie-Verl. Union, Weinheim, S. 3-8

Kellermann, Paul 2008: Soziologie des Geldes, in: Maurer, Andrea/ Schimank, Uwe (Hrsg.) 2008: Handbuch der Wirtschaftssoziologie, VS Verlag für Sozialwissenschaften, Wiesbaden, S. 320-340

Kettner, Matthias 2011: Ein Vorschlag zur Unterscheidung von Ökonomisierung und Kommerzialisierung, in: Kettner, Matthias/ Koslowski, Peter (Hrsg.) 2011: Ökonomisierung und Kommerzialisierung der Gesellschaft – Wirtschaftsphilosophische Unterscheidungen, Wilhelm Fink, München, S. 3-20

Kettner, Matthias/ Koslowski, Peter (Hrsg.) 2011: Ökonomisierung und Kommerzialisierung der Gesellschaft – Wirtschaftsphilosophische Unterscheidungen, Wilhelm Fink, München

Kieser, Alfred 2001: Organisationstheorien sind Sprachspiele, in: Bardmann, Theodor M./ Groth, Torsten (Hrsg.) 2001: Zirkuläre Positionen 3: Organisation, Management und Beratung, Westdeutscher, Wiesbaden, S. 99-117

Kieser, Alfred 2006: Max Webers Analyse der Bürokratie, in: Kieser, Alfred/ Ebers, Mark (Hrsg.) 2006: Organisationstheorien, Kohlhammer, Stuttgart, 63-92

Kieser, Alfred/ Ebers, Mark (Hrsg.) 2006: Organisationstheorien, Kohlhammer, Stuttgart

Kiesler, Sara/ Sproull, Lee 1982: Managerial response to changing environments: perspectives and problem sensing from social cognition, Administrative Science Quarterly, 37, 1982, S. 548-570

Klatetzki, Thomas 2006: Der Stellenwert des Begriffs „Kognition" im Neo-Institutionalismus, in: Senge, Konstanze/ Hellmann, Uwe 2006: Einführung in den Neo-Institutionalismus, VS Verlag für Sozialwissenschaften, Wiesbaden, S. 48-61

Klein, Regina/ Dungs, Susanne (Hrsg.) 2010: Standardisierung der Bildung – Zwischen Subjekt und Kultur, VS Verlag für Sozialwissenschaften, Wiesbaden

Kleining, Gerhard 1995: Methodologie und Geschichte qualitativer Sozialforschung, in Flick, Uwe, et al. (Hrsg.) 1995: Handbuch qualitative Sozialforschung – Grundlagen, Konzepte, Methoden und Anwendungen, Beltz Psychologie-Verl. Union, Weinheim, S. 11-22

Kluge, Friedrich 2002: Etymologisches Wörterbuch der deutschen Sprache, de Gruyter, Berlin

Knoth, André 2006: Managing Diversity – Skizzen einer Kulturtheorie zur Erschließung des Potentials menschlicher Vielfalt in Organisationen, Dissertation an der Universität der Bundeswehr München, Tönning 2006

König, Eckhard 2011: Veränderung systemisch, in: Arnold, Rolf (Hrsg.) 2011: Veränderung durch Selbstveränderung – Impulse für das Changemanagement, Schneider Hohengehren, Baltmannsweiler, S. 19-34

Konegen, Norbert/ Sondergeld, Klaus 1985: Wissenschaftstheorie für Sozialwissenschaftler, Leske Verlag und Budrich GmbH, Opladen

Köhler-Braun Katharina 1999: Durch Diversity zu neuen Anforderungen an das Management, in Zeitschrift für Führung und Organisation, Heft 4, S. 188-193

Kraemer, Klaus 1997: Der Markt der Gesellschaft – zu einer soziologischen Theorie der Marktvergesellschaftung, Westdeutscher, Opladen

Krapp, Andreas/ Weidenmann, Bernd (Hrsg.) 2006: Pädagogische Psychologie – Ein Lehrbuch, Beltz, Weinheim

Krapp, Andreas/ Prenzel, Manfred/ Weidenmann, Bernd 2006: Geschichte, Gegenstandsbereich und Aufgaben der Pädagogischen Psychologie, in: Krapp, Andreas/ Weidenmann, Bernd (Hrsg.) 2006: Pädagogische Psychologie – Ein Lehrbuch, Beltz, Weinheim

Kretschmann, Jürgen 1990: Die Diffusion des kritischen Rationalismus in der Betriebswirtschaftslehre, C.E. Poeschel, Stuttgart

Kromrey, Helmut 1998: Empirische Sozialforschung – Modelle und Methoden der Datenerhebung und Datenauswertung, Leske und Budrich, Opladen

Krönig, Franz Kasper 2007: Die Ökonomisierung der Gesellschaft – Systemtheoretische Perspektiven, transcript, Bielefeld

Krusche, Bernhard 2008: Paradoxien der Führung – Aufgaben und Funktionen für ein zukunftsfähiges Management, Carl-Auer, Heidelberg

Kruse, Peter 2004: Navigation in der Unsicherheit, in: Wirtschaftspsychologie aktuell 1/2004, S. 42-47

Kupfermann, Irving/ Kandel, Eric 1996: Lernen und Gedächtnis, in: Kandel, Eric R./ Schwartz, James H./ Jessell, Thomas M. (Hrsg.) 1996: Neurowissenschaften – Eine Einführung, Spektrum Akademischer Verlag, Heidelberg, S. 667-684

Lamnek, Siegfried 1995: Qualitative Sozialforschung Band I - Methodologie, Psychologie Verlags Union, Weinheim

Lamnek, Siegfried 1995a: Qualitative Sozialforschung Band II – Methoden und Techniken, Psychologie Verlags Union, Weinheim

Lamnek, Siegfried 2010: Qualitative Sozialforschung, Beltz, Weinheim

Largo, Remo/ Beglinger, Martin 2009: Schülerjahre – Wie Kinder besser lernen, Piper, München

Leidinger, Hannes 2008: Kapitalismus, Böhlau Verlag Gesm.b.H. Co.KG, Köln

Liegle, Ludwig 2002: Kulturvergleichende Ansätze in der Sozialisationsforschung, in: Hurrelmann, Klaus/ Ulich, Dieter (Hrsg.) 2002: Handbuch der Sozialisationsforschung, Beltz, Weinheim, S. 215-230

Lindenberg, S. 1991: Die Methode der abnehmenden Abstraktion – Theoriegesteuerte Analyse und empirischer Gehalt, in: Esser, Helmut/ Troitzsch, K. (Hrsg.): Modellierung sozialer Prozesse, Informationszentrum Sozialwissenschaften, Bonn, S. 29-78

Locke, Karen 2001: Grounded Theory in Management Research, Sage Publications, London

Lotter, Wolf 2008: Die Stunde der Idioten, in brandeins Wirtschaftsmagazin 05/08, S. 60-70

Luhmann, Niklas 1974: Soziologische Aufklärung 1 – Aufsätze zur Theorie sozialer Systeme, Westdeutscher, Opladen

Luhmann, Niklas 1975: Soziologische Aufklärung 2 – Aufsätze zur Theorie der Gesellschaft, Westdeutscher, Opladen

Luhmann, Niklas 1981: Soziologische Aufklärung 3 – Soziales System, Gesellschaft, Organisation, Westdeutscher, Opladen

Luhmann, Niklas 1983: Lob der Routine, in: Luhmann, Niklas 1983: Politische Planung – Aufsätze zur Soziologie von Politik und Verwaltung, Westdeutscher, Opladen

Luhmann, Niklas 1983a: Politische Planung – Aufsätze zur Soziologie von Politik und Verwaltung, Westdeutscher, Opladen

Luhmann, Niklas 1984: Soziale Systeme – Grundriß einer allgemeinen Theorie, Suhrkamp, Frankfurt am Main

Luhmann, Niklas 1985: Soziale Systeme – Grundriß einer allgemeinen Theorie, Suhrkamp, Frankfurt am Main

Luhmann, Niklas 1987: Soziologische Aufklärung 4 – Beiträge zur funktionalen Differenzierung der Gesellschaft, Westdeutscher, Opladen

Luhmann, Niklas 1994: Die Wirtschaft der Gesellschaft, Suhrkamp, Frankfurt am Main

Luhmann, Niklas 2000: Organisation und Entscheidung, Westdeutscher, Wiesbaden

Malik, Fredmund 1994: Management-Perspektiven: Wirtschaft und Gesellschaft, Strategie, Management und Ausbildung, Paul Haupt, Bern

Malik, Fredmund 1996: Strategie des Managements komplexer Systeme – Ein Beitrag zur Management-Kybernetik evolutionärer Systeme, Paul Haupt, Bern

Malik, Fredmund 2002: Komplexität – was ist das? Modewort oder mehr?, online im Internet unter: http://www.kybernetik.ch/dwn(Komplexitaet.pdf, abgerufen am 20.02.2013

Malik, Fredmund 2011: Brief an junge Ökonomen – die Mission der Manager von morgen, in Spiegel-Online, http://www.spiegel.de/karriere/berufsstart/brief-an-junge-oekonomen-die-mission-der-manager-von-morgen-a-755834.html, abgerufen am 31.07.2013

Manstetten, Rainer/ Faber, Malte 1997: Homo oeconomicus – Reichweiten und Grenzen eines Modells. Bemerkungen zu dem Aufsatz von Mary S. Morgan „The Character of Rational Economic Man", in: Stekeler-Weithofer, Pirmin (Hrsg.) 1997: Vereinheitlichte Welt, Meiner, Hamburg, S. 121-120

Manzeschke, Arne 2011: ‚Ökonomisierung' – Klärungsbedürftigkeit und Erklärungskraft, in: Kettner, Matthias/ Koslowski, Peter (Hrsg.) 2011: Ökonomisierung und Kommerzialisierung der Gesellschaft – Wirtschaftsphilosophische Unterscheidungen, Wilhelm Fink, München, S. 67-93

March, James G. 2001: Organisationen müssen lernen, sich Torheiten zu leisten, in: Bardmann, Theodor M./ Groth, Torsten (Hrsg.) 2001: Zirkuläre Positionen 3: Organisation, Management und Beratung, Westdeutscher, Wiesbaden, S. 21-33

Matthes, Joachim 1989: Einführung in das Studium der Soziologie, VS Verlag für Sozialwissenschaften, Wiesbaden

Maturana, Humberto R./ Varela Francisco J. 2011: Der Baum der Erkenntnis – Die biologischen Wurzeln menschlichen Erkennens, Fischer Taschenbuch, Frankfurt a. M.

Maurer, Andrea 2009 : Richard Swedberg und die Wirtschaftssoziologie – Leidenschaft und Augenmaß, in: Swedberg, Richard, (Hrsg.: Maurer, Andrea): Grundlagen der Wirtschaftssoziologie, VS Verlag für Sozialwissenschaften, Wiesbaden, S. 9-28

Maurer, Andrea 2010: Der privat-kapitalistische Wirtschaftsbetrieb: ein wirtschaftssoziologischer Blick auf Unternehmen?, in: Maurer, Andrea (Hrsg.) 2010: Wirtschaftssoziologie nach Max Weber, VS Verlag für Sozialwissenschaften, Wiesbaden, S. 118-141

Mayring, Philipp 2002: Einführung in die qualitative Sozialforschung – Eine Anleitung zu qualitativem Denken, Beltz, Weinheim

Mayring, Philipp 2008: Qualitative Inhaltsanalyse – Grundlagen und Techniken, Beltz, Weinheim

Mead, George H. 1978: Geist, Identität und Gesellschaft – aus der Sicht des Sozialbehaviorismus, dritte Auflage, Suhrkamp, Frankfurt a. M.

Mayntz, Renate 1975: Max Webers Idealtypus der Bürokratie und die Organisationssoziologie, in: Grochla, Erwin (Hrsg.) 1975: Organisationstheorie, 1. Teilband, Carl Ernst Poeschel, Stuttgart, S. 98-105

Meeh, Gunther 2006 (Hrsg.): Unternehmensbewertung, Rechnungslegung und Prüfung – Festschrift für Prof. Dr. Wolf F. Fischer-Winkelmann, Dr. Kovac, Hamburg

Meyer, John W./ Rowan, Brian 1977: Institutionalized Organizations: Formal Structure as Myth and Ceremony, in: American Journal of Sociology , Volume 83, Nr. 1, July 1977, University of Chicago Press, Chicago, S. 340-363

Meyer, John W./ Scott, W. Richard 1983: Organizational Environments – Ritual and Rationality, Sage Publications, Beverly Hills

Meyer, John W./ Boli, John/ Thomas, George M. 2005: Ontologie und Rationalisierung im Zurechnungssystem der westlichen Kultur, in Meyer, John: Weltkultur – wie die westlichen Prinzipien die Welt durchdringen, Suhrkamp, Frankfurt a. M.

Mérö, László 2002: Die Grenzen der Vernunft – Kognition, Intuition und komplexes Denken, Rowohlt, Reinbek bei Hamburg

Mintzman, Arthur 1971: The Iron Cage: An Historical Interpretation of Max Weber, The Universal Library Grosset & Dunlap, New York

Mohr, Günther 2006: Systemische Organisationsanalyse – Dynamiken und Grundlagen der Organisationsentwicklung, EHP –Andreas Kohlhage, Bergisch Gladbach

Monyer, Hannah et. al. 2004: Das Manifest – Elf führende Neurowissenschaftler über Gegenwart und Zukunft der Hirnforschung, Gehirn & Geist, 6/2004, S. 30-37

Morgan, Mary S. 1996: The Character of „Rational Economic Man", Working papers in economic history, Number 34/96, London School of Economics and Political Science

Neisser, Ulric 1967: Cognitive Psychology, Appleton-Century Crofts, New York

Nietzsche, Friedrich 1923: Gesammelte Werke, Band IX, o.V., München

O´Connor, Joseph/ McDermott, Ian 1998: Die Lösung lauert überall: Systemisches Denken verstehen & nutzen, VAK Verlags Gmbh, Kirchzarten bei Freiburg

Oelsnitz von, Dietrich 2005: »Orangenbäumchen am Plattensee« - Erkenntnistheoretische Überlegungen zum Ideologieproblem in der (Management-) Forschung, in: Die Betriebswirtschaft 65/ 4, S. 333-349

Opp, Karl-Dieter 1983: Die Entstehung sozialer Normen – ein Integrationsversuch soziologischer, sozialpsychologischer und ökonomischer Erklärungen, J.C.B. Mohr, Tübingen

Ortmann, Günther/ Sydow, Jörg/ Türk, Klaus (Hrsg.) 1997: Theorien der Organisation – Die Rückkehr der Gesellschaft, Westdeutscher, Opladen

Ortmann, Günther/ Sydow, Jörg/ Türk, Klaus (Hrsg.) 1997a: Organisation, Strukturation, Gesellschaft in: Theorien der Organisation – Die Rückkehr der Gesellschaft, Westdeutscher, Opladen, S. 15-34

Page, Scott E. 2007: The Difference. How the Power of Diversity creates better Groups, Firms, Schools and Societies, Princeton University Press

Pareto, Vilfredo 1955: Allgemeine Soziologie, J.C.B. Mohr, Tübingen

Philipp, Andreas 2000: Die Selbstverantwortung der Betriebswirtschaftslehre – Versuch eine gesellschaftsorientierten Haltung, Verlag neue Wissenschaft, Frankfurt a. M.

Polanyi, Karl 1977: The great transformation – politische und ökonomische Ursprünge von Gesellschaften und Wirtschaftssystemen, Europaverlag, Wien

Popper, Karl R. 1994: Vermutungen und Widerlegungen I, J.C.B. Mohr, Tübingen

Pörksen, Bernhard 2000: Fiktion und Wirklichkeit – Über die Schärfung des Möglichkeitssinns, die Kunst der Verwandlung und den subversiven Konstruktivismus, in: Schiewe, Jürgen (Hrsg.) 2000: Welche Wirklichkeit wollen wir? Beiträge zur Kritik herrschender Denkformen, Edition Argus Ulrich Schmitt, Schliengen, S. 15-34

Prahalad, Coimbatore Krishnarao/ Bettis, Richard A. 1986: The Dominant Logic: A New Linkage between Diversity and Performance, in: Strategic Management Journal, Vol. 7, 1986, S. 485-501

Probst, Gilbert J.B. 1992: Vernetztes Denken für komplexe strategische Probleme, in: Das systemisch-evolutionäre Management – der neue Horizont für Unternehmer, Orac, Wien

Probst, Gilbert J.B. 2001: Organisation als Resultat menschlicher Aktivitäten, nicht menschlicher Absichten, in: Bardmann, Theodor M./ Groth, Torsten (Hrsg.) 2001: Zirkuläre Positionen 3: Organisation, Management und Beratung, Westdeutscher, Wiesbaden, S. 173-190

Prinz, Wolfgang 2004: Neue Ideen tun Not, in: Monyer, Hannah et. al. 2004: Das Manifest – Elf führende Neurowissenschaftler über Gegenwart und Zukunft der Hirnforschung, Gehirn & Geist, 6/2004, S. 34-35

Quinn, Naomi/ Holland, Dorothy 1987: Culture and Cognition, in: Holland, Dorothy/ Quinn, Naomi (Hrsg.) 1987: Cultural models in language and thought, Cambridge University Press, S. 3-42

Quack, Sigrid 2006: Institutioneller Wandel – Institutionalisierung und De-Institutionalisierung, in: Senge, Konstanze/ Hellmann, Uwe (Hrsg.) 2006a: Einführung in den Neo-Institutionalismus, VS Verlag für Sozialwissenschaften, Wiesbaden, S. 172-184

Rickert, Heinrich 1915: Kulturwissenschaft und Naturwissenschaft, J.C.B. Mohr, Tübingen

Rickert, Heinrich 1929: Zur Lehre von der Definition, J.C.B. Mohr, Tübingen

Rogers-Wynands, Sabine 2002: Freilegung strategischen Managementwissens – Ein wissensdiagnostischer Ansatz, Gabler, Wiesbaden

Roth, Gerhard 2009: Persönlichkeit, Entscheidung und Verhalten – Warum es so schwierig ist, sich und andere zu ändern, Klett-Cotta, Stuttgart

Rosenberg, Alexander 1976: Microeconomic Laws – A Philosophical Analysis, University of Pittsburgh Press, Pittsburgh

Rosenberg, Alexander 1994: Economics – Mathematical Politics or Science of Diminishing Returns?, The University of Chicago Press, Chicago

Rüegg-Stürm, Johannes 2003: Kulturwandel in komplexen Organisationen, http://scholar.google.de/scholar_url?hl=de&q=http://www.researchgate.net/publication/36384864_Kulturwandel_in_komplexen_Organisationen/file/60b7d527206569c98e.pdf&sa=X&scisig=AAGBfm3LvLDaVEuqD2D-26qYUQ8U74FGdQ&oi=scholarr, abgerufen am 12.10.2014

Sackmann, Sonja 2001: Organisationen als komplexe Kultursysteme, in: Bardmann, Theodor M./ Groth, Torsten (Hrsg.) 2001: Zirkuläre Positionen 3: Organisation, Management und Beratung, Westdeutscher, Wiesbaden, S. 273-294

Saul, John Ralston 1997: Der Markt frißt seine Kinder – wider die Ökonomisierung der Gesellschaft, Campus, Frankfurt a. M.

Scheler, Max 1975: Die Stellung des Menschen im Kosmos, Francke, Bern

Scheunpflug, Annette/ Schröck, Nikolaus 2002: Globales Lernen – Einführung in eine pädagogische Konzeption zur entwicklungsbezogenen Bildung, Schwäbische Druckerei GmbH, Stuttgart

Scheunpflug, Annette/ Hirsch, Klaus (Hrsg.) 2000: Globalisierung als Herausforderung für die Pädagogik, Frankfurt a. M., IKO – Verlag für Interkulturelle Kommunikation

Scherer, Andreas Georg 2006: Kritik der Organisation oder Organisation der Kritik? – Wissenschaftstheoretische Bemerkungen zum kritischen Umgang mit Organisationstheorien, in: Kieser, Alfred/ Ebers, Mark (Hrsg.) 2006: Organisationstheorien, Kohlhammer, Stuttgart, S. 19-61

Schiewe, Jürgen (Hrsg.) 2000: Welche Wirklichkeit wollen wir? Beiträge zur Kritik herrschender Denkformen, Edition Argus Verlag Ulrich Schmitt, Schliengen

Schilling, Jan 2001: Wovon sprechen Führungskräfte, wenn sie über Führung sprechen? Eine Analyse subjektiver Führungstheorien, Dr. Kovač, Hamburg

Schimank, Uwe 2008: Kapitalistische Gesellschaft – differenzierungstheoretisch konzipiert, online unter http://www.mpifg.de/wirtschaftssoziologie-0802/papers/Schimank-Kapges.pdf, abgerufen am 29.08.2013

Schimank, Uwe 2010: Max Webers Rationalisierungsthese – differenzierungstheoretisch und wirtschaftssoziologisch gelesen, in Maurer, Andrea (Hrsg.) 2010: Wirtschaftssoziologie nach Max Weber, VS Verlag für Sozialwissenschaften, Wiesbaden, S. 226-247

Schimank, Uwe/ Volkmann, Ute 2008: Ökonomisierung der Gesellschaft, in: Maurer, Andrea (Hrsg.) 2008: Handbuch der Wirtschaftssoziologie, VS Verlag für Sozialwissenschaften, Wiesbaden, S. 382-393

Schirrmacher, Frank 2009: Payback – Warum wir im Informationszeitalter gezwungen sind zu tun, was wir nicht tun wollen, und wie wir die Kontrolle über unser Denken zurückgewinnen, Karl Blessing, München

Schluchter, Wolfgang 1979: Die Entwicklung des okzidentalen Rationalismus – Eine Analyse von Max Webers Gesellschaftsgeschichte, J.C.B. Mohr, Tübingen

Schmidt, Christine 2009: Nachhaltigkeit lernen? Der Diskurs um Bildung für nachhaltige Entwicklung aus der Sicht evolutionstheoretischer Anthropologie, Barbara Budrich, Opladen

Schmidt, Norbert 1991: Die Evolution von Geist und Gesellschaft – Hoffnung, Chance und Aufgabe, Walter, Olten

Schmidt, Siegfried J. 1994: Kognitive Autonomie und soziale Orientierung – Konstruktivistische Bemerkungen zum Zusammenhang von Kognition, Kommunikation, Medien und Kultur, Suhrkamp, Frankfurt a. M.

Smith, Adam 1974: Der Wohlstand der Nationen – Eine Untersuchung seiner Natur und seiner Ursachen, C.H. Beck, München

Schütz, Alfred 1971: Gesammelte Aufsätze I – Das Problem der sozialen Wirklichkeit, Martinus Nijhoff, Den Haag

Schulz, André 2009: Strategisches Diversitätsmanagement – Unternehmensführung im Zeitalter der kulturellen Vielfalt, Gabler, Wiesbaden

Scott, W. Richard 1995: Institutions and Organizations, Sage Publications, Thousand Oaks

Scott, W. Richard 2006: Reflexionen über ein halbes Jahrhundert Organisationssoziologie, in: Senge, Konstanze/ Hellmann, Uwe (Hrsg.) 2006: Einführung in den Neo-Institutionalismus, VS Verlag für Sozialwissenschaften, Wiesbaden, S. 201-222

Scott, W. Richard 2008: Institutions and Organizations, Sage Publications, Thousand Oaks

Scott, W.Richard/ Meyer, John W. and Associates 1994: Institutional Environments and Organizations – Structural Complexity and Individualism, Sage Publications, Thousand Oaks

Schreyögg, Georg/ Conrad, Peter (Hrsg.) 2002: Theorien des Managements – Managementforschung 12, Gabler, Wiesbaden

Senge, Konstanze 2006: Zum Begriff der Institution im Neo-Institutionalismus, in Senge, Konstanze/ Hellmann, Uwe (Hrsg.) 2006: Einführung in den Neo-Institutionalismus, VS Verlag für Sozialwissenschaften, Wiesbaden, S. 35-47

Senge, Konstanze/ Hellmann, Uwe 2006: Einleitung, in: Einführung in den Neo-Institutionalismus, VS Verlag für Sozialwissenschaften, Wiesbaden

Senge, Konstanze/ Hellmann, Uwe (Hrsg.) 2006a: Einführung in den Neo-Institutionalismus, VS Verlag für Sozialwissenschaften, Wiesbaden

Sepehri, Paivand 2002: Diversity und managing diversity in internationalen Organisationen - Wahrnehmungen zum Verständnis und ökonomischer Relevanz; dargestellt am Beispiel einer empirischen Untersuchung in einem Unternehmensbereich der Siemens AG, Rainer Hampp, München

Siebert, Horst 2011: Selbsteinschließende Reflexion als pädagogische Kompetenz, in: Arnold, Rolf (Hrsg.) 2011: Veränderung durch Selbstveränderung – Impulse für das Changemanagement, Schneider Hohengehren, Baltmannsweiler, S. S. 9-18

Simmel, Georg 1977: Philosophie des Geldes, Duncker & Humblot, Berlin

Simon, Fritz B. 2007: Einführung in Systemtheorie und Konstruktivismus, Carl-Auer-Systeme, Heidelberg

Sombart, Werner 1969: Der moderne Kapitalismus – Erster Band – Erster Halbband, Duncker & Humblot, Berlin

Spehl, Harald/ Held, Martin (Hrsg.) 2001: Vom Wert der Vielfalt: Diversität in Ökonomie und Ökologie, Analytica, Berlin

Spitzer, Manfred 2004: Selbstbestimmen – Gehirnforschung und die Frage: Was sollen wir tun?, Spektrum Akademischer, München

Sprenger, Reinhard K. 2000: Aufstand des Individuums – Warum wir Führung komplett neu denken müssen, Campus, Frankfurt

Sprondel, Walter M./ Seyfarth, Constans 1981: Max Weber und die Rationalisierung sozialen Handelns, Enke, Stuttgart

Stadler, Friedrich 1997: Bausteine wissenschaftlicher Weltauffassung, Springer, Wien

Stehr, Nico 2001: Wissen und Wirtschaften – die gesellschaftlichen Grundlagen der modernen Ökonomie, Suhrkamp, Frankfurt a.M.

Steinke, Ines 1999: Kriterien qualitativer Forschung – Ansätze zur Bewertung qualitativ-empirischer Sozialforschung, Juventa, München

Stuber, Michael 2004: Diversity. Das Potenzial von Vielfalt nutzen – den Erfolg durch Offenheit steigern, Luchterhand, Unterschleißheim

Strauss, Claudia 1992: Models and motives, in: D`Andrade, Roy/ Strauss, Claudia (Hrsg.): Human motives and cultural models, Cambridge University Press, Cambridge, S. 1-20

Strauss, Claudia/ Quinn, Naomi 1997: A cognitive theory of cultural meaning, Cambridge University Press, Cambridge UK

Stroh, Kassian 2010: Die anderen machen´s besser, in Süddeutsche Zeitung, http://www.sueddeutsche.de/karriere/frauenquote-und-politik-die-anderen-machens-besser-1.9963, abgerufen am 15.07.2011

Strohner, Hans 1995: Kognitive Systeme – Eine Einführung in die Kognitionswissenschaft, Westdeutscher Verlag GmbH, Opladen

Suchanek, Andreas 1994: Ökonomischer Ansatz und theoretische Integration, J.C.B. Mohr, Tübingen

Sutton, Robert I. 2008: Der Querdenker-Faktor. Mit unkonventionellen Ideen zum Erfolg, Piper, München

Süß, Stefan 2009: Die Institutionalisierung von Managementkonzepten, Rainer Hampp, Mering

Swedberg, Richard 2009: Grundlagen der Wirtschaftssoziologie, VS Verlag für Sozialwissenschaften, Wiesbaden

Swedberg, Richard 2010: Die Bedeutung der Weber´schen Kategorien für die Wirtschaftssoziologie, in: Mauerer, Andrea (Hrsg.) 2010: Wirtschaftssoziologie nach Max Weber, VS Verlag für Sozialwissenschaften, Wiesbaden, S. 21-40

Tacke, Veronika 2001: James G. March und die Tyrannei der instrumentellen Rationalität, in: Bardmann, Theodor M./ Groth, Torsten (Hrsg.) 2001: Zirkuläre Positionen 3: Organisation, Management und Beratung, Westdeutscher, Wiesbaden, S. 34-41

Thomas, Roosevelt R. 2001: Management of Diversity – Neue Personalstrategien für Unternehmen, Gabler, Wiesbaden

Thommen, Jean-Paul 2008: Managementorientierte Betriebswirtschaftslehre, Versus, Zürich

Türk, Klaus 1978: Soziologie der Organisation – eine Einführung, Ferdinand Enke, Stuttgart

Türk, Klaus 1995: Die Organisation der Welt – Herrschaft durch Organisation in der modernen Gesellschaft, Westdeutscher, Opladen

Ulrich, Hans 2001: Systemorientiertes Management – Das Werk von Hans Ulrich, Paul Haupt, Stuttgart

Varela, Francisco J. 1990: Kognitionswissenschaft – Kognitionstechnik: eine Skizze aktueller Perspektiven, Suhrkamp, Frankfurt a.M.

Varela, Francisco J./ Thomson, Evan 1992: Der mittlere Weg der Erkenntnis – Die Beziehung von Ich und Welt in der Kognitionswissenschaft – der Brückenschlag zwischen wissenschaftlicher Theorie und menschlicher Erfahrung, Scherz, München

Veblen, Thorstein 1990: The Place of Science in Modern Civilization, Transaction Publishers, New Brunswick (USA)

Vester, Frederic 2003: Die Kunst vernetzt zu denken – Ideen und Werkzeuge für einen neuen Umgang mit Komplexität – Ein Bericht an den Club of Rome, Deutscher Taschenbuch Verlag, München

Vienne, Florence/ Brandt, Christina (Hrsg.) 2008: Wissensobjekt Mensch – Humanwissenschaftliche Praktiken im 20. Jahrhundert, Kulturverlag Kadmos, Berlin

Vollmer, Gerhard 2002: Evolutionäre Erkenntnistheorie; S. Hirzel, Stuttgart

Walgenbach, Peter 2002: Neoinstitutionalistische Organisationstheorie – State of the Art und Entwicklungslinien, in: Schreyögg, Georg/ Conrad, Peter (Hrsg.) 2002: Theorien des Managements – Managementforschung 12, Gabler, Wiesbaden, S. 155-202

Walgenbach, Peter 2006: Neoinstitutionalistische Ansätze in der Organisationstheorie, in: Kieser, Alfred/ Ebers, Mark (Hrsg.) 2006: Organisationstheorien, W. Kohlhammer, Stuttgart, S. 353-401

Walgenbach/ Meyer 2008: Neoinstitutionalistische Organisationstheorie, W. Kohlhammer, Stuttgart

Wassmann, Jürg 1993: Der kognitive Aufbruch in der Ethnologie, in: Wassmann, Jürg/ Dasen, Pierre R. (Hrsg.) 1993: Alltagswissen – der kognitive Ansatz im interdisziplinären Dialog, Universitätsverlag Freiburg, Freiburg, S. 95-137

Wassmann, Jürg 2003: Kognitive Ethnologie, in: Beer, Bettina/ Fischer (Hrsg.) 2003: Ethnologie – Einführung und Überblick, Dietrich Reimer, Berlin, S. 323-340

Wächter Hartmut/ Vedder Günther/ Führing Meik 2003: Personelle Vielfalt in Organisationen, Trierer Beiträge zum Diversity Management Band 1, Rainer Hampp, München

Walter-Busch, Emil 1996: Organisationstheorien von Weber bis Weick, G + B Verlag Fakultas, Amsterdam

Watzlawick, Paul 1999: Anleitung zum Unglücklichsein, Piper, München

Weber, Franz 1991: Subjektive Organisationstheorien, Deutscher Universitätsverlag, Wiesbaden

Weber, Max 1972: Gesammelte Aufsätze zur Religionssoziologie I, J.C.B. Mohr, Tübingen

Weber, Max 1980: Wirtschaft und Gesellschaft, Studienausgabe, J.C.B. Mohr, Tübingen

Weber, Max 1981: Wirtschaftsgeschichte – Abriß der universalen Sozial- und Wirtschaftsgeschichte, Duncker & Humblot, Berlin

Weber, Max 1988: Gesammelte politische Schriften, J. C. B. Mohr, Tübingen

Weber, Max 1988a: Parlament und Regierung im neugeordneten Deutschland, in: Weber, Max 1988: Gesammelte politische Schriften, J. C. B. Mohr, Tübingen, S. 306-443

Weber, Max 1991: Schriften zur Wissenschaftslehre, Philipp Reclam jun. GmbH & Co., Stuttgart

Weber, Max 1993: Die protestantische Ethik und der „Geist" des Kapitalismus, Neue Wissenschaftliche Bibliothek, Athenäum, Hain

Weick, Karl E. 2001: Drop your Tools!, in: Bardmann, Theodor M./ Groth, Torsten (Hrsg.): Zirkuläre Positionen 3: Organisation, Management und Beratung, Westdeutscher, Wiesbaden, S. 123-138

Willke, Gerhard 2006: Kapitalismus, Campus, Frankfurt a. M.

Wilson, Thomas P. 1973: Theorien der Interaktion und Modelle soziologischer Erklärung, in: Arbeitsgruppe Bielefelder Soziologien (Hrsg.): Alltagswissen, Interaktion und gesellschaftliche Wirklichkeit, Band 1: Symbolischer Interaktionismus und Ethnomethodologie, Rowohlt, Hamburg, S. 54-79

Winter, Wolfgang 1999: Theorie des Beobachters – Skizzen zur Architektonik eines Metatheoriesystems, Verlag neue Wissenschaft, Frankfurt a. M.

Wöhe, Günter 1990: Einführung in die Allgemeine Betriebswirtschaftslehre, Franz Vahlen, München

Wöhe, Günter 2010: Einführung in die Allgemeine Betriebswirtschaftslehre, Franz Vahlen, München

Wundt, Wilhelm 1907: Logik Band II, o. V., Stuttgart

Wüthrich, Hans A. 2005: Der alternative Problemlösungs-Algorithmus, in: Zeitschrift für Organisation 5/2005, 74. Jg., S. 299-300

Wüthrich, Hans 2007: Exzellenz durch Musterbruch – Plädoyer für mehr Management-experimente, in: KMU Magazin, Nr. 7, S. 10-13

Wüthrich, Hans A. 2009: Wir brauchen eine Haltungselite – oder neues Denken durch mehr Souveränität im Umgang mit Vertrauen und Intuition in Unternehmen, in: Kanzleimagazin Nachmann Rechtsanwälte N4 2009, S. 16-21

Wüthrich, Hans A./ Osmetz, Dirk/ Kaduk, Stefan 2009: Musterbrecher – Führung neu leben, Gabler, Wiesbaden

Wüthrich, Hans A./ Osmetz, Dirk/ Philipp, Andreas F. 2004: Misstraue den Reflexen!, in: Zeitschrift für Organisation, 1/2004, 73. Jg., S. 4-12

Young, Edward 1977: Gedanken über die Originalwerke, Lambert Schneider, Heidelberg

Zellinger, Eduard 1979: Die empirische Humanwissenschaft im Umbruch – Vom Behaviorismus zu einer adäquaten Erforschung des Menschen, Johannes Berchmanns, München

Zucker, Lynne 1977: The role of institutions in cultural persistence, in: American Sociological Review, Vol. 42, No. 5, Oct. 1977, S. 726-743

Zucker, Lynne 1983: Organizations as Institutions, in: Bacharach, Samuel B. (Hrsg.): Research in the Sociology of Organizations, Volume 2, 1983, Jai Press Inc, Greenwich, S. 1-47

Zucker, Lynne 1987: Institutional Theories of Organization, in: Annual Review of Sociology, Vol. 13, S. 443-464

Zucker, Lynne/ Tolbert, Pamela 1996: The Institutionalization of Institutional Theory, in: Clegg, Stewart R./ Hardy, Cynthia/ Nord, Walter R. (Hrsg.) 1996: Handbook of Organization Studies, Sage Publications, London, S. 175-190

SCHRIFTEN DES INSTITUTS FÜR ENTWICKLUNG ZUKUNFTSFÄHIGER ORGANISATIONEN

Herausgegeben von Prof. Sonja A. Sackmann, Ph. D., Prof. Dr. Stephan Kaiser, Prof. Dr. Hans A. Wüthrich und Prof. Dr. Axel Schaffer, Universität der Bundeswehr München

Band 3
Manuela Maria Bräuer
Führung im Kontext von lebenskritischen Situationen und Hochleistung – Eine empirische Analyse anhand ausgewählter Einsatzeinheiten von Bundeswehr und Technischem Hilfswerk
Lohmar – Köln 2014 • 432 S. • € 68,- (D) • ISBN 978-3-8441-0362-5

Band 4
Martin Rost
Kompetenzmanagement und Dynamic Capabilities – Eine empirische Fallstudie bei einem Unternehmen aus der Automobilzulieferindustrie
Lohmar – Köln 2014 • 344 S. • € 63,- (D) • ISBN 978-3-8441-0381-6

Band 5
Sabrina Niederle
Die Bedeutung der Entrepreneurship Education für die Employability – Eine empirische Analyse am Beispiel des unternehmerischen Qualifizierungsprogramms Manage&More der UnternehmerTUM
Lohmar – Köln 2015 • 344 S. • € 63,- (D) • ISBN 978-3-8441-0434-9

Band 6
Franz Röösli
Initialisierung musterbrechender Managementinnovation – Eine interdisziplinäre Betrachtung
Lohmar – Köln 2015 • 336 S. • € 63,- (D) • ISBN 978-3-8441-0435-6

Band 7
Edigna Kessel
Die gesellschaftliche Konstruktion von Gleichförmigkeit – Der Primat der Wirtschaft als dominante kognitive Institution
Lohmar – Köln 2016 • 276 S. • € 64,- (D) • ISBN 978-3-8441-0477-6